जैविक खेती के सिद्धान्त : पाठ्यपुस्तक

Principles of Oragnic Farming : Textbook

(As Per Syllabus of "V" Dean's Committee, ICAR)

जैविक खेती के सिद्धान्त : पाठ्यपुस्तक

Principles of Oragnic Farming : Textbook

(As Per Syllabus of "V" Dean's Committee, ICAR)

पी॰एल॰ मालीवाल
आई.सी.ए.आर. एमेरिट्स प्रोफेसर
महाराणा प्रताप कृषि एवं प्रौद्योगिकी विश्वविद्यालय,
उदयपुर–313001 (राजस्थान)
(भूतपूर्व निदेशक अनुसंधान, म.प्र.कृ.प्रौ.वि.वि. उदयपुर, राजस्थान)

साईन्टिफिक
पब्लिशर्स

प्रकाशक

साईन्टिफिक पब्लिशर्स (इण्डिया)

5–ए, न्यू पाली रोड़, पो.बो. नं. 91
जोधपुर – 342 001 (राज.)
टेलिफोन: 0291–2433323
E-mai: info@scientificpub.com
Web: www.scientificpub.com

ISBN: 978-93-90495-27-6
eISBN: 978-93-90495-28-3

भारत में मुद्रित

विषय सूची (Contents)

लेखक परिचय

डॉ॰ पुष्कर लाल मालीवाल ने उदयपुर विश्वविद्यालय, उदयपुर से स्नातकोत्तर शस्य विज्ञान विषय में सन् 1979 में तथा विद्यावाचस्पति, मोहनलाल सुखाड़िया विश्वविद्यालय, उदयपुर से सन् 1987 में की है। डॉ॰ मालीवाल ने अपना कैरियर व्याख्याता (शस्य विज्ञान) के रूप में उदयपुर विश्वविद्यालय में शुरू किया व विश्वविद्यालय में कई उच्च पदों पर अपनी सेवाएँ दी, जिसमें प्रमुख हैं सह निदेशक अनुसंधान, क्षेत्रीय निदेशक (अनुसंधान), निदेशक (प्रसार शिक्षा) एवम् निदेशक (अनुसंधान) के पद से महाराणा प्रताप कृषि एवं प्रौद्योगिकी विश्वविद्यालय, उदयपुर (राजस्थान) से सेवानिवृत्त हुए। डॉ॰ मालीवाल के अपने कैरियर में 85 शोध एवं तकनीकी पत्र कई राष्ट्रीय एवं अन्तर्राष्ट्रीय स्तर के जर्नल एवम् पत्रिकाओं में छपे हैं। इसके अलावा इन्होनें Principles of Organic Farming : Textbook, Textbook of Weed Management, Rainfed Agriculture and Watershed Management, Practical Manual on Weed Management, Practical Manual in Organic Farming, Agronomy at a glance (Vol. 1 & 2) इत्यादि कई पुस्तकें अंग्रेजी भाषा में लिखी, जो काफी प्रचलित हैं। डॉ॰ मालीवाल को 2001–02 में **"श्रेष्ठ विश्वविद्यालय अध्यापक पुरस्कार"** से भी नवाजा गया है। वर्तमान में आप आई.सी.ए.आर. – एमेरिट्स प्रोफेसर के पद पर महाराणा प्रताप कृषि एवं प्रौद्योगिकी विश्वविद्यालय, उदयपुर में कार्यरत हैं।

Phone : 91-294-2471101 (O), 2470682 (Fax), 2463839 (R) and 9414166961 (M)
E-mail : vc_mpuat@yahoo.co.in and vc@mpuat.ac.in

Maharana Pratap University of Agriculture & Technology.
University Campus, Udaipur-313001 (Rajasthan), INDIA

महाराणा प्रताप कृषि एवं प्रौद्योगिकी विश्वविद्यालय
विश्वविद्यालय परिसर, उदयपुर–313001 (राजस्थान), भारत

डॉ. नरेन्द्र सिंह राठौड़
कुलपति
Dr. Narendra Singh Rathore
Vice-Chancellor

No. PS/VC/MPUAT/2020/ 575
Date: 5th October, 2020

प्राक्कथन

यह सत्य है कि आधुनिक कृषि प्रणाली अपनाने से भारत में कृषि मे क्रांति आई व कुछ ही वर्षों में खाद्यान्न उत्पादन में अप्रत्याशित वृद्धि हुई तथा देश खाद्यान्न के मामले में आत्मनिर्भर बन गया। लेकिन बाद में महसूस किया गया कि खाद्यान्न उत्पादन में जो वृद्धि हुई वह बहुत महंगी साबित हुई क्योंकि इससे पर्यावरण (जल, मृदा, हवा) प्रदूषण के साथ–साथ स्वास्थ्य सम्बन्धी खतरे भी बढ़ गये। इससे वैज्ञानिकों को जैविक खेती के बारे में सोचना पड़ा व कृषि में उर्वरकों, कीटनाशकों एवं रसायनों के सम्पूर्ण उन्मूलन की आवश्यकता पड़ी। कृषि में प्रयुक्त रसायनों के बुरे प्रभाव ने विभिन्न देशों में कुछ उपभोक्ताओं की मानसिकता को ही बदल दिया है जो अब अच्छे स्वास्थ्य के लिए अधिक दरों पर जैविक भोज्य पदार्थ खरीदना पसंद करते हैं। नीति निर्माता भी बेहतर पर्यावरण, मिट्टी व मानव स्वास्थ्य के लिए जैविक खेती को बढ़ावा दे रहे हैं। भारत में भी जैविक खेती को बढ़ावा मिला है। वर्तमान में देश में जैविक कृषि क्षेत्र 3.43 मिलियन हैक्टर व 1.15 मिलियन पंजीकृत जैविक किसान हैं। भारत में जैविक बाजार 51.51 बिलयन् रूपये का है जो 12–15 प्रतिशत की दर से बढ़ रहा है।

लेखक की यह पाठ्यपुस्तक **जैविक खेती के सिद्धान्त : पाठ्यपुस्तक** कृषि स्नातकों के लिए बहुत ही उपयोगी सिद्ध होगी। इस पुस्तक में जैविक क्षेत्र में उपलब्ध ज्ञान को बहुत ही अच्छे ढंग से सरल भाषा में प्रस्तुत किया गया है, जिसे विद्यार्थी आसानी से समझ सकते हैं। यह पुस्तक भारतीय कृषि अनुसंधान परिषद् द्वारा गठित पंचम अधिष्ठाता कमेटी से मान्यता प्राप्त पाठ्यक्रम के अनुसार लिखी गई है।

मुझे आशा है कि यह पुस्तक स्नातक छात्रों के लिए एक पाठ्यपुस्तक के रूप में तो उपयोगी ही होगी लेकिन इसके साथ–साथ यह विश्वविद्यालय शिक्षकों, प्रसार वैज्ञानिकों, प्रसार कार्यकर्त्ताओं तथा जैविक किसानों के लिए भी बहुत उपयोगी साबित होगी। मैं डॉ. पी.एल. मालीवाल को, जिन्होंने जैविक खेती की सम्पूर्ण नवीन नवाचार को सम्मिलित करते हुए इस पुस्तक का लेखन किया है,

बधाई देता हूँ। यह पुस्तक भारतीय कृषि अनुसंधान परिषद् के Emeritus Professor कार्यक्रम के तहत लिखी गई है।

मुझे पूर्ण विश्वास है कि यह पुस्तक छात्रों द्वारा पसन्द की जायेगी। मै डॉ. मालीवाल को इस पुस्तक की सफलता की शुभकामनाएँ प्रेषित करता हूँ।

डॉ॰ नरेन्द्र सिंह राठौड़

प्रस्तावना

वर्तमान कृषि में विभिन्न प्रकार के रासायनिक खादों एवं कीटनाशक रसायनों का अन्धाधुन्ध प्रयोग हो रहा है, जिसके कारण वातावरण प्रदूषित हो रहा है तथा मानव स्वास्थ्य पर भी प्रतिकूल प्रभाव पड़ रहा है। इसी को ध्यान में रखते हुए वैज्ञानिकों, कृषि विशेषज्ञों एवं किसानों का ध्यान जैविक खेती की ओर आकर्षित हो रहा है, ताकि वे गुणवत्तापूर्ण उत्पादन कर सकें। इसके लिए विभिन्न रसायनों के प्रयोग के स्थान पर जैविक खादों व जैविक तरीकों से कीट व बीमारियों का नियंत्रण करना प्रमुख हैं, जिससे फसल उत्पादन में स्थायित्व लाया जा सके, भूमि, जल, वायु को प्रदूषण से बचाया जा सके व मनुष्यों व जानवरों के स्वास्थ्य को सुरक्षित रखा जा सके।

प्रस्तुत पुस्तक "जैविक खेती के सिद्धान्त – पाठ्यपुस्तक" भारतीय कृषि अनुसंधान परिषद् की पाँचवी अधिष्ठाता कमेठी द्वारा स्वीकृत कृषि स्नातक पाठ्यक्रम के अनुरूप बनाई गई है। वैसे तो जैविक खेती पर कई पुस्तकें बाजार में उपलब्ध हैं किन्तु हिन्दी में बहुत कम हैं तथा वे भी बहुत विस्तार में लिखी गई हैं जिन्हें छात्रों को अपने पाठ्यक्रम के अनुसार छंटनी करना बहुत कठिन होता है। इसी दृष्टिकोण से यह पुस्तक बहुत ही संक्षिप्त में तथा सरल भाषा में उनके पाठ्यक्रम के अनुरूप लिखी गई है। लेखक का विश्वास है कि यह पुस्तक छात्रों के जैविक खेती को समझने में बड़ी मददगार साबित होगी।

इस पुस्तक के लेखन के लिए मैं भारतीय कृषि अनुसंधान परिषद्, नई दिल्ली का आभार व्यक्त करता हूँ, जिसने सेवानिवृत्त प्राध्यापक योजना के तहत यह अवसर प्रदान किया है।

लेखक उन सभी लेखकों का आभारी है जिनकी पुस्तकों से लेखन सामग्री एकत्रित की गई है। कई परिस्थितियों में लेखकों से इसकी पूर्व अनुमति नहीं ली जा सकी है, उसके लिए लेखक व प्रकाशक क्षमा प्रार्थी हैं।

पुस्तक के लेखन में डॉ॰ अरूणाभ जोशी, अधिष्ठाता राजस्थान कृषि महाविद्यालय, उदयपुर तथा डॉ॰ दिलीप सिंह, विभागाध्यक्ष, सस्य विज्ञान विभाग का विशेष रूप से सहयोग रहा है, मैं उनका हृदय से आभार व्यक्त करता हूँ। मैं डॉ॰ पृथ्वीराज मालीवाल, सेवानिवृत्त प्राध्यापक, हिन्दी का भी आभार व्यक्त करता हूँ जिन्होंने पूरी पुस्तक पढ़ कर हिन्दी भाषा की त्रुटियों का संशोधन किया है।

मैं डॉ॰ शान्तिकुमार शर्मा, निदेशक अनुसंधान एवम् डॉ॰ सम्पतलाल मून्दड़ा, निदेशक, प्रसार शिक्षा, महाराणा प्रताप कृषि एवम् तकनीकी विश्वविद्यालय, उदयपुर तथा सस्य विज्ञान विभाग के सभी शिक्षकगणों का आभारी हूँ जिन्होंने इस पुस्तक के लेखन में सहायता प्रदान की है।

मैं सभी पाठकों से आशा करता हूँ कि पुस्तक के स्तर को उठाने के लिए आप अपने अमूल्य सुझाव देकर भविष्य में सहयोग प्रदान करते रहेंगे तथा मैं उन पाठकों के प्रति आभारी रहूँगा जो पुस्तक की त्रुटियों से अवगत कराते हुए पुस्तक को अधिक उपयोगी बनाने के लिए अवश्य सुझाव प्रदान करेंगे, जिससे आगामी संस्करण में उनको सुधार कर इस पुस्तक को अधिक उपयोगी बनाई जा सकें।

मैं आशा करता हूँ कि यह पुस्तक छात्रों के अलावा शिक्षकों, प्रसार विशेषज्ञों, प्रसार कार्यकत्ताओं, कृषकों तथा जैविक खेती से सम्बन्धित अन्य सभी के लिए बहुत उपयोगी एवं लाभकारी सिद्ध होगी। अन्त में मैं साइन्टिफिक पब्लिशर्स, जोधपुर को इस पुस्तक को हिन्दी में लिखने के लिए प्रेरित करने व शीघ्र प्रकाशित करने के लिए सहृदय धन्यवाद देता हूँ।

पी॰एल॰ मालीवाल

1 जैविक खेती : एक परिचय
(An Introduction to Organic Farming)

स्वतंत्रता से पहले, भारतीय कृषि को मानसून का एक जुआ माना जाता था। खाद्यान्न उत्पादन में बड़ी अनिश्चितता थी, क्योंकि यह पूरी तरह से वर्षा की मात्रा और उसके वितरण पर निर्भर था। भारत में 1950 और 1960 के दशक में देश को गंभीर खाद्य संकट का सामना करना पड़ा था जिससे भारत सरकार को मजबूरन दूसरे देशों से खाद्यान्न आयात करना पड़ा। अतः देश की इस विषम परिस्थिति को देखते हुए, उस समय खाद्यान्न उत्पादन में भारी वृद्धि करना नितान्त आवश्यक था। जिसके लिए डॉ. एम॰एस॰ स्वामीनाथन के नेतृत्व में हरित क्रांति कार्यक्रम की शुरुआत 1960 के दशक में भारत सरकार द्वारा की गई थी। इसमें प्रमुख रूप से फसल की उन्नत किस्मों, उर्वरक और कीटनाशकों के उपयोग पर जोर दिया गया था। जिससे, भारतीय किसान जैविक आधारित खेती से रासायनिक आधारित अकार्बनिक खेती में स्थानांतरित हो गया, जिसे आधुनिक कृषि कहा जाता है।

इसमें कोई संदेह नहीं है कि आधुनिक कृषि प्रणाली अपनाने से भारत देश में कृषि में क्रांति आयी और कुछ ही वर्षों में खाद्यान्न उत्पादन में अप्रत्याशित वृद्धि हुई व देश खाद्यान्न के मामले में आत्मनिर्भर बन गया। लेकिन बाद में यह महसूस किया गया कि खाद्यान्न उत्पादन में जो वृद्धि हुई वह बहुत महंगी साबित हुई क्योंकि इससे पर्यावरण व मृदा प्रदूषण के साथ–साथ स्वास्थ्य सम्बन्धी खतरे भी बढ़ गये। जिससे वैज्ञानिकों को जैविक खेती के बारे में सोचना पड़ा व कृषि में उर्वरकों, कीटनाशकों एवम् रसायनों के सम्पूर्ण उन्मूलन की आवश्यकता पड़ी। यह सही समय है कि आवश्यक खाद्यान्न उत्पादन के लिए हम बिना रसायनों की कृषि की ओर अग्रसर होवें अथवा कम रसायन वाली कृषि करें या दोनों के बीच संतुलन बनाए रखें। जैविक खेती का उद्देश्य पर्यावरण के साथ–साथ प्राकृतिक संसाधनों (मृदा, पानी, हवा और पौधों) की रक्षा करना व सुरक्षित और स्वस्थ भोजन का उत्पादन करना है, जो भविष्य के लिए सबसे महत्त्वपूर्ण है।

जैविक खेती एक समग्र प्रणाली है, जिसे कृषि–पारिस्थितिकी तंत्र के भीतर विविध घटकों की उत्पादकता और उपयुक्तता को अनुकूलित करने के लिए बनाया गया है, जिसमें मृदा के जीव, पौधे, पशुधन और मानव शामिल हैं। जैविक उत्पादन का मुख्य लक्ष्य ऐसे उद्यमों का विकास करना है जो पर्यावरण के साथ–साथ टिकाऊ और सामंजस्यपूर्ण हो। जैविक खेती से फसल चक्र और आवरण फसलों

और संतुलित मेजबान/शिकारी कीट सम्बन्धों को बढ़ावा मिलता है। खेत पर उत्पन्न जैविक अवशेषों और पोषक तत्त्वों को वापस मिट्टी में पुनर्नवीनीकरण किया जाता है। यह प्रणाली इस आधार पर लाभप्रद है कि इसमें आधुनिक कृषि की अधिकांश कीट व बीमारियों से बचा जा सकता है। जैविक कृषि में कृषि रसायनों का उपयोग निषिद्ध है। मिट्टी में कार्बनिक पदार्थों के संचय पर जोर दिया जाता है, जिससे जैविक गतिविधियाँ सक्रिय होती है।

जैविक खेती की आधुनिक अवधारणा परम्परा, नवाचार और विज्ञान को जोड़ती है। हालाँकि, इतिहास कहता है कि जैविक तरीके से जीवन निर्वाह को सन् 1905 में ही मान्यता मिल गई थी फिर भी 1990 के दशक के उत्तरार्ध में आधुनिक कृषि के बुरे प्रभावों को महसूस करने के बाद ही जैविक कृषि की उपयोगिता महसूस की गई। सन् 1905 में, ब्रिटिश वनस्पतिशास्त्री **सर अल्बर्ट हॉवर्ड** को अक्सर आधुनिक जैविक कृषि के पिता के रूप में जाना जाता है, जो पारंपरिक भारतीय कृषि पद्धतियों के साक्ष्य जो मौजूद थे, उन्हें पारम्परिक कृषि विज्ञान से बेहतर मानते थे। सन् 1940 के दौरान, जापान में, मसानोबु फुकुओका एक सूक्ष्मजीव विज्ञानी जो मृदा विज्ञान और पौध व्याधि विज्ञान में एक शोध वैज्ञानिक के रूप काम कर रहे थे, नौकरी छोड़कर अपने पारम्परिक काम पर लौट आए व वहाँ उन्होंने 30 वर्ष तक समर्पित रूप से शून्य जुताई जैविक विधि से अनाज उत्पादन की तकनीक विकसित की, जिसे **"फुकुओका खेती"** के नाम से जाना जाता है। उसके उपरान्त अन्य कृषि विधियाँ जैसे ऋषि कृषि, नेतूको फार्मिंग, होमा फार्मिंग, पंचगव्य कृषि और जैव गतिशील कृषि (बायोडायनामिक फार्मिंग) जैसे कई अन्य विधियाँ जैविक कृषि से जुड़ी हैं।

1.1 परिभाषा (Definition)

जैविक कृषि को विभिन्न संगठनों द्वारा अलग–अलग प्रकार से परिभाषित किया गया है।

(i) **संयुक्त राज्य अमेरिका के कृषि विभाग (USDA)** के अनुसार जैविक कृषि एक ऐसी प्रणाली है, जिसमें सभी संश्लेषित आदानों (जैसे रासायनिक खादों, कीटनाशकों, हार्मोन्स इत्यादि के इस्तेमाल को नकारते हुए केवल फसल चक्र, फसल अपशिष्ट, गोबर खाद, दलहनी फसलें, हरी खाद, फार्म से बाहर के जैविक अपशिष्ट, यांत्रिक खेती, खनिज आदान और अन्य जैविक कीट नियन्त्रण के तरीकों पर भरोसा कर मृदा पोषक तत्त्वों की पूर्ति व कीटों, खरपतवारों और बीमारियों को नियंत्रित करते हैं जो जीवन्त मिट्टी की उर्वराशक्ति एवम् पोषक तत्त्वों की उपलब्धता को नियन्त्रित करते हैं व लाभदायक जीवों की गतिविधियों को प्रतिबंधित नहीं करता है।

(ii) **कोडेक्स एलिमेंट्रिस आयोग (Codex Alimentarius Commission)** की परिभाषा के अनुसार जैविक कृषि एक समग्र

उत्पादन प्रबंधन प्रणाली है जो जैव विविधता, जैविक चक्र और मिट्टी की जैविक गतिविधि सहित कृषि–पारिस्थितिकी तंत्र के स्वास्थ्य को बढ़ावा देती है और बढ़ाती है। यह फार्म से बाहरी आदानों के उपयोग के लिए प्रबंधन प्रथाओं के उपयोग पर जोर देता है, यह ध्यान में रखते हुए कि क्षेत्रीय परिस्थितियों के लिए स्थानीय रूप से अनुकूलित पद्धति की आवश्यकता होती है जिसे जहाँ संभव हो, शस्य क्रियाओं, जैविक और यांत्रिक तरीकों का उपयोग करके पूरा किया जाता है, व संश्लिष्ट सामग्री के उपयोग को वर्जित माना गया है। जैविक कृषि को बढ़ावा देने और जैविक खाद्य के अंतर्राष्ट्रीय व्यापार में उचित प्रथाओं को सुनिश्चित करने के लिए कोडेक्स एलिमेंट्रिस आयोग ने भी संगठित रूप से उत्पादित खाद्य पदार्थों के उत्पादन (production), प्रसंस्करण (processing), लेबलिंग (labelling) और विपणन (marketing) के लिए दिशा–निर्देश तैयार किये हैं।

(iii) **इंटरनेशनल फेडरेशन फॉर ऑर्गेनिक एग्रीकल्चरल मूवमेंट्स** (IFOAM) की परिभाषा के अनुसार जैविक कृषि एक ऐसी कृषि प्रणाली है जो खाद्यान्नों, रेशेदार फसलों व टिम्बर आदि के पर्यावरण, सामाजिक व आर्थिक दृष्टि से सशक्त उत्पादन विधियों को बढ़ावा देती है। इस प्रणाली में कृषि की सफल उत्पादकता के लिए मिट्टी की उर्वरता को प्रमुख रूप से देखा जाता है। जैविक किसान पौधों, जानवरों एवं मृदा में गुणवत्ता व पर्यावरण के सभी पहलुओं के अनुकूलन करना है।

(iv) **विश्व खाद्य संगठन (FAO) की परिभाषा के** अनुसार जैविक खेती एक ऐसी विशेष कृषि प्रबन्धन प्रक्रिया है जो कृषि वातावरण का स्वास्थ्य, जैव विविधता, जैविक चक्र तथा मिट्टी की जैविक प्रणालियों का संरक्षण व पोषण करते हुए उत्पादन सुनिश्चित करती है। इस प्रक्रिया में किसी भी प्रकार के संश्लेषित तथा रासायनिक आदानों के उपयोग के लिए कोई स्थान नहीं है।

उपरोक्त सभी परिभाषाओं का निचोड़ देखें तो यह स्पष्ट है कि जैविक खेती वह पद्धति है जिसमें रासायनिक खादों, उर्वरकों, कीटनाशकों, फंफूदीनाशकों, खपतवारनाशकों, वृद्धि नियन्त्रकों (hormones) आदि सभी अकार्बनिक रसायनों का प्रयोग नहीं होता है व इस प्रकार की खेती में दलहनी फसलों, फसल चक्र, हरी खाद, जैविक अपशिष्टों के प्रबन्धन, जीवांश खादों से पोषक तत्त्वों की आपूर्ति करना व कीट, बीमारियों एवम् खरपतवारों का नियन्त्रण जैविक या यान्त्रिक विधियों से करना है।

1.2 अवधारणा (Concept)

जैविक खेती इस अवधारणा का समर्थन करती है कि मिट्टी, पौधे, जानवर और मानव एक दूसरे से जुड़े हुए हैं इसलिए इसका लक्ष्य एकीकृत, पर्यावरणीय सुघड़,

सुरक्षित एवम् आर्थिक रूप से स्थायी कृषि उत्पादन प्रणाली विकसित करना हैं। मृदा एक जीवन्त तन्त्र है जो विभिन्न घटकों के साथ एक जीव से जुड़ी हुई है। मानव इन प्राकृतिक घटकों (खनिज, कार्बनिक पदार्थ, सूक्ष्म जीवों, जानवरों और पौधों) का प्रकृति के साथ सद्भाव प्राप्त करने और एक स्थायी कृषि उत्पादन विकसित करने के लिए सामंजस्य बैठाता है। जैविक खेती की एक प्रमुख विशेषता यह है कि यह प्राकृतिक संसाधनों पर प्राथमिक रूप से निर्भर है व बाहरी आदानों विशेष रूप से संश्लिष्ट के बजाय स्थानीय रूप से विकसित/उपलब्ध (हरी खाद, फसल अवशेष, खेत अपशिष्ट आदि) आदानों पर निर्भर है। किसान उत्पादों के स्थायी और आर्थिक उत्पादन के लिए आत्म–विनियमन पारिस्थितिक और जैविक प्रक्रियाओं का प्रबंधन करता है। जैविक कृषि प्रणाली जहरीले कृषि रसायन आदानों (कीटनाशक, कवकनाशी, शाकनाशी, उर्वरक, हार्मोन्स आदि) का उपयोग नहीं करते हैं। इसके बजाय वे जैविक विविधता के विकास और मिट्टी की उत्पादकता के रख रखाव और पुनःपूर्ति पर आधारित हैं।

इस प्रकार आज की शब्दावली में जैविक खेती एक ऐसी कृषि प्रणाली है जिसका मुख्य उद्देश्य भूमि पर खेती करने और फसलों को इस तरह से उगाना है कि मिट्टी जीवन्त व स्वस्थ रहे जिसके लिए केवल जैविक आदानों जैसे फसल, पशु व फार्म अपशिष्ट, जलीय अपशिष्ट व अन्य जैविक पदार्थों, जीवाणु खादों का प्रयोग करें जिससे प्रदूषण मुक्त वातावरण हो व टिकाऊ उत्पादन हो सकें।

जैविक खेती वैकल्पिक कृषि के दो प्रमुख पहलुओं का वर्णन करती है –

i. रासायनिक उर्वरकों को जैविक खादों (गोबर की खाद, कम्पोस्ट, वर्मीकम्पोस्ट, हरी खाद) जैविक संसाधनों, जैविक अपशिष्टों व अन्य जैविक कृषि विधियों से प्रतिस्थापित करना।

ii. कीट, बीमारियों और खरपतवारों को रासायनिक नियन्त्रण के बजाय जैविक, यान्त्रिक व अन्य शस्य क्रियाओं से प्रबन्धन।

1.3 सिद्धान्त (Principles)

अंधाधुंध उर्वरकों और कीटनाशकों के उपयोग से मृदा स्वास्थ्य, वायु, जल और खाद्य पदार्थों के प्रदूषण को देखते हुए वैश्विक पर्यावरण के बारे में चिंता बढ़ रही है और इसलिए टिकाऊ व पर्यावरण के अनुकूल खेती विकसित करने के लिए जैविक खेती की अवधारणा का महत्त्व दुनिया भर में बढ़ता जा रहा है। जैविक खेती मुख्य रूप से कुछ सिद्धान्तों पर आधारित है। मूलभूत नियम, जिन पर जैविक कृषि के सिद्धान्त कार्य करते हैं, वे निम्न हैं :

i. जैविक खेती के सिद्धान्तों को समग्र रूप में उपयोग किया जाना चाहिए। इन्हें नैतिक सिद्धान्तों के रूप में प्रेरित करने के लिए बनाया गया है।

ii. ये सिद्धान्त वे आधार हैं जिनसे जैविक कृषि बढ़ती और विकसित होती है। ये बताते हैं कि जैविक कृषि को दुनिया के लिए और एक वैश्विक सन्दर्भ में सम्पूर्ण कृषि में सुधार करने के लिए कितना योगदान कर सकते हैं।

iii. कृषि मानव जाति की सबसे बुनियादी गतिविधियों में से एक है क्योंकि सभी लोगों को रोजाना खुद के पोषण करने के लिए यह आवश्यक है। इतिहास, संस्कृति और सामुदायिक मूल्य कृषि में अंतर्निहित है।

iv. ये सिद्धान्त कृषि में व्यापक अर्थों में लागू होते हैं, जिसमें खाद्यान्न व अन्य वस्तुओं के उत्पादन, तैयार करने और वितरित करने के लिए लोग किस तरह मृदा, पानी, पौधों और पशुओं का उपयोग करते हैं।

v. ये सिद्धान्त जिस तरह से लोगों के रहने के परिदृश्य के साथ समन्वय करते हैं, एक दूसरे से सम्बन्ध स्थापित करते हैं, जो भावी पीढ़ियों के लिए एक विरासत है।

vi. सिद्धान्त बताते हैं कि जैविक खेती कृषि–रसायनों के परित्याग से बहुत अधिक महत्त्वपूर्ण है।

1.3.1 स्वास्थ्य का सिद्धान्त (Principle of Health)

जैविक कृषि मृदा, पौधों, पशुओं, मानव और धरती के स्वास्थ्य को टिकाऊ व अक्षुण्ण रखते हुए सबको अविभाज्य इकाई के रूप को मान्यता देती है। यह सिद्धान्त बताता है कि व्यक्तियों और समुदायों के उत्कृष्ट स्वास्थ्य की परिकल्पना बिना स्वस्थ वातावरण के नहीं हो सकती है। स्वस्थ मृदा ही स्वस्थ फसलों को जन्म देती है, जो पशुओं और मानव के स्वास्थ्य को सुरक्षित रखती है। सभी जीवों के बीच सम्पूर्ण समन्वय ही पूर्ण स्वास्थ्य की कुंजी है। यह केवल मात्र बीमारियों से मुक्त नहीं होना है, बल्कि भौतिक, शारीरिक, मानसिक, सामाजिक और पर्यावरणीय स्वस्थता सबसे महत्त्वपूर्ण है। जैविक कृषि के सभी स्वरूप जैसे फसल उत्पादन, खाद्य, प्रसंस्करण, वितरण तथा उपभोग, मृदा जीवाणु से लेकर मानव तक पर्यावरणीय स्वस्थता को सुदृढ़ता प्रदान करते हैं। विशेष रूप से जैविक कृषि उच्च गुणवत्ता वाला उत्पाद पौष्टिक भोजन पैदा करती है, जो मानव स्वास्थ्य कल्याण में बड़ा योगदान देता है। इसे देखते हुए उर्वरकों, कीटनाशकों, पशु दवाओं, खाद्य योजकों के उपयोग से बचना चाहिए, जिनका मानव व पशु स्वास्थ्य पर प्रतिकूल प्रभाव पड़ सकता है।

1.3.2 पर्यावरणीय सिद्धान्त (Principle of Ecology)

जैविक कृषि जीवन्त पर्यावरणीय प्रणालियों, प्राकृतिक जीवन चक्रों व उनके समन्वय तथा सभी के संधारण सिद्धान्त पर आधारित है। इस नियम के अनुसार सम्पूर्ण उत्पादन प्राकृतिक प्रक्रियाओं तथा प्राकृतिक स्त्रोतों के पुनः प्रयोग पर निर्भर है। प्रत्येक जीव का पालन पोषण उत्पादन प्रक्रिया के पर्यावरणके साथ सामंजस्य

सुनिश्चित किया जा सकता है। उदाहरण के लिए अच्छी फसलों के जीवन्त मृदा, पशुओं के लिए उचित आवास, मछलीय व समुद्री जीवों के लिए जलीय वातावरण तथा उनके सभी अंगों के बीच समन्वय अतिआवश्यक हैं। जैविक खेती, चारागाह तथा जंगल क्षेत्र भी इस चक्र से जुड़कर पारिस्थितिक संतुलन में सहायक हो सकते हैं।

सभी प्राकृतिक चक्र सार्वभौमिक हैं, लेकिन उनका संचालन विशिष्ट है। कार्बनिक प्रबंधन में स्थानीय परिस्थितियों तथा पर्यावरण का विशेष ध्यान रखते हुए प्रतिक्रियाएँ तय की जाती है। पर्यावरणीय गुणवत्ता बनाए रखते हुए प्राकृतिक स्त्रोतों का संरक्षण किया जाता है तथा स्थानीय स्त्रोतों के पुनःप्रयोग से बाह्य आदानों की आवश्यकता को घटाया जा सकता है और प्राकृतिक ऊर्जा स्त्रोतों के अधिकाधिक दोहन से ऊर्जा शरण से बचाया जा सकता है। इन सभी उद्देश्यों की प्राप्ति के लिए फार्म आवासों की स्थापना और जैव विविधता का समावेश व संधारण तथा प्राकृतिक संसाधनो का प्रयोग मुख्य कार्यशील बिन्दु हैं। जो लोग जैविक उत्पादों का उत्पादन, प्रक्रिया, व्यापार या उपभोग करते हैं, उन्हें जलवायु, जैव विविधता, वायु और पानी सहित आम पर्यावरण की रक्षा करनी चाहिए।

1.3.3 पारदर्शिता का सिद्धान्त (Principle of Fairness)

निष्पक्षता के सिद्धान्त का उद्देश्य है कि जैविक कृषि उन रिश्तों पर आधारित होनी चाहिए जो सामान्य पर्यावरण और जीवन के अवसरों के सम्बन्धों में निष्पक्षता सुनिश्चित करते हैं। निष्पक्षता का चित्रण उसकी समान अवसर, सम्मान, न्याय तथा विश्व के प्रति आदर का भाव रखते हुए मानव तथा अन्य जीवों के बीच सम्बन्ध क्षमता के सिद्धान्त की मूल कड़ी है। यह सिद्धान्त इस बात पर जोर देता है कि जैविक कृषि में शामिल लोगों को मानवीय रिश्तों का संचालन ऐसे तरीके से करना चाहिए जो सभी स्तरों पर और सभी पक्षों – किसानों, श्रमिकों, प्रसंस्करणकर्त्ताओं और वितरकों, व्यापारियों और उपभोक्ताओं के साथ न्याय पूर्ण समान सम्बन्ध, सम्मान व निष्पक्षता सुनिश्चित करें। जैविक कृषि सभी के लिए अच्छे जीवन यापन अवसर तथा खाद्यान्न सुरक्षा की गारन्टी के साथ गरीबी उन्मूलन की दिशा में प्रयासरत रहने की प्रेरणा देते हैं। इसका उद्देश्य अच्छी गुणवत्ता वाले भोजन और अन्य उत्पादों की पर्याप्त आपूर्ति करना है। यह सिद्धान्त इस बात पर जोर देता है कि पशुओं को भी अच्छा आवास तथा पर्यावरण मिले जिससे वे एक अच्छे वातावरण में अपनी सभी प्राकृतिक आवश्यकताएँ भली भाँति पूरी कर सकें। सभी प्राकृतिक संसाधनों, का उत्पादन व उपयोग इस प्रकार किया जाए जो पर्यावरणीय संसाधनों सामाजिक तथा आर्थिक रूप से न्याय संगत व स्वीकार्य हो तथा भविष्य की पीढ़ियों के लिए संसाधनों को सुरक्षित रखें।

1.3.4 सुरक्षा का सिद्धान्त (Principle of Care)

जैविक खेती प्रबन्धन प्रक्रिया में सावधानीपूर्वक पूरी निष्ठा व उत्तरदायित्व के साथ यह सुनिश्चित किया जाना चाहिए कि पूरी प्रक्रिया आज की आवश्यकता पूर्ति के

साथ साथ पर्यावरण मित्र हो और आज की तथा आने वाली पीढ़ियों के स्वास्थ्य की देखभाल करें। जैविक खेती एक ऐसी जीवन्त तथा लचीली प्रक्रिया है जो सभी आन्तरिक तथा बाह्यकारकों के साथ शीघ्र ही सामंजस्य बना लेती है। जैविक प्रबन्धन में विभिन्न अवयवों की कार्यक्षमता बढ़ाकर उत्पादन बढ़ाया जा सकता है, परन्तु यह हमेशा सुनिश्चित किया जाना चाहिए कि यह संसाधनों के दोहन व किसी के भी स्वास्थ्य की कीमत पर न हो। इसके लिए समय–समय पर नई तकनीकों का समावेश तथा पुरानी तकनीकों का मूल्यांकन जरूरी है। इस सिद्धान्त के अन्तर्गत प्रबन्धन, विकास तथा तकनीकों के चयन में सावधानी तथा उत्तरदायित्व का बोध सर्वोपरि रखा जाता है। सभी के लिए उत्तम स्वास्थ्य तथा पर्यावरण सुदृढ़ता के लिए जैविक प्रबन्धन में विज्ञान की भूमिका का महत्त्वपूर्ण योगदान है, परन्तु केवल वैज्ञानिक ज्ञान ही पर्याप्त नहीं है। कार्य अनुभव, विद्वता तथा समय की कसौटी पर खरे उतरे, स्थानीय तथा पारम्परिक ज्ञान भी इसके महत्त्वपूर्ण अंग हैं। जैविक खेती में किसी भी नई तकनीक को अपनाने से पहले सर्वमान्य रूप से यह सुनिश्चित किया जाना जरूरी है कि इनके प्रयोग से पर्यावरण तथा जीवन के किसी भी अंग पर कोई प्रतिकूल प्रभाव तो नहीं होगा।

1.4 कार्य क्षेत्र / दायरा (Scope)

जैविक खेती अपने आप में कोई तकनीक नहीं है बल्कि यह विभिन्न पारिस्थितिकी तन्त्र में व्यापक रूप से भिन्न–भिन्न संसाधनों व सिद्धान्तों के आधार पर विकसित तकनीकों का समूह है। इसके पारिस्थितिकी तन्त्र की प्रणाली के घटकों के बीच उपलब्ध नाजुक संतुलन की व्यवस्था अंततः यह तय करेगी कि कौनसा सिद्धान्त या क्रियाएँ जैविक खेती में प्रमुख होनी चाहिए।

इस पृष्ठभूमि में, जैविक कृषि के दायरे का आँकलन विभिन्न पारिस्थितिकी तकनीकों व विभिन्न सिद्धान्तों के लिए व्यापक रूप से करना व अपनाना चाहिये। इसके अलावा, मूल्यांकन में जैविक कृषि पद्धतियों की नई स्थिति और पारिस्थितिकी तन्त्र के घटकों के बीच सामंजस्य को शामिल किया जाना चाहिए।

वैश्विक स्तर पर समान पैमाने पर जैविक खेती के दायरे का आंकलन नहीं किया जा सकता है। जैविक कृषि के मूल्यांकन के मानदंड के दायरे की सीमा वहाँ की मिट्टी, जलवायु, फसल प्रणाली, वनस्पति, सिंचाई, सम्बन्धित गतिविधियों (पशुपालन, भेड़पालन, मुर्गीपालन, सुअरपालन, मत्स्यपालन, आदि) व विभिन्न घटकों के बीच सामंजस्य के अनुसार हासिल की जाती है।

जैविक खेती अपनाने की संभावनाएँ हर प्रकार की खेती की परिस्थिति में अलग–अलग स्तर के साथ मौजूद हैं। जैविक खेती इसकी व्यापक अवधारणाओं और अलग–अलग सिद्धान्तों के साथ हर फसल के लिए और हर स्थिति में अपनाया जा सकता है। प्रत्येक तरह की खेती की परिस्थिति में विशिष्ट कृषि क्रियाएँ अपनाई जाती है। अतः विभिन्न खेती की परिस्थितियों के लिए क्रियाओं को

विकसित करने के लिए उपलब्ध संसाधनों, सुविधाओं और घटकों का एक स्पष्ट विश्लेषण किया जाना चाहिए। जैसे बारानी खेती की परिस्थितियों में जैविक पदार्थों के खेत में विघटन की संभावनाएँ कम रहती है लेकिन वे पूर्व–विघटित खाद का उपयोग करने के लिए आदर्श स्थिति है। इसलिए यह आवश्यक है कि परिस्थिति विशेष के लिए योजना बनाना, तकनीक विकसित करना और उन्हें सही सोच के साथ लागू करना आवश्यक है।

रासायनिक खेती की तुलना में, जैविक खेती में थोड़े ही समय में प्रभावशील परिणामों की उम्मीद नहीं करनी चाहिए। क्योंकि कुछ परिस्थितियों में, जैविक खेती की क्रियाएँ जैसे जैविक खादों का प्रयोग उर्वरकों की तुलना में महंगा पड़ता है। हालांकि जैविक खेती रासायनिक खेती के कारण हो रहे पर्यावरण के दुष्प्रभाव को कम कर रहा है। समय की जरूरत है कि आर्थिक आधार पर जैविक खेती के महत्त्व को कम न किया जाए बल्कि 30 से 40 वर्षों में हुए नुकसान की क्षतिपूर्ति के लिए जैविक उत्पादन प्रणाली को फिर में मजबूत किया जाए। कई वैज्ञानिक अध्ययनों से पता चला है कि जैविक खेती प्रणाली फसल की उपज को बढ़ा सकती है और इसे लंबे समय तक रासायनिक खेती के स्तर तक स्थिर कर सकती है, हालांकि शुरुआती दो तीन वर्षों तक पैदावार कुछ हद तक कम हो सकती है। जैविक खेती केवल अधिक फसल उपज या आमदनी का लक्ष्य नहीं रखती है, बल्कि इसका उद्देश्य दीर्घकालिक स्व–टिकाऊ पद्धतियों को विकसित करना है, जिसके परिणामस्वरूप न केवल फसल की उपज/आमदनी में वृद्धि होती है, बल्कि सतत उत्पादकता प्राप्त करने के लिए पूरी उत्पादन क्षमता को बनाए रखता है। इस परिप्रेक्ष्य में, जैविक खेती में उत्कृष्ट संभावनाएँ हैं और इसे लघु अवधि के लाभ के लिए नहीं बल्कि दीर्घकालिक परिप्रेक्ष्य के लिए प्रोत्साहित किया जाना चाहिए।

यद्यपि जैविक खेती को अपनाने की संभावनाएँ हर कृषि की परिस्थितियों में मौजूद है, किन्तु जैविक कृषि पद्धतियों के विकास और अपनाने के लिए किसान को कार्य योजना बनाना महत्त्वपूर्ण है। पौधों में पोषक तत्त्वों की आपूर्ति करने के लिए उर्वरकों का उपयोग एक आसान तरीका है, किन्तु अस्थाई है। भूमि की उत्पाद क्षमता को स्थायित्व प्रदान करने के लिए खेत में उपलब्ध सभी कार्बनिक स्रोतों का उपयोग पौधों के पोषक तत्त्वों की पूर्ति के लिए होना चाहिए। इसी तरह कीट व बीमारियों का नियन्त्रण रासायनिक विधि से सुगमता से किया जा सकता है किन्तु ये वातावरण को प्रदूषित करते हैं, लेकिन जैविक कृषि तकनीकों द्वारा इन्हें नियन्त्रित करने के लिए कीटों के जीवन चक्र, इनके भोजन एवं प्रजनन की आदतों और एक पारिस्थितिकी तन्त्र में इनके स्थान को समझने के बाद योजना बनाकर किया जाता है।

किसी भी कृषि–पारिस्थितिकी तन्त्र में रासायनिक खेती कभी भी एक संगत घटक नहीं हो सकती है और इसका पालन एक पारिस्थितिकी तन्त्र पर मजबूर घटक के रूप में किया जाता है। किसी भी निर्मित कृषि–रसायन का प्रयोग प्राकृतिक प्रक्रियाओं के साथ मेल नहीं खाता है व इस तरह के रसायन एक

पारिस्थितिकी तन्त्र की कई प्राकृतिक प्रक्रियाओं में बाधा पहुँचाने के रूप में काम करते हैं। जैविक खेती की क्रियाओं को इतना विकसित किया जाता है कि वे पारिस्थितिकी तन्त्र की अधिकांश प्राकृतिक प्रक्रियाओं के अनुकूल होते हैं और बिना किसी भी हानि के स्वीकार किए जाते हैं। इन कारणों से, जैविक खेती प्रथाओं/क्रियाओं को लम्बे समय में आत्म–सहायक और टिकाऊ माना जाता है। जैविक कृषि पद्धतियों को अपनाने में कुछ बाधाएँ भी हैं जिन्हें नकारा नहीं जा सकता किन्तु जैविक कृषि का दायरा अल्पावधि की छोटी बाधाओं की तुलना में स्वावलम्बी, टिकाऊ उत्पादन प्रणाली को विकसित करने व लंबी अवधि की दृष्टि से देखा जाना चाहिए।

1.5 जैविक v/s प्राकृतिक खेती (Organic v/s Natural Farming)

एक गलत धारणा है कि जैविक खेती को केवल रसायनों के प्रयोग को "नहीं" कहना है लेकिन प्रतिबन्धित करने और रसायनों (कीटनाशकों और उर्वरकों) को नष्ट करने की सीमा तक, इसके अलावा भी कुछ और है। जो जैविक खेती की पूरी अवधारणा को समझता है वह निश्चित रूप से इससे प्रेरित होगा। जैविक खेती और प्राकृतिक खेती के बीच अंतर (प्राकृतिक सिद्धान्तों के आधार पर) नीचे दिए गए हैं –

प्राकृतिक खेती	जैविक खेती
• यह कोई खेती की वैकल्पिक प्रणाली नहीं है किन्तु एक जीवन दर्शन है जो हमेशा प्रकृति की सच्ची भावना की खोज करती हैं।	• यह कई विषयों में प्राकृतिक खेती के काफी नजदीक है किन्तु यह प्राकृतिक खेती की तरह दार्शनिक सोच नहीं रखती है।
• यह आधुनिक कृषि के सभी घटकों को नकारती है।	• यह आधुनिक खेती के सभी घटकों को पूरी तरह नहीं नकारती है बल्कि इसमें सीमित मात्रा में जैविक तरीके से पोषक तत्त्व पीड़क नियन्त्रण की इजाजत देती है।
• यह कुछ भी नहीं करने के दृष्टिकोण की ओर इंगित करता है।	• यह इंगित करता है कि मृदा उर्वरकता व पर्यावरण को दूषित होने से बचाने के लिए जैविक खादों का व पीड़क नियन्त्रण के लिए जैविक कीटनाशकों के प्रयोग करने की अनुमति होती है।

प्राकृतिक खेती	जैविक खेती
• आवश्यक सिद्धान्त निम्न हैं :	• प्रमुख तत्त्व निम्न प्रकार है
– जुताई नहीं करना।	– न्यूनतम जुताई कर मृदा जीवन्त बनाये रखना।
– रासायनिक उर्वरक का प्रयोग नहीं।	– सभी आवश्यक पोषक तत्त्वों को जैविक माध्यमों से उपलब्ध कराना।
– खरपतवार नियन्त्रण नहीं।	– गैर रासायनिक विकल्पों से खरपतवार नियन्त्रण जैविक तरीकों से कीट, बीमारी, नियन्त्रण।
– पौध संरक्षण नहीं।	

1.6 जैविक खेती का परिदृश्य (Scenario of Organic Farming)

वर्तमान में दुनिया के 181 देशों में जैविक खेती की जा रही है। कृषि में प्रयुक्त रसायनों के बुरे प्रभाव ने विभिन्न देशों में कुछ उपभोक्ताओं की मानसिकता को बदल दिया है जो अब अच्छे स्वास्थ्य के लिए अधिक दरों पर भी जैविक भोज्य पदार्थ खरीदना पसन्द करते हैं। नीति निर्माता भी बेहतर पर्यावरण, मिट्टी व मानव की स्वास्थ्य और ग्रामीण अर्थव्यवस्था में सुधार के लिए जैविक खेती को भी बढ़ावा दे रहे हैं। सन् 2017 में वैश्विक जैविक क्षेत्र 69.8 मिलियन हेक्टेयर है। सन् 1999–2017 के दौरान जैविक क्षेत्र और जैविक उत्पाद की वृद्धि को चित्र 1.1 में दर्शाया गया है। अधिक जैविक क्षेत्र वाले देशों में सम्मिलित हैं ऑस्ट्रेलिया (27.15 मि.हे.), अर्जेंटीना (3.01 मि.हे.), चीन (2.28 मि.हे.), यूएसए (2.03 मि.हे.), स्पेन (1.97 मि.हे.), इटली (1.80 मि.हे.), फ्रांस (1.54 मि.हे.), उरुग्वे (1.66 मि.हे.) भारत (1. 49 मि.हे.), और जर्मनी (1.25 मि.हे.) शामिल हैं (चित्र 1.2)। विश्व में जैविक बाजार अब 97 बिलियन अमेरिकी डॉलर (एफ आई बीएल व आईफोम, 2017) है। विश्व में जैविक खेती का विकास लगभग 20 प्रतिशत की दर से हो रहा है।

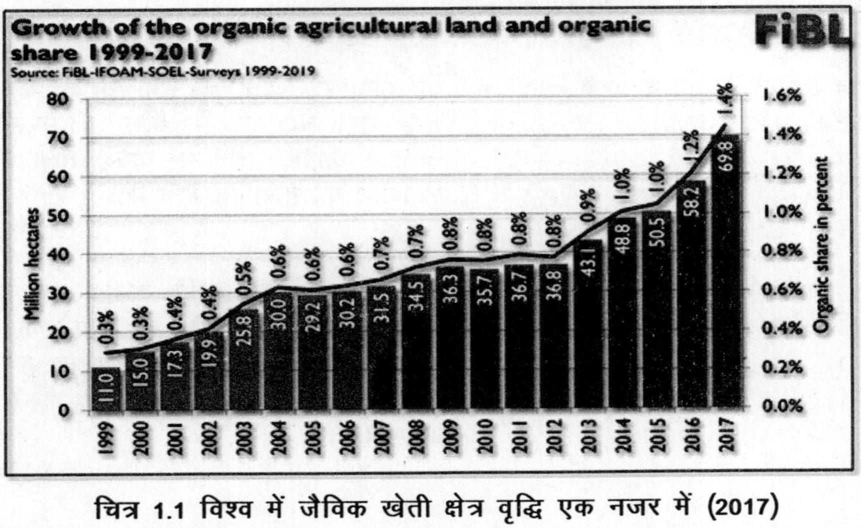

चित्र 1.1 विश्व में जैविक खेती क्षेत्र वृद्धि एक नजर में (2017)

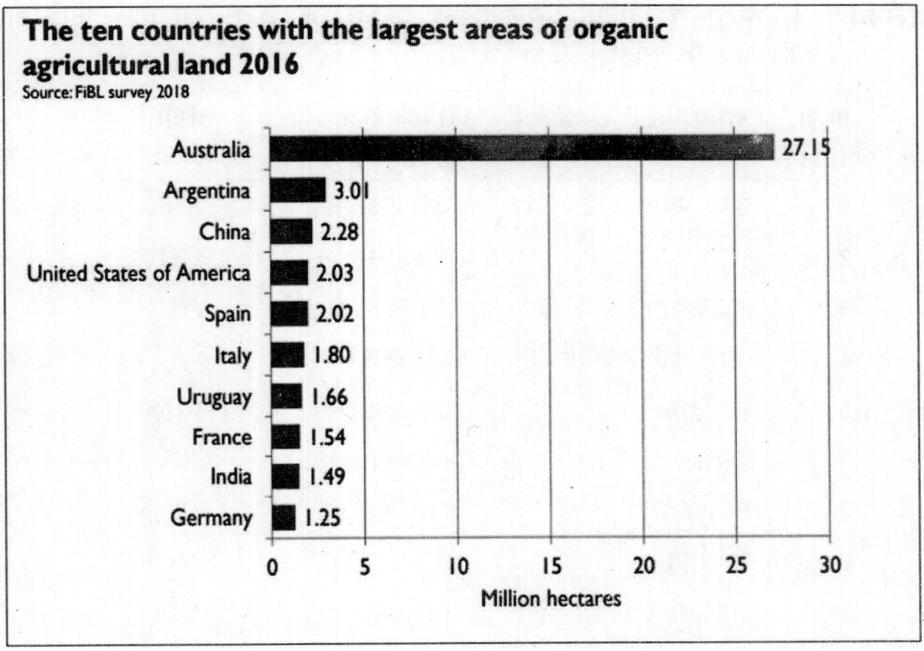

चित्र 1.2 जैविक कृषि क्षेत्रफल की दृष्टि से महत्त्वपूर्ण देश (2016)

भारत में प्रमाणित जैविक खेती के तहत सन् 2002–03 में 42,000 हेक्टेयर क्षेत्रफल था जो वर्ष 2018–19 में बढकर के 3.43 मिलियन हेक्टेयर हो गया, जिसमें प्रमाणित खेती क्षेत्र और जंगली प्रमाणित क्षेत्र दोनों शामिल हैं। देश में 1.15 मिलियन पंजीकृत जैविक किसानों का जैविक बाजार 51.51 बिलियन रूपये हैं व वार्षिक वृद्धि दर 12–15 प्रतिशत है। विश्व बाजार में संगठित रूप से उत्पादित कृषि उत्पादों के उत्पादन और आपूर्ति के लिए भारत एक बड़ा आधार बनता जा रहा है। भारत ने जैविक खेती के लिए राष्ट्रीय जैविक उत्पादन कार्यक्रम (NPOP) के तहत राष्ट्रीय मानक (National Standards) विकसित किए हैं। कृषि और प्रसंस्कृत खाद्य उत्पाद निर्यात विकास प्राधिकरण (APEDA) और कृषि मंत्रालय के तहत संचालित जैविक कृषि के राष्ट्रीय केन्द्र (NCOF), भारत में जैविक उद्यमियों और किसानों को बढ़ावा दे रहे हैं। भारत के अग्रणी राज्यों में शामिल हैं – मध्यप्रदेश, राजस्थान, महाराष्ट्र, सिक्किम, ओड़िशा, गुजरात, उत्तरप्रदेश एवं उत्तराखंड। जैविक प्रमाणीकरण के तहत भारत में राज्यवार कृषि क्षेत्र (वन क्षेत्र के अलावा) को तालिका 1.1 में दर्शाया गया है।

तालिका 1.1. भारत में जैविक प्रमाणीकरण प्रक्रिया के तहत राज्यवार कृषि क्षेत्र (वन क्षेत्र के सहित)

क्र.सं.	राज्य	जैविक क्षेत्र (हेक्टेयर)	श्रेणी
1	आंध्र प्रदेश	37,409	XII
2	गोवा	20,964	XIII
3	गुजरात	94,708	VIII
4	जम्मू और कश्मीर	187,002	V
5	कर्नाटक	104,962	VII
6	केरल	40,911	XI
7	मध्य प्रदेश	918,303	I
8	महाराष्ट्र	261,571	III
9	ओडिशा	127,851	VI
10	राजस्थान	632,701	II
11	सिक्किम	75,798	IX
12	उत्तर प्रदेश	205,980	IV
13	उत्तराखंड	41,409	X
14	अन्य	679,069	
	कुल	**34,28,638**	

Source: Statistics for the year 2018 -19 (APEDA https:// apeda.gov.in)

1.7 जैविक खेती के घटक (Components of Organic Farming)

जैविक खेती के मुख्य घटक इस प्रकार हैं:

1.7.1 कार्बनिक खादें / स्त्रोत (Organic Manures/Sources)

कार्बनिक सामग्री जैसे कि गोबर की खाद, वर्मीकम्पोस्ट, कम्पोस्ट, बायो–गैस स्लरी, पुआल व अन्य फसल अवशेष, जैव–उर्वरक, हरी खाद इत्यादि पर्यावरण की गुणवत्ता को बनाए रखने के लिए अकार्बनिक उर्वरकों का विकल्प हो सकते हैं। इसके अलावा, जैविक किसान समुद्री खरपतवारों, हड्डी का चूरा, मछली खादों व कुछ अनुमति प्राप्त उर्वरकों (बेसिक–स्लैग और रॉक फॉस्फेट) व जैव उर्वरकों

(राइजोबियम, एजेटोबैक्टर, एजोस्पीरिलम, पीएसबी, नील हरित शैवाल) का भी उपयोग कर सकते हैं। कार्बनिक खादों के उपयोग से मिट्टी में कार्बनिक पदार्थों की वृद्धि होगी व जल धारण क्षमता भी बढ़ेगी। कार्बनिक खादों के प्रयोग से मृदा कटाव कम होता है। फसल चक्र में फलीदार फसलों को सम्मिलित करने से मिट्टी की उर्वरता शक्ति बढ़ती है। हरी खाद पोषक तत्त्व प्रदान करने के साथ–साथ मिट्टी को भी सुधारती है।

1.7.2 जैविक खरपतवार प्रबन्धन (Organic Weed Management)

खरपतवार नियन्त्रण के लिए एहतियाती उपायों के साथ साथ, उन्नत शस्य क्रियाएँ, यांत्रिक व जैविक तरीकों का उपयोग करते हैं। जैविक खेती में कोई भी खरपतवारनाशी का प्रयोग नहीं किया जाता है।

1.7.3 जैविक पीड़क प्रबन्धन (Organic Pest Management)

कीट और बीमारियों के नियंत्रण के लिए गैर–रासायनिक, जैविक कीट प्रबन्धन को प्रोत्साहित किया जाता है। रासायनिक कीटनाशकों के उपयोग को कम करने के लिए कीटनाशक प्रतिरोधी कीटों के गुणन से बचने के लिए कीटों के प्राकृतिक शत्रुओं का संरक्षण महत्त्वपूर्ण है। नीम आधारित उत्पादों से प्राप्त जैविक कीटनाशकों का उपयोग किया जा सकता है। इसके अलावा गर्मी की गहरी जुताई, फसल चक्र, आकर्षक फसलें इत्यादि कीट व बीमारियों के नियन्त्रण के लिए महत्त्वपूर्ण हैं।

1.8 अवरोध / बाधाएँ (Constraints)

i. मौजूदा निरीक्षण और प्रमाणन प्रणाली की अत्यधिक लागत जिसको किसान द्वारा वहन करना काफी मुश्किल है।

ii. जैविक आदानों की गुणवत्ता के आश्वासन की कमी और उनके आदानों के लिए मानकों की अनुपलब्धता।

iii. स्थानीय रूप से उपलब्ध आदानों जैसे गोबर खाद, कम्पोस्ट, वर्मीकम्पोस्ट, जैव उर्वरकों आदि की सीमित उपलब्धता।

iv. सीमित घरेलू बाजार और घरेलू / वैश्विक मांग और आपूर्ति पर जिंसवार बाजार की जानकारी की कमी।

v. स्थानीय रूप से उपलब्ध आदानों के आधार पर सभी फसलों के लिए जैविक कृषि क्रियाओं की अनुपलब्धता।

vi. पर्यावरण प्रदूषण, स्वास्थ्य खतरों आदि पर जैविक खेती के प्रभाव की किसानों और गैर–सरकारी संगठनों को जानकारी उपलब्ध नहीं होना।

जैविक स्रोतों से पोषक तत्त्वों की धीमी गति से उपलब्धता, उच्च उपज देने वाली किस्मों की पोषण संबंधी माँग से मेल नहीं खाना और कम प्रभावी कीट और रोग प्रबंधन विकल्पों के कारण जैविक खेती अपनाने से प्रारंभिक वर्षों में उत्पादन कम होने का जोखिम।

1.9 जैविक खेती के अन्य प्रकार (Other Types of Organic Farming)

1.9.1 बायोडायनामिक कृषि (Biodynamic Agriculture)

बायोडायनामिक कृषि खेती का एक तरीका है जिसका उद्देश्य खेत को एक जीवित प्रणाली के रूप में उपयोग करना है जो पर्यावरण के साथ–साथ स्वस्थ जीवन्त मृदा का निर्माण करता है और ऐसे खाद्यान्न/भोज्य पदार्थों का उत्पादन करता है जो मानव जाति के पोषण एवम् विकास में मदद करता है। बायोडायनामिक का अंतर्निहित सिद्धान्त मृत सामग्री से जीवन देने वाली खाद/कम्पोस्ट बनाना है। बायोडायनामिक कृषि विधियाँ रुडोल्फ स्टेनर (Rudolf Stainer) और उसके बाद के विशेषज्ञों की शिक्षाओं से उत्पन्न की गई हैं। बायोडायनामिक खेती के महत्त्वपूर्ण घटक इस प्रकार हैं –

i. पौधों की सामग्री जैसे हरी फसल और पुआल (straw) मिलाना।

ii. रासायनिक उर्वरकों और कीटनाशकों का उपयोग नहीं करना।

iii. मशीनरी या जानवरों द्वारा मिट्टी के संघनन (soil compaction) से बचाना, विशेष रूप से गीले मौसम में।

iv. मिट्टी को चरागाह, फसलों या पलवार (मल्च) से ढक कर रखना ताकि घटिया (poor) कृषि पद्धतियों जैसे रोटेरी हो या अन्य जुताई तरीकों का अत्यधिक उपयोग (विशेषतौर पर मिट्टी जब अत्यधिक सूखी या गीली हो) द्वारा मृदा संरचना (soil structure) नष्ट नहीं हो।

v. गहरी जड़ वाली स्थायी चरागाह प्रजातियाँ लगाना या हरी फसलों को लगाकर खेत को पड़त छोड़ना।

vi. बायोडायनामिक रचनाएँ जैसे बी.डी.–500 और बी.डी.–501 का प्रयोग।

vii. बी.डी.–502 व बी.डी.–507 के साथ तैयार की गई कम्पोस्ट खाद का प्रयोग।

viii. बी.डी. 502 व बी.डी.–507 के साथ तैयार की गई तरल खाद का प्रयोग।

ix. बी.डी.–502 व बी.डी.–507 के साथ तैयार की गई काउपैट पीट (C.P.P.) खाद का प्रयोग।

बायोडायनामिक तैयार सामग्रियाँ बी.डी.–500 से बी.डी.–507 पौधों के लिए भोजन नहीं है, बल्कि वे इथेरिक बलों (etheric forces) के कामकाज को प्रभावी

बनाते हैं। ये सामान्य कम्पोस्ट खाद स्टार्टर भी नहीं हैं, बल्कि विभिन्न तरीकों से कम्पोस्ट जीवों को उत्तेजित कर सकते हैं। संक्षेप में वे जैविक रूप से सक्रिय गतिशील बायोडायनामिक तैयार सामग्री/रचनाएँ हैं जो मिट्टी के लाभ और मिट्टी में विभिन्न जैविक चक्रों के लिए सूक्ष्म और ईथर शक्तियों के उपयोग में मदद करते है। अब तक कुल नौ बायोडायनामिक सामग्रियाँ विकसित की गई है, जिन्हें फॉर्मुलेशन बी.डी. 500 से बी.डी. 508 नाम दिया गया है। इनमें से फॉर्मुलेशन बी.डी.–500 (गाय सींग कम्पोस्ट) और फॉर्मुलेशन बी.डी.–501 (सींग सिलिका) बहुत लोकप्रिय हैं और बडे पैमाने पर जैविक किसानों द्वारा उपयोग किया जा रहा हैं। फॉर्मुलेशन बी.डी.–502 से बी.डी. 507 कम्पोस्ट का समद्ध व प्रोत्साहक हैं, जबकि फॉर्मुलेशन बी.डी. 508 स्वभाव से रोगनिरोधी है और फफूंद जनित रोगों के नियंत्रण में मदद करता है।

1.9.1.1 बी.डी. 500 (सींग खाद)

भारतीय परम्पराओं एवं मान्यताओं के अनुरूप तथा जैव सक्रिय पदार्थों के प्रणेता रूडोल्फ स्टेनर के अनुसार, एक और जहाँ गाय का गोबर अनेक नक्षत्रीय शक्तियों से पूर्ण है वहीं गाय के सींग खोल में नक्षत्रीय शक्तियों को ग्रहण करने की अभूतपूर्व क्षमता है। इस प्रक्रिया में इन दोनों पदार्थों की अभूतपूर्व क्षमता का प्रयोग किया गया है।

गाय की सींग गाय का रक्षा कवच है। गाय को इसके द्वारा सीधे तौर पर प्राकृतिक ऊर्जा मिलती है। यह एक प्रकार से गाय को ईश्वर द्वारा प्रदत्त एंटीना उपकरण है। गाय की मृत्यु के 45 साल बाद तक भी यह सुरक्षित बनी रहती है। गाय की मृत्यु के बाद उसके सींग का उपयोग श्रेष्ठ गुणवत्ता की खाद बनाने के लिए प्राचीन समय से होता आ रहा है। सींग खाद भूमि की उर्वरता बढ़ाते हुए मृदा उत्प्रेरक का काम करती है जिससे पैदावार बढ़ जाती है।

बनाने की विधि व प्रयोग (Method of Preparation and Use)

i. **सींग खोल का चयन** – गाय का सींग किसी मृत गाय के कंकाल से काट कर निकाला जा सकता है। काटने के पश्चात् इसके अन्दर के पदार्थ को खुरच–खुरच कर निकाल दे और धोकर धूप में सूखा लें। ध्यान रहे सूखने के बाद इसमें कोई दुर्गन्ध नहीं होनी चाहिए। सींग ऐसी गाय का हो जो कम से कम 2–3 बार बच्चे पैदा कर चुकी हो। खोल में कोई दरार या छेद नहीं होना चाहिए।

ii. **गाय के गोबर का चयन** – गाय का गोबर ताजा और ऐसी दुधारू गाय का होना चाहिए जिसे हरे पौष्टिक चारे पर पाला जा रहा हो। ध्यान रहे गाय को 15 दिन पूर्व से कोई औषधी या हॉरमोन इत्यादि न दिया गया हो।

iii. **गड्ढे की तैयारी** – किसी खुले स्थान पर उपजाऊ मिट्टी में करीबन 40 सेमी. गहरा एक गड्ढा खोदें। गड्ढे की लम्बाई व चौड़ाई

आवश्यकतानुसार रखी जा सकती है। गड्ढे में 5 सेमी. मोटी ऊपरी उपजाऊ सतह की मिट्टी की परत बिछायें और पानी डालकर नम करें।

iv. **सींग खोल की भराई** – एक चौड़े मिट्टी के बर्तन में ताजा गोबर को फेंट कर पेस्ट बनायें। इस पेस्ट को धीरे–धीरे सींग खोल में भरें। ध्यान रहे भरते हुए सींग खोल में हवा बिल्कुल न रहे। पूरी तरह ऊपर तक भरे सींग खोलों को गड्ढों में सीधा इस प्रकार खड़ा करें कि सींग का खुला भाग गड्ढें के पेंदे पर हो और बन्द नुकीला भाग आसमान की ओर। बारी–बारी से सींग खोल थोड़ी–थोड़ी दूरी पर जमा दें। अब गड्ढे को मिट्टी एवं पूरी तरह पकी गाय की गोबर खाद के मिश्रण (25 : 1) से भर कर बन्द कर दें और चारों कोनों पर पहचान के लिए चार डंडे खड़े कर दें। समय–समय पर पानी का छिड़काव कर मिट्टी को नम बनाये रखें।

v. **सींगो को गाढ़ने एवं निकालने का समय** – भारतीय पंचांग एवं चन्द्र कैलेन्डर के अनुसार इन सींगों की क्वार नवरात्र (अक्टूबर–नवम्बर) के समय गाड़ा जाना चाहिए। और चैत्र नवरात्र (मार्च–अप्रेल) में निकाला जाना चाहिए।

vi. **सींग खाद का भण्डारण** – उपयुक्त समय पर खोदकर सींगों को निकाल लें व खाद को उसमें से बाहर निकालें। निकालते समय खाद नम होनी चाहिए और उसमें कोई दुर्गन्ध नहीं होनी चाहिए। इस सींग खाद को मिट्टी के बर्तन में ढ़क कर किसी ठंडे स्थान पर रख सकते हैं। ध्यान रहे पूरे भण्डारण के समय खाद नम बनी रहे और ढक्कन से हवा आती–जाती रहे। यदि तापमान अधिक हो तो इस मिट्टी के बर्तन को दो तिहाई मिट्टी में दबा दें और आसपास की मिट्टी को पानी छिड़क कर ठंडा रखें।

vii. **प्रयोग विधि** – 30 ग्राम सींग खाद को 13 लीटर पानी में मिलायें। ध्यान रहे पानी ट्यूबवेल या वर्षा का हो नल का नहीं। इस घोल को हाथ से एक घंटे तक हिलाएँ। पहले हाथ को एक दिशा में तेजी से तब तक घुमायें जब तक कि पानी में गहरा भंवर न बन जाये, अब तुरन्त हाथ की दिशा उल्टी कर घुमायें। इस प्रकार बारी बारी से घड़ी की दिशा व विपरीत दिशा में घुमाते रहें। इस घोल को स्प्रेयर की सहायता से खेत में मिट्टी पर छिड़काव करें। यदि स्प्रेयर उपलब्ध न हो तो एक झाडू की सहायता से मिट्टी पर छिड़क दें। इस मिश्रण को बनाने के एक घंटे के अन्दर प्रयोग करें। इस मिश्रण का प्रयोग सूर्यास्त के समय करना चाहिए। सींग खाद के प्रयोग से मिट्टी में मित्र सूक्ष्मजीवों की बढ़ोत्तरी होती है, केचुओं की संख्या बढती है तथा जड़ों का अच्छा विकास होता है। नक्षत्रीय शक्तियों के कारण पौधों की बढ़वार अच्छी होती है और भूमि की जैविकीय प्रक्रियाओं में सुधार होता हैं इस खाद का प्रयोग सभी फसलों में दो बार किया जाता है एक बार

बुवाई के एक दिन पूर्व व दूसरी बार फसल 20 दिन की हो तब छिड़काव करें।

1.9.1.2 बी.डी. 501 (सींग सिलिका खाद)

इस नुस्खे में क्वार्टज सिलिका का महीन चूर्ण गाय के सींग खोल में भरकर गर्मी के मौसम में लगभग 6 माह तक गाड़कर रखा जाता हैं। इसका प्रयोग फसल पर छिड़क कर किया जाता है तथा इसके प्रयोग से पौधों की प्रकाश संश्लेषण प्रक्रिया में वृद्धि होती है, फलों और दानों की गुणवत्ता में सुधार होता है और कुछ रोग जैसे मिल्डयू व ब्लाइट एवं कीटों की भी रोकथाम होती है।

सिलिका पाउडर की आटे की तरह लेई (paste) बनाकर गाय की सींग में भर दें। छः माह बाद गोबर की सींग खाद के समान ही उसे निकाल कर जल में घोल लें। इसका भण्डारण सदैव शीशे के पात्र में करना चाहिए। इस प्रकार से निर्मित सिलिका खाद फफूँदनाशक के रूप में प्रभावी रूप से प्रयोग किया जा सकता है।

बनाने की विधि व प्रयोग (Method of Preparation and Use)

i. **सिलिका चूर्ण बनाना** – क्वार्टज सिलिका एक प्रकार का प्राकृतिक खनिज है जो चमकदार पत्थरों के रूप में मिलता है। सिलिका के पत्थरों को साफ कर छोटे–छोटे टुकड़े करें, व फिर कूटकर या पल्वराइजर से महीन चूर्ण बना लें व पतले कपड़े से छान लें। सिलिका पाउडर बिल्कुल टैल्कम पाउडर जितना बारीक (250–300 मेश) होना चाहिए।

ii. **सींग खोलों को भरना** – सिलिका पाउडर को ताजा ट्यूबवेल या वर्षा जल के साथ मिलाकर एक गाढ़ी पेस्ट बना लें। इस पेस्ट को धीरे–धीरे सींगों में भरे। ध्यान रहे की सींग में कोई भी खाली जगह या हवा नहीं रहनी चाहिए। सींगों का लगभग दो घंटे में फालतू पानी ऊपर आ जायेगा उसे निथार कर अलग कर दें और खाली जगह को सिलिका पेस्ट से भर दें। अब बी.डी. 500 में बतायी विधि के अनुसार गड्ढे में गाढ दें और मिट्टी से ढक दें।

iii. **गाड़ने और निकालने का समय** – बी.डी. 500 के विपरीत सिलिका सींगों को चैत्र नवरात्रि (मार्च–अप्रेल) के समय गाड़ा जाता है और क्वार नवरात्र (अक्टूबर–नवम्बर) के समय निकाला जाता हैं।

iv. **सिलिका खाद निकालना व भण्डारण** – उपयुक्त समय पर सींगों को खोदकर निकालें और सिलिका को इकट्ठा करें। किसी साफ पक्के फर्श या पोलीथीन पर फैलाकर धूप में सूखा लें। इस सूखे चूर्ण को काँच की बोतलों में या चीनी मिट्टी के बर्तनों में भरकर रखा जा सकता

है। इन बोतलों या बर्तनों को खुले हवादार तथा रोशनी से भरपूर स्थान पर ही रखें।

v. **प्रयोग विधि** – एक एकड़ के लिए केवल 1 ग्राम बी.डी. 501 पर्याप्त है। एक ग्राम सींग सिलिका को 13 लीटर पानी में मिलायें और बी.डी. 500 नुस्खे के अनुसार एक घंटे तक बारी–बारी से घड़ी की दिशा व विपरीत दिशा में तेजी से घुमाते रहें। इस घोल को अच्छे स्प्रेयर की सहायता से खेत के ऊपर हवा में छिडकें। छिड़काव करते समय सबसे बारीक वाला नोजल लगाएँ और नोजल को सिर के ऊपर पकड़कर आकाश की दिशा में रखते हुए स्प्रे करें। इस प्रकार सिलिका के महीन कण समान रूप से चारों और फसल की पत्तियों पर फैल जायेंगे। सींग सिलिका का प्रयोग सुबह सूर्योदय के बाद करना चाहिए। इसे सभी प्रकार की फसलों में 3 बार प्रयोग किया जाता है पहली बार जब फसल में 3–4 पत्तियां हो व बाद में 30 दिन के अन्तर पर दो बार प्रयोग करें।

1.9.1.3 अन्य बॉयोडायनामिक रचनाएँ (Other Biodynamic Preparations)

उपरोक्त दो नुस्खों के अतिरिक्त बी.डी. 502 से बी.डी. 508 तक के और जैव सक्रिय उत्पाद विकसित किये गये हैं। परन्तु उनको बनाने की विधियाँ भारतीय परम्पराओं एवं मान्यताओं के अनुरूप नहीं है इस कारण ये नुस्खे भारत में लोकप्रिय नहीं हैं। फिर भी कुछ संस्थाओं द्वारा इन्हें भारत में भी बनाया जा रहा है। इनके बारे में संक्षिप्त विवरण इस प्रकार है –

i. **बी.डी. 502** – नमीयुक्त यारौ (*Achillea millesolium*) के फूलों को बसन्त ऋतु में हिरन के ब्लैडर में रखते हैं तत्पश्चात् इस ब्लेडर को सूर्य की रोशनी में लटकाया जाता है तथा इसको पूरी शरद ऋतु में अच्छी नमीयुक्त मिट्टी में दबाकर रखते हैं और बसन्त ऋतु में मिट्टी से निकालते हैं तथा कम्पोस्ट में मिलाकर खेत में डालते हैं। यह मिश्रण कम्पोस्ट को पोटाश व सल्फर के संचालन में सहायता करता है।

ii. **बी.डी. 503** – चैमोमिली के फूलों (*Matricria chamomilli*) को ग्रीष्म ऋतु में इकट्ठा करके थोड़ा पानी डालकर एवं चैमोमिली चाय को मिलाकर ताजा कटी हुई गाय की आँत में डालकर इसके छोटे छोटे टुकड़े किये जाते हैं तथा इन टुकड़ों को अच्छी ह्यूमस वाली मिट्टी में वर्षा के मौसम में दबाया जाता है। दबानें के स्थान का चयन बर्फ पिघलने पर पानी के बहाव के समीप होना चाहिए। इस तरह से प्राप्त मिश्रण कम्पोस्ट में कैल्शियम निर्धारण में मदद करता है।

iii. **बी.डी. 504** – स्टींगगिंग नेटल (*Urtica dioica*) को पीट मौस घास में लपेटकर एक वर्ष तक मिट्टी में दबाया जाता है। तत्पश्चात् इसको

कम्पोस्ट में मिलाया जाता है। यह कम्पोस्ट के ह्यूमिफिकेशन में मदद करता है।

iv. **बी.डी. 505** – ओक वृक्ष की छाल को मृत बकरी या भेड़ के सिर वाले हिस्से में भरकर वर्षा के मौसम में किसी ऐसी जगह दबाया जाता है जहाँ पानी का धीरे धीरे रिसाव होता है। इस मिश्रण को बसन्त ऋतु में मिट्टी से निकालकर कम्पोस्ट में मिलाया जाता है जिससे कम्पोस्ट में कैल्शियम वृद्धि के साथ साथ पौधों की रोग रोधक क्षमता भी बढ़ती है।

v. **बी.डी. 506** – डैन्डेलियन वृक्ष के सूखे फूलों को बसन्त ऋतु में इकट्ठा कर थोड़ा गीला करके मरी हुई गाय की आँत के आस पास वाली झिल्ली में डालकर एक वर्ष तक मिट्टी में दबाया जाता है। यह मिश्रण कम्पोस्ट को सिलिका एवं पोटाश के बीच होने वाली प्रक्रिया को तेज कर पौटेशियम आयन को मिट्टी में छोड़ने में मदद करता है।

vi. **बी.डी 507**– वैलेरियन (*Valeriana officinallis*) के फूलों के रस को वर्षा जल में मिलाकर कम्पोस्ट पिट पर छिड़काव से कम्पोस्ट की फॉस्फोरस घुलनशीलता में वृद्धि होती है। प्रायः यह देखा गया है कि बी.डी. मिश्रण को बनाना काफी जटिल है लेकिन एक बार बनाने के पश्चात् इन मिश्रणों को काँच की बोतलों में अधिक समय तक रखा जा सकता है। एक चम्मच बी.डी. कम्पोस्ट मिश्रण (502–507) तीन घन मीटर कम्पोस्ट पिट के लिए पर्याप्त है। एक चाय का चम्मच बी.डी. मिश्रण (502–506) कम्पोस्ट पिट में 30–40 सेमी. गहरा छेद कर डाला जा सकता है। बी.डी. मिश्रण 507 को पानी में मिलाकर कम्पोस्ट पिट पर छिड़काव करना चाहिए।

vii. **बी.डी. 508** – ताजा कटे हुए होर्सटेल पौधे (*Equisetum auriense*) को पानी में डालकर 20 मिनट तक उबाला जाता है तथा इसको छानकर काँच की बोतलों में भरकर अधिक समय के लिए रखा जा सकता है। यह घोल फफूंदनाशी का काम करता है।

viii. **काउ पैट पीट** (C.P.P) – ईटों का 90 + 60 + 30 सेमी. का गड्ढा बनाया जाता है जिसको नीचे से पक्का नहीं किया जाता इसमे 60 किग्रा ताजा गाय का गोबर, 200 ग्राम अण्डे के छिलके एवं 300 ग्राम ग्रेनाईट डस्ट को अच्छी तरह मिलाकर 12 सेमी. तक भरा जाता है। गड्ढा भरकर समतल किया जाता है तथा इसमें 5 छेद किये जाते हैं, जिनमें बी.डी. मिश्रण 502 से 506, 3 ग्राम प्रति सूत्र की दर से प्रत्येक छेद में डाला जाता है। बी.डी. मिश्रण 507 को पानी में मिलाकर पीट पर छिड़काव किया जाता है तथा टाट की बोरियों से इसको ढ़क दिया जाता है। चार सप्ताह पश्चात् वायु प्रवाह हेतु इसको उल्टा पल्टा जाता है तथा दोबारा ढक दिया जाता है। इसी प्रकार एक सप्ताह बाद फिर

हल्की खुदाई करें। काउ पैट पीट लगभग 12 सप्ताह में बनकर तैयार हो जाता है।

काउ पैट पीट को कई तरह से प्रयोग किया जा सकता है। 250 ग्राम काउ पैट पीट प्रति हेक्टेयर की दर से बी.डी. 500 या 501 में मिलाकर छिड़काव किया जा सकता है। काउ पैट पीट को 5 किग्रा/हेक्टेयर की दर से कम्पोस्ट में मिलाकर भी प्रयोग किया जा सकता है। काउ पैट पीट को 12 किग्रा/हेक्टेयर की दर से फसल पर हर 15 दिन में छिड़काव किया जा सकता है। काउ पैट पीट को फल वृक्षों के तनों पर पेस्ट के रूप में भी प्रयोग किया जा सकता है।

1.9.2 ऋषि कृषि (Rishi Krishi)

महाराष्ट्र और मध्य प्रदेश के किसानों द्वारा वेदों से प्राप्त, प्राकृतिक खेती की ऋषि कृषि पद्धति में महारत हासिल की है। इस विधि में खेतों पर उपलब्ध पोषक तत्त्वों के सभी स्त्रोतो जैसे गोबर की खाद, कम्पोस्ट, हरी पत्ती की खाद एवम् फसलों के अवशेषों, पलवार (mulch) सहित पोषक तत्त्वों के सभी उपलब्ध स्रोतों को **"अमृतपानी"** सूत्र के साथ प्रयोग कर जीवन्त मिट्टी (virgin soil) को समृद्ध बनाया जाता है। इसके लिए 15 किग्रा शुद्ध जीवन्त मिट्टी जिसे बरगद के पेड़ (*Ficus bengalensis*) के नीचे से एकत्र किया गया हो और जो जड़ों के आसपास की हो, को एक एकड़ भूमि पर फैलाकर उस पर 200 लीटर अमृतपानी का छिड़काव करें जिससे मृदा जीवन्त व समृद्ध हो जाती है। अमृतपानी बनाने के लिए 250 ग्राम घी, 10 किलो गाय का गोबर एवम् 500 ग्राम शहद मिलाएँ व इस मिश्रण को 200 लीटर पानी में मिला दें। इस सूत्रीकरण का उपयोग बीज उपचार (बीज संस्कार), मृदा को समृद्ध बनाने (भूमि संस्कार) और पौधों पर छिड़काव (पादप संस्कार) के लिए किया जाता है। मृदा उपचार के लिए इसे सिंचाई जल के माध्यम से उर्वरक के रूप में प्रयोग किया जाता है। इस पद्धति (ऋषि खेती) के अनेक प्रदर्शन बड़े स्तर पर विभिन्न फसलों, फलों, सब्जियों, अनाज, दालों, तिलहन, गन्ने की फसल और कपास इत्यादि पर किया गया है और यह क्रिया प्रभावी पाई गई है।

1.9.3 पंचगव्य कृषि (Panchgavya Krishi)

पंचगव्य एक विशिष्ट जैव समृद्धशाली सूत्र है इसे गाय के पाँच उत्पादों गोबर, मूत्र, दूध, दही और घी से मिलाकर तैयार किया जाता है जो एक विशेष जैव–वर्धक है। तमिलनाडु कृषि विश्वविद्यालय, कोयम्बटूर के एक चिकित्सा व्यवसायी एवम् वैज्ञानिक डॉ॰ नटराजन द्वारा उपरोक्त पंचगव्य बनाने की क्रिया में विभिन्न बागवानी और कृषि फसलों की आवश्यकता अनुरूप परिवर्तन किया गया है। पंचगव्य बनाने की लागत मात्र रू. 25–30 प्रति लीटर आती है।

पंचगव्य में बहु उपयोगी सूक्ष्मजीव जैसे फफूंद, बैक्टीरिया, एक्टिनोमाइसिटीज के साथ–साथ अनेकों सूक्ष्म पुष्टीकारक जीवाणु होते हैं। यह पंचगव्य मृदा को

समृद्ध करने के लिए बलवर्धक के रूप में कार्य करता है। इसके साथ–साथ पौधों को प्रबल बनाता है व गुणवत्तायुक्त उत्पादन देता है।

भौतिक व रासायनिक अध्ययनों से पता चला है कि पंचगव्य में पौधों की अच्छी बढवार हेतु आवश्यक लगभग सभी सूक्ष्म पोषक तत्त्व हैं और पौधे के विकास के लिए आवश्यक हार्मोन (इन्डोल एसीटिक एसिड व जिब्रेलिक एसिड) प्रचुर मात्रा में उपलब्ध होते हैं। खमीर एवं लैक्टोबैसिलस जैसे किण्वक सूक्ष्म जीवों की अधिकता से मृदा की जैविक गतिविधियों में सुधार करने और अन्य सूक्ष्मजीवों के विकास को बढ़ावा देने में मदद करती है। इसके पर्णीय छिड़काव (foliar spray) के लिए 3–4 प्रतिशत पंचगव्य घोल काफी प्रभावी है। इसके चार से पाँच छिड़काव से अच्छी पैदावार व उत्पादकता सुनिश्चित की जा सकती है एवम् छिड़काव के लिए निम्न पद्धति अपनाई जाती है (i) 15 दिन के अंतराल पर फूल आने से पहले दो छिड़काव (ii) दो छिड़काव फूल और फली बनने के दौरान 10 दिन के अंतराल पर एवम् (iii) फल एवं फली परिपक्वता के दौरान एक छिड़काव। आम, अमरूद, नीम्बू, केला, मसाला हल्दी, चमेली फूल, औषधीय पौधे जैसे कोलियंस, अश्वगंधा, सब्जियाँ जैसे ककड़ी, पालक, भिंडी, मूली और अनाज वाली फसलें जैसे – मक्का, मूंग और सूरजमुखी में पंचगव्य का उपयोग बहुत ही प्रभावी पाया गया है। पंचगव्य के उपयोग से मृदा में सूत्रकृमि (nematode) की समस्या को कम किया जा सकता है। पंचगव्य के उपयोग से पत्तियों की ऊपरी सतह और तने पर एक पतली तैलीय परत सी बनती है, जो जल उत्सर्जन में कमी कर पानी की उपयोगिता को बढ़ाता है।

1.9.4 नेट्यूको खेती (अमृत कृषि) (Natueco Farming)

नेट्यूको खेती पारिस्थितिकी तंत्र के सभी अवयवों व उपलब्ध संसाधनों के बीच सामंजस्य कर उनके भरपूर दोहन के सिद्धान्तों का पालन करता है। यह विद्या दार्शनिक एवं व्यवहारिक पद्धति में जैविक या प्राकृतिक खेती की व्यापक अवधारणाओं से परे है। यह आधुनिक खेती के वाणिज्यिक और भारी रासायनिक तकनीकों के लिए एक विकल्प प्रदान करता है। इसमें वैज्ञानिक प्रयोग/परीक्षणों द्वारा इजाद तरीकों के माध्यम से सूर्य के प्रकाश को संरक्षण कर फसल उत्पादन में प्रयोग करना। इसके लिए पादप कार्यिकी फसल ज्यामिति, मृदा उर्वरकता व जैव रसायनिकी का पूरा ज्ञान होने पर निर्भर है।

नेट्यूको खेती पद्धति प्राकृतिक संसाधन आधारित होने के बावजूद प्राकृतिक खेती और जैविक खेती से अलग व आगे है। प्राकृतिक खेती में, प्रकृति के अनुभव एवं विवेक को आधार बनाकर व प्रकृति के सहयोग की अपेक्षा कर खेती की जाती है। जबकि अमृत कृषि ने महत्त्वपूर्ण वैज्ञानिक ज्ञान व प्रयोगों के माध्यम से प्रकृति को अधिक से अधिक जानने और प्रयोगों द्वारा उसके संवर्धन व उपयुक्त प्रयोग पर आधारित है। यह मनुष्य और प्रकृति के बीच एक निरन्तर बढ़ती हुई नवीनतम, अद्वितीय, सहभागी कोशिश है। अमृतकृषि वर्तमान में अपनाई जाने वाली कृषि तकनीकों से संबंधित नहीं है। यह प्रकृति और धूप में अनन्त संसाधन संभावनाओं

की एक नई दृष्टि है और मानव गतिविधियों को बढ़ाकर सभी उपलब्ध संसाधनों के संरक्षण के माध्यम से सभी के लिए बहुत सारे वादे करता है। इसके लिए यह आवश्यक है कि तार्किक ज्ञान द्वारा यह सुनिश्चित किया जाये कि मिट्टी की उर्वरकता बनाये रखने के लिए कैसे खेत में हरियाली बनाकर रखी जाये तथा कैसे स्थानीय संसाधनों व अंश का पुनर्चक्रीकरण कर उनकी अनवरत उपलब्धता बनी रहे। इस विद्या द्वारा पौध ज्यामिति, फसल वृद्धि, पर्णछत्र फैलाव प्रबन्धन तथा सूर्य ऊर्जा के बीच समन्वय स्थापित कर उच्चतम उत्पादन गणितीय माप के साथ प्राप्त किया जा सकता है। इस विद्या के प्रणेताओं का मानना हैं कि वर्तमान मुद्रा बाजार प्रणाली निकट भविष्य में ऐसी नई पर्यावरण आधारित प्रणाली में बदल जायेगी जिसमें ऊर्जा बाजार प्रबन्धन एक महत्त्वपूर्ण पहलू होगा।

1.9.5 होमा खेती (Homa Farming)

शुद्ध होमा खेती की उत्पत्ति वेदों से हुई है और यह इस सिद्धान्त पर आधारित है कि ''आप वातावरण को शुद्ध व दोष मुक्त रखेंगे तो शुद्ध स्वच्छ वातावरण आपको ठीक रखेगा''। होमा खेती के प्रणेता इसे **''अन्वेषित आध्यात्मिक विज्ञान''** कहते हैं और यह पूरी तरह से वैदिक काल की आध्यात्मिक प्रक्रिया है। होमा खेती की मूल अवधारणा के अनुसार यदि पवित्र अग्नि के समक्ष विशिष्ट संस्कृत मंत्रों का जप (अग्निहोत्र पूजा) निश्चित समय पर किया जाये तो पूरा वातावरण ऊर्जामय हो जाता है जिससे समस्त जीव स्वरूपों की जैविक क्रिया बढ़ जाती है। होमा खेती से जुड़ा कोई विशिष्ट कृषि अभ्यास नहीं है, परन्तु जिस खेत या घर में इसका अभ्यास किया जाता है यह प्रक्रिया परिवार, वातावरण, पौधौं, फसलों व पशुओं को ऊर्जावान करती है। पूजा या हवन से प्राप्त होने वाली राख का उपयोग खाद के रूप में पौधों व जानवरों आदि के पोषण के लिए किया जाता है। होमा खेती में जैविक कृषि एक वातावरण उपचार प्रक्रिया है और इसका उपयोग किसी भी अच्छी जैविक कृषि प्रणाली के साथ किया जा सकता है। यह स्पष्ट रूप से अत्यन्त सस्ता और सरल है, लेकिन इसके लिए अनुशासन और नियमितता अति आवश्यक है।

अग्निहोत्रा मूल रूप से अग्नि हवन तकनीक है जो वेदों के अनुसार सूर्योदय और सूर्यास्त की जैविक लय ताल पर आधारित है और प्राचीन वेद विज्ञानों में इसका उल्लेख है। वर्तमान में अग्निहोत्र का काफी सरलीकरण किया गया है और इसे आधुनिक समय के अनुकूल बनाया गया है, इसलिए कोई भी इसे आसानी से कर सकता है। अग्निहोत्र के दौरान, एक उल्टे शंकु के आकार के तांबे के बर्तन में गाय के सूखे गोबर और घी (मक्खन) को भूरे चावलों के साथ एक विशेष मन्त्र का जाप करते हुए अग्नि प्रज्वलित कर जलाया जाता है। यह व्यापक रूप से माना जाता है कि एक शंकु आकार के ताँबे के बर्तन में कार्बनिक पदार्थों को जलाने से, बहुमूल्य शुद्ध और सामंजस्य स्थापित करने वाली ऊर्जाएँ उत्पन्न होती है। यह ऊर्जा वायुमंडल में समाविष्ट होने के साथ–साथ हवन कुंड की राख में समाहित हो जाती है। इस अत्यधिक ऊर्जावान राख को जैविक खेती में जैविक उर्वरक के रूप

में सफलतापूर्वक उपयोग किया जा सकता है। अग्निहोत्र एवम् होम या हवन के अभ्यास से उत्पन्न होमा राख को खेतों या क्यारियों में फैला देने के अतिरिक्त और भी विभिन्न प्रकार के उपयोगों की सिफारिश की गई है जैसे बीजों व कन्दों के उपचार हेतु, पौध पुष्टिकारक घोल आदि।

1.10 भविष्य की संभावनाएँ (Future Prospects)

बड़ी संख्या में जैविक उत्पादकों (लगभग 11 लाख से अधिक पंजीकृत उत्पादकों) की उपस्थिति के कारण भारत विश्व में अगुआ के रूप में उभर सकता है। अतः आवश्यकता है कि भारत में विपणन बुनियादी ढ़ाँचे में सुधार के साथ साथ तकनीकी ज्ञान और जैविक आदानों को उपलब्ध कराना होगा। एक दशक से भी कम समय के लिए उपलब्ध अनुसंधान कई फसलों जैसे बासमती चावल, मक्का, कपास, छोले, सोयाबीन, मूंगफली, आदि में उपज लाभ की पुष्टि करता है। हालांकि, भारत में जैविक खेती के विकास के लिए प्रमुख बाधा, प्रारम्भ में उपज में कमी है। अकार्बनिक से जैविक खेती की ओर अग्रसर होने के लिए पोषक तत्त्वों की पूर्ति के जैविक स्रोत की उपलब्धता और कीट और रोग प्रबन्धन विकल्पों की काफी कमी है। अधिकांश जैविक उत्पादकों ने माना है कि जैविक पद्धति से उगाई जाने वाली फसलों और विपणन बुनियादी ढ़ांचे के लिए समर्थन मूल्य की कमी जैविक कृषि को बढ़ावा देने में प्रमुख समस्या है। हालांकि, जैविक खेती पर अनुसंधान में बहुत प्रगति हुई है, मानव स्वास्थ्य लाभ के नए उभरते क्षेत्रों, पर्यावरण बाजारों के साथ अर्थशास्त्र को समझना, जलवायु अनुकूल खेती और जैविक कृषि प्रमाणीकरण प्रणाली मॉडल के साथ जैविक खेती को भविष्य में संबोधित करने की आवश्यकता है। उत्पादक समूह व भागीदारी गारंटी प्रमाणीकरण प्रणाली व अपने खेत को जानने और अपने भोजन को जानने के महत्त्व को बड़े पैमाने पर फैलाने की आवश्यकता है।

2 भारत में जैविक खेती प्रोत्साहन

(Promotion of Organic Agriculture in India)

देश में जैविक खेती को प्रोत्साहन केवल विदेशी माँग पूरा करने के लिए नहीं होना चाहिए, बल्कि दीर्घकाल सोच यह होनी चाहिए कि इससे पर्यावरण व भूमि सुधार के साथ लागत कम करना और देश के प्रत्येक व्यक्ति के लिए स्वस्थ भोजन उपलब्ध कराने के उद्देश्य से यदि चलाया जायेगा तो निश्चित ही यह लम्बे समय तक चलाने वाला बहु उपयोगी प्रयास होगा।

भारत सरकार ने खाद्यान्न उत्पादन से समझौता किए बिना जैविक खेती को बढ़ावा देने के लिए काफी प्रयास किए हैं। जैविक खेती एक उच्च गुणों युक्त खाद्यानों का उत्पादन करती है, जिसकी कीमत आमतौर पर पारम्परिक खाद्यान्नों की अपेक्षा 20–30 प्रतिशत अधिक होती है। भारत में 80 प्रतिशत से अधिक किसान लघु और सीमांत हैं और उनमें से कई जैविक खेती कर रहे हैं किन्तु वे बाजार में जैविक उत्पादन को उच्च मूल्य पर बेचने के अवसर से अनभिज्ञ हैं और इसीलिए वे जैविक खेती के लाभों को प्राप्त करने में सक्षम नहीं हैं। अतः इस और जरूरी कदम उठाए जाने की नितान्त आवश्यकता है।

भारत में कृषि मंत्रालय के तहत स्थापित संस्थाएँ कृषि एवम् प्रसंस्कृत खाद्य उत्पाद निर्यात विकास प्राधिकरण (APEDA), नई दिल्ली और राष्ट्रीय जैविक खेती केंद्र, (NCOF), गाजियाबाद जैविक खेती को बढ़ावा दे रही हैं। भारत में उपलब्ध विभिन्न कृषि–जलवायु क्षेत्रों के कारण सभी प्रकार के जैविक उत्पादों के उत्पादन की भरपूर संभावनाएँ निहित है। देश के कई हिस्सों में परम्परागत जैविक खेती विरासत में मिली है जो एक अतिरिक्त लाभ है। भारत में जैविक खेती को बढ़ावा देने के लिए आवश्यकता इस बात है कि जैविक उत्पादकों व देश विदेश में जैविक उत्पादन की बढ़ती माँग व पूर्ती में सामन्जस्य स्थापित करना ताकि उत्पादकों को उनके उत्पाद का उचित दाम मिल सके।

2.1 जैविक खेती के संभावित क्षेत्र (Potential Areas of Organic Farming)

भारत में जैविक खेती क्षेत्रफल के हिसाब से नगण्य है क्योंकि अभी जैविक खेती और सघन खेती की तुलनात्मक आर्थिक लाभ की जानकारी की कमी है, जिसमें किसान जैविक खेती को अपनाने में हिचकिचाहट महसूस करते हैं। वर्तमान में भारत में जो भी जैविक खेती की जा रही है, वह मुख्य रूप से अनुबन्ध खेती के रूप में की जाती है और वह भी चुनिन्दा वर्षा आधारित क्षेत्रों में व निर्यात उन्मुख फसलों के लिए। भारत के वर्षा आधारित क्षेत्रों में मिट्टी और जलवायु परिस्थितियाँ जैविक कृषि के लिए व्यावहारिक रूप से अनुकूल हैं। जहाँ तक संभावित क्षेत्रों का सम्बन्ध है, तीन प्राथमिकता वाले क्षेत्रों की पहचान की गई है जो इस प्रकार है –

श्रेणी I : वे क्षेत्र जहाँ उर्वरक और अन्य कृषि रसायनों की खपत बहुत कम है। ये क्षेत्र असम और अन्य उत्तर–पूर्वी राज्यों, झारखंड, उड़ीसा, जम्मू–कश्मीर, हिमाचल प्रदेश, कर्नाटक, मध्य प्रदेश, छत्तीसगढ़ एवम् राजस्थान हैं।

श्रेणी II : वर्षा आधारित एवं पहाड़ी इलाकों के अंतर्गत आने वाले क्षेत्रों को विशुद्ध रूप से जैविक कृषि क्षेत्रों में परिवर्तित करने की अपूर्व संभावनाएँ हैं। इसी तरह, चाय, कॉफी, मसाले और काजू इत्यादि फसलों के उत्पाद के निर्यात की संभावनाओं को ध्यान में रखकर आसानी से जैविक खेती के तहत लाया जा सकता है।

श्रेणी III : सिंचित और उर्वरकों और अन्य कृषि रसायनों के भारी उपयोग वाले क्षेत्र।

प्राथमिकता के आधार पर प्रथम एवम् द्वितीय श्रेणी के तहत आने वाले क्षेत्रों में जैविक कृषि को बढ़ावा देने के लिए उपयुक्त रणनीति की आवश्यकता है।

2.2. चुनौतियाँ (Challenges)

भारत सरकार मिट्टी की उर्वरता में सुधार लाने और किसानों की आय बढ़ाने में मदद करने के उद्देश्य से जैविक खेती को बढ़ावा देने के लिए उपाय कर रही है। जैविक खेती और जैविक उत्पादों के निर्यात को बढ़ावा देने के लिए भारत सरकार द्वारा की गई कुछ नीतिगत पहलों में कृषि एवं प्रसंस्कृत खाद उत्पाद निर्यात प्राधिकरण (APEDA) द्वारा निर्यात जैविक विनियमन के विकास के लिए जैविक खाद्य निर्यात पर मात्रात्मक प्रतिबंधों को हटाना, राज्य सरकार की भागीदारी से परम्परागत कृषि विकास योजना (PKVY) के तहत किसानों को अनुदान प्रदान करना शामिल हैं। इसके अलावा अन्य योजनाओं में उत्तरी पूर्वी क्षेत्र के लिए जैविक मूल्य श्रृंखला का विकास करने का मिशन प्रमुख है। इन पहलों के बावजूद, निम्नलिखित मुद्दों/चुनौतियों पर ध्यान दिया जाना नितान्त आवश्यक है।

i. सबसे पहले, आपूर्ति श्रृंखला अविकसित है और पहाड़ी क्षेत्रों और आदिवासी इलाकों में स्थित लघु और मध्यम श्रेणी के किसानों का बाजार तक पहुँच पाना बेहद मुश्किल है। इन क्षेत्रों में पैक हाउस और वातानुकूलित वाहनों की भी कमी है, जिससे उत्पाद खराब हो जाते हैं।

ii. दूसरा, सरकार भारत में भागीदारी गारंटी प्रणाली (PGS) के तहत जैविक किसानों को अनुदान दे रही है, जो परम्परागत कृषि विकास योजना (PKVY) के तहत समर्थित स्व–प्रमाणन प्रक्रिया है। किन्तु इन किसानों को उपज का निर्यात करने की अनुमति नहीं है। क्योंकि कृषि एवं प्रसंस्कृत खाद्य उत्पाद निर्यात प्राधिकरण (APEDA) ने निर्यात के लिए तीसरे पक्ष का प्रमाणीकरण होना अनिवार्य कर रखा है।

iii. तीसरा, जैसा कि एक किसान पारम्परिक रासायनिक आधारित खेती से अपनी जमीन को जैविक खेती में परिवर्तित करता है, तो निश्चित रूप से फसल की उपज में कमी का खतरा रहता है। जिसके लिए भारत की तरफ से रूपान्तरण अवधि (conversion period) के दौरान सरकार द्वारा ऐसा कोई अनुदान नहीं दिया जाता है।

iv. चौथा अच्छी गुणवत्ता वाले जैविक आदानों की अत्यधिक कमी है, जिससे उपज के नुकसान का खतरा बढ़ जाता है। उपलब्ध जैविक खाद आवश्यक मात्रा से बहुत कम हैं, और बाजार में बड़ी संख्या में जाली लोग भी हैं। इसी तरह, अच्छी गुणवत्ता वाले जैविक बीजों की उपलब्धता नहीं के बराबर है।

v. पांचवीं और सबसे बड़ी चुनौती जैविक किसानों के सामने घरेलू बाजार और आयात के लिए जैविक नीति की कमी है। जैविक उत्पादन और लोगो (logo) के लिए लेबलिंग मानक पर नियमन के अभाव में, किसी पारंपरिक उत्पाद से जैविक उत्पाद को अलग करना संभव नहीं है। इसने धोखाधड़ी की क्रियाओं को बढ़ावा दिया है और वास्तविक उत्पादकों को अधिक दाम (premium price) नहीं मिल रहा है, जबकि जैविक उत्पादों के उपभोक्ता अधिक दाम भुगतान करने को तैयार हैं।

2.3 जैविक खेती को बढ़ावा देने के लिए रणनीतियाँ (Strategies for Promotion of Organic Farming)

जैविक खेती को बढ़ावा देने की रणनीति में संभावित क्षेत्रों और फसलों की पहचान शामिल है। भारत में विशेषकर वर्षा आधारित क्षेत्रों में जैविक खेती को बढ़ावा देने की अपार संभावनाएँ हैं। इन क्षेत्रों में या तो उर्वरकों व कीटनाशकों का प्रयोग नहीं होता है या बहुत ही कम उपयोग होता है अतः इन क्षेत्रों को जैविक कृषि में बदलना आसान होगा। जहाँ तक फसलों का सम्बन्ध है, प्राथमिकता फलों, सब्जियों, मसालों, औषधीय पौधों, तिलहन, दलहन, कपास, गेहूँ और बासमती चावल की है। जैविक खेती मिट्टी की उर्वरा शक्ति क्षीण होने से रोकने के

साथ–साथ भारतीय किसानों की सामाजिक व आर्थिक स्थिति सुदृढ़ बनाने में मदद करती है। भारत में जैविक खेती को बढ़ावा देने के लिए निम्नलिखित क्षेत्रों पर विशेष ध्यान देने की आवश्यकता है –

2.3.1 फसल प्रणाली का विकास (Development of Cropping System)

विभिन्न कृषि–जलवायु और खेती की स्थितियों के लिए उपयुक्त जैविक कृषि प्रणालियों और क्रियाओं का विकास, जो विशेष रूप से वर्षा आधारित क्षेत्रों के लिए होना चाहिए क्योंकि उन क्षेत्रों में रासायनिक उर्वरकों के उपयोग की सीमित गुंजाइश होती है। जैविक आदानों के आधार पर उच्च मूल्य वाली फसलों के साथ साथ विभिन्न फसल प्रणालियों/अन्र्तशस्यावर्तन/मिश्रित फसल की उन्नत कृषि क्रियाओं के पैकेज का विकास करना।

2.3.2 जैविक तकनीक विकास (Development of Organic Technology)

जैविक खेती में तकनीक विकास पर बहुत सीमित अनुसंधान कार्य हुआ है। किन्तु जैविक खेती के प्रति बढ़ती जागरूकता को देखते हुए अनुसंधान की जो आवश्यकता है उसमें मुख्य क्षेत्रों में सम्मिलित हैं फसल अवशेषों का कुशल उपयोग, दोहरे उद्देश्य की फलीदार फसलों के अवशेषों का पुनर्चक्रण, गैर–पारंपरिक झाड़ियों और पेड़ों के जैव उत्पाद का उपयोग, बायोगैस और वर्मी– कम्पोस्ट से पोषक तत्त्वों की आपूर्ति व जैविक खेती में कीट एवं बीमारियों को नियन्त्रण के लिए जैव कारक ओर परभक्षी का उपयोग, चयनित क्षेत्रों व उच्च मूल्य वाली फसलों में इनका प्रयोग करना इत्यादि।

2.3.3 प्रमाणित एजेन्सियों को मान्यता (Accreditation of Certified Agencies)

कृषि उत्पाद लेबलिंग में प्रमाणीकरण एक प्रक्रिया है जिसमें खाद्य उत्पादों को उत्पादन के दौरान संभालना, प्रसंस्करण और विपणन चरणों के दौरान मानकों के अनुसार उत्पादों का उत्पादन करना और प्रमाणीकरण संस्था द्वारा विधिवत प्रमाणित किया जाना है। प्रमाणीकरण एवम् नियामक तंत्र गुणवत्ता सुनिश्चित करने और धोखाधड़ी को रोकने के उद्देश्य से किया जाता है। जैविक उत्पादकों के लिए प्रमाणन प्रमाणित संचालन में उपयोग के लिए अनुमोदित उत्पादों के आपूर्तिकर्ताओं की पहचान करता है। जैविक उत्पादकों के लिए प्रमाणीकरण आपूर्तिकर्ता को यह विश्वास दिलाता है कि प्रमाणीकरण प्रक्रिया में अधिकृत आदानों का प्रयोग किया गया है। वर्तमान में देश में विभिन्न स्थानों पर 31 मान्यता प्राप्त प्रमाणित एजेंसियाँ विभिन्न स्थानों पर कार्य कर रही है।

2.3.4. किसानों की जागरूकता बढ़ाना (Increase Awareness Among the Farmers)

जैविक खेती के बारे में किसानों की जागरूकता बढ़ाने के लिए सम्मेलन, सेमिनार और किसान मेले आयोजित किए जा सकते हैं। इससे किसानों को जैविक खेत पर उपलब्ध कृषि आदानों व बाजार से लाने वाले विभिन्न संसाधनों के बारे में जानकारी मिलेगी। इसके अलावा उपयुक्त विस्तार प्रणाली विकसित किया जाना चाहिए, ताकि जैविक खेती पर सभी प्रासंगिक जानकारी लघु एवं सीमांत कृषकों को उपलब्ध हो सके।

2.3.5. उच्च मूल्य फसलों को बढ़ावा देना (Promoting High Value Crops)

जैविक खेती को बढावा देने के लिए उच्च मूल्य की फसलों को बढ़ावा दिया जाना चाहिए जैसे बागवानी फसलें, औषधीय और सुगंधित पौधे, बासमती चावल, चाय, कॉफी, मसाले वाली फसलें आदि जिनके निर्यात की व्यापक संभावनाएँ हैं।

बीमारी नियन्त्रण में औषधीय पौधों का विशेष योगदान है पर इनकी उपलब्धता दिन प्रतिदिन कम हो रही है जब कि देश व विदेशों में इनकी मांग बढ़ती जा रही है। सर्वविदित है कि औषधीय पौधों की खेती में जैविक उत्पादन ही होना चाहिए ताकि औषधीय अमृत बन सके। अतः औषधीय पौधों को जैविक खेती से उत्पादित कर देश–विदेशों की बढ़ती माँग के अनुसार पूर्ति की जा सके।

2.3.6. जैविक आदानों की उपलब्धता (Availability of Organic Inputs)

आज किसान जैविक खेती अपनाने को तैयार है किन्तु उसे अच्छी गुणवत्ता वाले खाद (कम्पोस्ट, वर्मीकम्पोस्ट), जीवाणु खाद, जैविक कीटनाशक इत्यादि आसानी से उपलब्ध नहीं हैं। फसलों की ऐसी किस्में भी अलग से सिफारिश नहीं की गई है जो जैविक खेती के लिए ज्यादा उपयुक्त हैं। जैविक बीज भी किसान को उपलब्ध नहीं है। अतः इस दिशा में प्रयास होने चाहिए व किसानों को जैविक कृषि के लिए आवश्यक आदान आसानी से उचित दर पर उपलब्ध हो सकें।

2.3.7. जैविक खेती के आदानों पर सरकारी सब्सिडी (अनुदान) (Govt. Subsidy on Organic Inputs)

जिस तरह आज उर्वरकों, फार्म मशीनों पर सरकार प्रतिवर्ष अरबों रूपये की सब्सिडी बाँट रही है उसी तरह जैविक खेती करने वाले किसानों को भी जैविक खादों, जैविक कीटनाशकों, जैविक बीजों पर अनुदान मिलना चाहिए तभी हम जैविक खेती को देश में प्रोत्साहित कर सकते हैं। इसके अलावा जैविक खेती में

परिवर्तन काल में फसल की उपज में कमी की भरपाई के लिए भी सब्सिडी आवश्यक है।

2.3.8. कम ब्याज दर पर ऋण प्रदान करना (Provide Credit at Low Interest Rates)

जैविक आदानों जैसे कम्पोस्ट, जैव कीटनाशकों, मॉडल जैविक फार्म व ग्रामीण स्तर पर कोल्ड स्टोरेज आदि सुविधाएँ विकसित करने व उत्पादन इकाई के विकास के रूप में सरकारी अनुदान के साथ–साथ कम ब्याज पर ऋण उपलब्ध कराना चाहिए।

2.3.9. जैविक उत्पादों की विक्रय व्यवस्था (Arrangement for Sale of Organic Produce)

जैविक कृषि में शुरूआती वर्षों में फसल की उपज में साधारणतया 20–25 प्रतिशत की कमी आती है। तथा जैविक उत्पादों के प्रमाणीकरण पर भी काफी खर्च आता है। अतः जैविक उत्पादों की विक्रय को सुनिश्चित करने के लिए सहकारी विपणन या राज्यों के विपणन व्यवस्था व भारतीय खाद्य निगम से जैविक खाद्यान्न खरीदनें के लिए विशेष प्रावधान होने चाहिए। जैविक उत्पादों को दूसरे देशों को निर्यात करने के लिए व किसान को उत्पाद के उच्च दाम मिले इसके लिए संविदा कृषि (contractual farming) को प्रोत्साहित करना चाहिए।

2.4. भारत में जैविक खेती को बढ़ावा देने के लिए योजनाएँ (Schemes to Promote Organic Farming in India)

2.4.1 जैविक उत्पादन के लिए राष्ट्रीय कार्यक्रम (NPOP)

भारत सरकार ने जैविक उत्पादन के लिए राष्ट्रीय कार्यक्रम शुरू किया है। इस कार्यक्रम में प्रमाणन निकायों के लिए मान्यता कार्यक्रम, जैविक उत्पादन के लिए मानक, जैविक खेती को बढ़ावा देना आदि शामिल हैं। इस योजना के माध्यम से जैविक खेती को बढ़ावा देने वाले राज्य केरल, उत्तराखण्ड, मध्यप्रदेश, महाराष्ट्र, कर्नाटक, गुजरात, राजस्थान, तमिलनाडु, सिक्किम, नागालैंड और मिजोरम हैं। यह कार्यक्रम निरीक्षण और प्रमाणीकरण निकायों की मान्यता के लिए जैविक उत्पादन मानकों, मानदंडों और प्रक्रियाओं के बारे में जानकारी प्रदान करता है। यह उसी तरह है जैसे वैश्विक स्तर पर कोडेक्स (Codex) मानकों और प्रक्रियाओं का प्रमाणीकरण करता है। जैविक उत्पादन के लिए राष्ट्रीय कार्यक्रम को कृषि मंत्रालय द्वारा एगमार्क के तहत प्रशासित किया जाता है। उत्पादन और मान्यता के लिए एनपीओपी मानकों को यूरोपीय आयोग और स्विट्जरलैंड के साथ–साथ संयुक्त राज्य अमेरिका द्वारा मान्यता दी गई है। इन मान्यताओं के साथ, भारतीय जैविक

उत्पादों को भारत के मान्यता प्राप्त प्रमाणन निकायों द्वारा विधिवत प्रमाणित किया जाता है, जो कि आयात करने वाले देशों द्वारा स्वीकार्य होते हैं।

2.4.2 परम्परागत कृषि विकास योजना (PKVY)

यह योजना "सतत कृषि का राष्ट्रीय मिशन (NMSA) के मृदा स्वास्थ्य प्रबंधन (SHM) का एक विस्तृत घटक है। परम्परागत कृषि योजना के तहत समूह दृष्टकोण और भारत की सहभागिता जैविक प्रतिभूति प्रणाली (PGS) प्रमाणीकरण द्वारा जैविक गाँव को अपनाने के माध्यम से जैविक खेती को बढ़ावा दिया जाता है। इस योजना की परिकल्पना इस प्रकार की गई है :

- प्रमाणित जैविक खेती के माध्यम से वाणिज्यिक जैविक उत्पादन को बढ़ावा देना।
- उत्पादन कीटनाशक अवशेष मुक्त होगा और उपभोक्ता के स्वास्थ्य को बेहतर बनाने में योगदान देगा।
- यह किसानों की आय बढ़ाएगा और व्यापारियों के लिए संभावित बाजार तैयार करेगा।
- यह किसानों को आदान उत्पादन के लिए प्राकृतिक संसाधन जुटाने के लिए प्रेरित करेगा।

यह जैविक खेती को बढ़ावा देने के लिए एक समूह आधारित कार्यक्रम है। इसमें 50 या इससे अधिक किसान 50 एकड़ भूमि पर जैविक खेती करने लिए एक समूह बनाएगें। तीन वर्षों में, लगभग 10,000 समूह जैविक खेती के तहत पाँच लाख एकड़ क्षेत्र को कवर करेंगे व उत्पादन के प्रमाणन पर खर्च के लिए किसानों की कोई जिम्मेदारी नहीं होगी। इस योजना के तहत प्रत्येक किसान को फसलों के उगाने व उपज को बाजार तक पहुंचाने के लिए तीन साल में 20,000 रूपये प्रति एकड़ दिये जाएँगे। इस योजना के हिस्से के रूप में पारंपरिक संसाधनों के माध्यम से जैविक खेती को भी बढ़ावा दिया जाएगा। इस योजना के अनुसार जैविक उत्पादकों एवं बाजार के बीच सामन्जस्य स्थापित किया जायेगा। यह योजना किसानों के माध्यम से घरेलू उत्पादन और जैविक उत्पादों के प्रमाणन को भी बढ़ाएगी।

2.4.3 राष्ट्रीय सतत कृषि मिशन (NMSA)

यह योजना जैविक खेती को टिकाऊ, पारिश्रमिक और जलवायु को लचीला बनाने की दिशा में काम करती है। इस योजना के तहत प्राकृतिक संसाधनों को विकसित करने और जैविक किसानों के लिए **"प्रति बूंद अधिक फसल"** कुशल जल उपयोग को बढ़ावा देने के प्रयास भी जारी हैं। यह योजना अन्य मिशनों के साथ मिलकर जैविक किसानों और साझेदारों की क्षमता विकसित करने के लिए भी काम करती है। यह योजना अन्य योजनाओं जैसे मनरेगा (MGNREGA), एकीकृत

वाटरशेड प्रबन्धन कार्यक्रम (IWMP), राष्ट्रीय कृषि विकास योजना (RKVY) एवम् विभागीय/मंत्री स्तरीय समन्वय भी स्थापित करेगी। यह जैविक किसानों के लिए ज्ञान, अनुसंधान एवं विकास की दिशा में काम करेगी।

इस मिशन में विशेष रूप से अवशेष प्रबंधन और जैविक कृषि प्रथाओं के माध्यम से मृदा स्वास्थ्य प्रबंधन (SHM) करना है। जिसमें मृदा उर्वरकता नक्शे को प्रमुख एवं सूक्ष्म पोषक तत्त्वों के प्रबन्धन को जोड़ना, भूमि की क्षमता के अनुसार सही उपयोग, जैविक उर्वरको का विवेकपूर्ण अनुप्रयोग एवम् भूक्षरण/गिरावट को कम करना भी शामिल है।

2.4.4 राष्ट्रीय कृषि विकास योजना (RKVY)

जैविक खेती के विभिन्न घटकों को बढावा देने के लिए राष्ट्रीय कृषि विकास योजना के तहत सहायता राज्य स्तरीय मंजूरी समिति के अनुमोदन से उपलब्ध है। इसके तहत निम्नलिखित योजनाओं को भी वित्त पोषित किया जाता है –

- बागवानी समन्वित विकास मिशन (MIDH),
- तिलहन एवम् आयल पाम पर राष्ट्रीय मिशन, व
- जैविक खेती नेटवर्क परियोजना।

2.4.5 जैविक खेती पर राष्ट्रीय परियोजना (NPOF)

जैविक खेती पर राष्ट्रीय परियोजना दसवीं पंचवर्षीय योजना के बाद से निरन्तर केन्द्रीय सरकार की योजना है। योजना आयोग ने 1 अक्टुबर, 2004 से 57.04 करोड़ रुपये के परिव्यय के साथ बारहवीं योजना अवधि के शेष ढाई वर्षों के लिए पाईलेट परियोजना के रूप में मंजूरी दी।

राष्ट्रीय जैविक खेती केन्द्र (NCOF), गाजियाबाद द्वारा इस कार्यक्रम के आठ क्षेत्रीय केन्द्रों बैंगलोर, भुवनेश्वर, पंचकुला, गाजियाबाद, इंफाल, जबलपुर, नागपुर और पटना में कार्यान्वित किया जा रहा है। इस परियोजना के तहत लक्ष्यों की प्राप्ति के लिए राष्ट्रीय जैविक खेती केन्द्र और क्षेत्रीय जैविक खेती केन्द्र (RCOF) भी जैविक खेती को बढ़ावा देने में विशिष्ट भूमिका निभा रहे हैं।

राष्ट्रीय जैविक खेती केन्द्र, गाजियाबाद किसानों को शिक्षित करने के लिए विभिन्न प्रसार गतिविधियों जैसे प्रदर्शनियों, रेडियो वार्ता, टीवी कार्यक्रम, जैविक खेती पर साहित्य का वितरण आदि का संचालन कर रहा है। राष्ट्रीय जैविक खेती केन्द्र जैव–उर्वरक समाचार पत्र व जैविक खेती समाचार पत्र का प्रकाशन क्रमशः द्वि–वार्षिक और त्रैमासिक कर रहा है। इसके अलावा, कृषक समुदाय को वितरण के लिए जैव–उर्वरकों के उत्पादन और उपयोग पर विभिन्न भाषाओं में पुस्तकें प्रकाशित की गई है। जैविक कृषि को बढ़ावा देने के लिए रेडियो जिंगल (हिन्दी) को दिल्ली, बैंगलोर, नागपुर और लखनऊ में चार अलग–अलग एफएम रेडियो स्टेशनों पर प्रसारित किया गया है। राष्ट्रीय जैविक खेती केन्द्र सन् 2015–16 से

सांसद आदर्श ग्राम (SAG) योजना में किसानों के लिए प्रशिक्षण कार्यक्रम भी आयोजित कर रहा है।

जैविक खेती राष्ट्रीय परियोजना (NPOF) के तहत, 25 और 33 प्रतिशत की सीमा तक वित्तीय सहायता (अनुदान) अधिकतम 40 लाख और 60 लाख रूपये तक की है, इसमें जैव कीटनाशकों व जैव उर्वरकों के उत्पादन के लिए नाबार्ड के माध्यम से अनुदान राशि प्रदान की जाती है। जैविक खेती राष्ट्रीय परियोजना के तहत देश में कुल 56 जैव–उर्वरक उत्पादन इकाइयाँ और 17 फल एवं सब्जियों के अपशिष्ट कम्पोस्ट इकाइयाँ स्थापित की गई है। सरकार प्रमुख फसलों के उत्पादन को बढ़ाने के लिए जैव उर्वरकों के साथ–साथ रासायनिक उर्वरकों और जैविक खादों के एकीकृत उपयोग की वकालत कर रही है।

2.4.6. राष्ट्रीय बागवानी मिशन (NHM)

जैविक खेती में लाभान्वित किसानों के लिए राष्ट्रीय बागवानी मिशन व उत्तर पूर्व और हिमालयी राज्यों (HMNEH) के लिए राष्ट्रीय बागवानी मिशन के तहत, लागत के 50 प्रतिशत अधिकतम 30,000 रूपये प्रति लाभार्थी तक वर्मीकम्पोस्ट उत्पादन इकाइयों की स्थापना के लिए वित्तीय सहायता प्रदान की जाती है। जैविक खेती प्रमाणन के लिए अधिकतम चार हेक्टेयर के लिए प्रति लाभार्थी रू. 10,000/– प्रति हेक्टेयर और 50 हेक्टेयर क्षेत्र वाले किसानों के समूह के लिए 5.00 लाख का प्रावधान किया गया है।

2.4.7. राष्ट्रीय खाद्य सुरक्षा मिशन (NFSM)

राष्ट्रीय खाद्य सुरक्षा मिशन के तहत, त्वरित उत्पादन कार्यक्रम में किसानों को समूह प्रदर्शनों के तहत राइजोबियम कल्चर व फॉस्फेट सॉल्युबलाईजिंग बैक्टीरिया (PSB) को लोकप्रिय बनाने के लिए सहायता प्रदान की जाती है।

2.4.8 जैव–उर्वरक को बढ़ावा देने वाली योजनाएँ (Schemes Promoting Bio-fertilizer Use)

केन्द्र सरकार ने उर्वरक नियंत्रण आदेश (FCO) के तहत राइजोबियम, एजेटोबैक्टर, एजोस्पिरीलम, एसीटोबैक्टर, पी.एस.बी, जस्ता घुलनशील बैक्टीरिया जैसे जैव–उर्वरकों को अधिसूचित किया है। इसी तरह, सघन मिलेटस वृद्धि कार्यक्रम (INSIMP) के माध्यम से पोषण सुरक्षा के लिए पहल की है जिसमें किसानों को प्रौद्योगिकी प्रदर्शन के रूप में फॉस्फेट को घोलने वाले बैक्टीरिया/एजोटोबैक्टर संवर्धन प्रदान किये जाते हैं। मृदा स्वास्थ्य और उर्वरता प्रबंधन राष्ट्रीय परियोजना (NPSH&F) के तहत जैविक खाद के उपयोग को बढ़ावा देने के लिए 500 रूपये प्रति हेक्टेयर की वित्तीय सहायता प्रदान की जाती है।

2.4.9 जैविक खेती को बढ़ावा देने में भारतीय कृषि अनुसंधान परिषद् का योगदान (ICAR Contribution in Promoting Organic Farming)

मृदा जैव विविधता–जैव उर्वरकों पर अनुसंधान एवम् विकास के लिए अखिल भारतीय नेटवर्क परियोजना भारतीय कृषि अनुसंधान परिषद् द्वारा प्रारम्भ की गई है। भारतीय कृषि एवम् अनुसंधान परिषद् ने विभिन्न प्रकार की जैविक खादें जैसे फॉस्फोकम्पोस्ट, वर्मीकम्पोस्ट म्युनिसिपल सॉलिड वेस्ट कम्पोस्ट, आदि तैयार करने की प्रौद्योगिकियाँ विकसित की है। विभिन्न फसलों और मिट्टी के प्रकारों के लिए विशिष्ट जैव उर्वरकों के उन्नत और कुशल उपभेदों को नेटवर्क प्रोजेक्ट के तहत तैयार किया जा रहा है।

जैविक कृषि पर नेटवर्क प्रोजेक्ट के तहत भारतीय कृषि अनुसंधान परिषद् द्वारा राज्यों से प्राप्त परियोजना प्रस्तावों के आधार पर वित्तीय सहायता जैविक खेती नेटवर्क परियोजना व समन्वित कृषि पद्धति अनुसंधान निदेशालय, मोदीपुरम द्वारा प्रदान की जाती है, जो कि यह केन्द्र देश के विभिन्न कृषि–पारिस्थितिक क्षेत्रों में जैविक खेती के तहत विभिन्न फसलों और फसल प्रणालियों के प्रथाओं की पैकेज भी विकसित कर रहा है।

संक्षेप में यह कहा जा सकता है कि जैविक खेती को बढ़ावा देने के लिए, संभावित क्षेत्रों और फसलों की पहचान महत्त्वपूर्ण है। जैविक खेती को वर्षा आधारित कृषि क्षेत्रों (जहाँ सीमित सिंचाई की गुंजाईश हो) में बढ़ावा देना चाहिए। जहाँ कृषि रसायनों की खपत पहले से बहुत कम है और निर्यात क्षमता रखने वाली उच्च मूल्य की फसलों और स्थानीय फसलों को प्राथमिकता दी जानी चाहिए। फसलों के अवशेषों का कुशल उपयोग, दोहरे उद्देश्य वाली फलीदार फसलों के अवशेषों का पुनर्चक्रण, गैर पारंपरिक झाड़ियों और पेड़ों के जैविक अवशेषों का उपयोग, बायोगैस स्लरी, वर्मीकम्पोस्ट, गोबर की खाद, पत्ती खाद, आदि का उपयोग करना महत्त्वपूर्ण है। जैविक खेती को बढ़ावा देने के लिए भारत सरकार द्वारा चलाई जा रही विभिन्न योजनाओं को निश्चित तौर पर फायदा मिलेगा व आने वाले समय में देश में जैविक खेती के क्षेत्र में काफी सुधार होगा।

■■■■

3 जैविक पारिस्थितिकी तन्त्र एवम् अवधारणा (Organic Ecosystem and Concept)

वर्तमान में देश में बढ़ती जनसंख्या, प्राकृतिक संसाधनों का दोहन, अनियोजित शहरीकरण व औद्योगीकरण, उर्वरकों व कीट रसायनों का अंधाधुन्ध प्रयोग एवं वायु, जल, मृदा प्रदूषण के फलस्वरूप विविध प्रकार की समस्याएँ प्रकाश में आ रही है। इस प्रदूषित पर्यावरण से मनुष्यों व पशुओं के स्वास्थ्य पर भी बुरा प्रभाव पड़ा है।

वर्तमान में प्रचलित नवीन कृषि प्रणाली का मुख्य उद्देश्य उत्पादन बढाना मात्र है, इसका कृषि पारिस्थितिकी तन्त्र पर क्या प्रभाव पड़ता है, इसका सही–सही आकलन नहीं किया जाता है। इससे पर्यावरण पर कई घातक प्रभावों के अलावा कार्बन व पोषक तत्त्वों के प्राकृतिक चक्रों को तोड़ने के कारण फसल उत्पादन की स्थिरता में तो कमी आई है जो पहले तो कृषि उत्पादन को प्रभावित करता है और अन्ततः मानव अस्तित्व के लिए प्रश्न चिन्ह बन जाएगा। अतः वर्तमान परिस्थितियों में प्रदूषित पर्यावरण को सुधारने व कृषि उत्पादन में स्थिरता लाने में जैविक खेती मुख्य भूमिका अदा कर सकती है व कृषि पारिस्थितिकी तन्त्र के गठन और निर्माण का कार्य प्रशस्त कर सकती है।

3.1 पारिस्थितिकी जैविक खेती (Organic Ecosystem)

कृषि पारिस्थितिकी तन्त्र में किसान व उपभोक्ता दोनों भागीदार हैं। खाद्य उत्पादन के लिए कई पारिस्थितिकी तन्त्रों की मदद ली जाती है जैसे मिट्टी की उर्वरता शक्ति को बनाये रखना, पौध संरक्षण, जल संरक्षण और कई अन्य कृषि क्रियाएँ मुख्य है। पारिस्थितिकी तन्त्र को सुरक्षित रखने की अवधारणा को ध्यान रखकर इसमें कार्यरत लोग दीर्घकालिक कृषि स्थिरता के लिए कृषि में उत्पादन और खपत के बीच संतुलन बनाने की इच्छा रखते हैं। टिकाऊ कृषि प्रकृति के संसाधनों एवम् सेवा का उपयोग भविष्य की पीढियों को ध्यान में रखते हुए किया जाता है। जैविक कृषि एक ऐसी उत्पादन प्रणाली है जिसका उद्देश्य पारिस्थितिकी तंत्र का समुचित उपयोग और रखरखाव करके उत्पादन में स्थिरता प्रदान करना है। जैविक कृषि का अनुमानित परिमाण उच्च आदान युक्त कृषि से बहुत अधिक है। इसीलिए इसमें

कोई सन्देह नही है कि जैविक खेती पारंपरिक कृषि की तुलना में अधिक पर्यावरणीय लाभ देती है।

3.2 जैविक पारिस्थितिकी तन्त्र की अवधारणा (Concpet of Organic Ecosytem)

जैविक पारिस्थितिकी तन्त्र खेती एक प्रतिस्थापन मात्र नहीं है, बल्कि वातावरण प्रेमी और व्यवहारिक तकनीकियों को अपनाना है। इसके अलावा, स्थानीय फसलों व उनकी प्रजातियों व न्यून उपयोग (underutilized) आनुवांशिक संसाधन व पारिस्थितिकी तन्त्र की स्थिरता बनाए रखने के लिए एक महत्त्वपूर्ण कड़ी है।

मृदा स्वास्थ्य की देखभाल टिकाऊ खेती के लिए एक मौलिक आवश्यकता है। एक स्वस्थ मृदा में, जैविक पदार्थों के जैविक व अजैविक अवयव जिसमें सम्मिलित है मृदा जीवन, खनिज कण, मृदा की हवा और पानी सहित एक गतिशील संतुलन के एक चरण में मौजूद होते हैं और मिट्टी में एक–दूसरे के पूरक पारिस्थितिकी तंत्र प्रक्रियाओं को परस्पर सद्भाव में नियंत्रित करते हैं। स्वस्थ मृदा में जीवों और वनस्पतियों की आबादी तेजी से बढ़ती है, जो बदले में, उच्च दर पर विघटन और संश्लेषण की जैव–रासायनिक प्रक्रिया को बनाए रखेंगे। मृदा जीवन की यह स्थिति और संबंधित कार्बनिक परिवर्तन मृदा की पुनर्जीवी क्षमता को बढ़ाएंगे और कृषि संबंधी प्रबंधन में, जलवायु संबंधी विसंगतियों और सामयिक विफलताओं को अवशोषित करने में समर्थ बना देंगे। चूँकि अनुकूलतम पादप पोषण किसी भी टिकाऊ खेती की कुंजी है, इसलिए आवश्यक है कि भारतीय परिस्थितियों में जैविक आदानों की उपलब्धता व अन्य प्रमुख बाधाओं को दूर करना चाहिए। जैविक खेती एक उत्पादन प्रणाली है जो जैविक सामग्री (फसल अवशेष, पशु गोबर, मूत्र, कम्पोस्ट, दलहनी फसलों का फसल चक्र अपनाना) के अधिकतम उपयोग का पक्षधर है और कृत्रिम रूप से उत्पादित कृषि–रसायनों/उर्वरकों के प्रयोग को हतोत्साहित करना है।

वैकल्पिक भूमि उपयोग क्षमता के आधार पर प्राकृतिक संसाधनों के ढाँचे को नुकसान पहुँचाए बिना भूमि के एक प्रभावी आर्थिक उपयोग के रूप में परिभाषित किया गया है। जैविक खेती आधारित कृषि वानिकी और अन्य संबद्ध से टिकाऊ खेती की सुनिश्चितता/स्थिरता आती है। कृषि पारिस्थितिकी तंत्र को स्थाई तत्त्व देने के लिए वन घटक की आवश्यकता होती है, जो अकेले प्रतिरोधक (buffer) के रूप में कार्य करता है।

पारिस्थितिकी कृषि परंपरा और आधुनिक कृषि के मिश्रण के लिए प्रत्येक घटक के साथ जैविक आदानों व उन्नत कृषि तकनीकी का समन्वयन कर पुनः हरित क्रांति को सक्रिय किया जा सकता है। स्वदेशी तकनीकी ज्ञान के माध्यम से लाभप्रदता सुनिश्चित करने और आधुनिक तकनीक को तर्कसंगत बनाने के लिए सभी प्राकृतिक संसाधनों के संरक्षण और अधिकतम उपयोग के लिए गहन कृषि तकनीकों के दुष्प्रभाव को पूर्ववत कम करने के लिए सभी कृषि तकनीकों को फिर

से आंकलन कर तैयार करना होगा। भारत में शुष्क फसलों की उपज बढ़ाने के लिए उन्नत कृषि तकनीक विकसित की गई है। अब समय आ गया है कि उनका कुशल वर्षा जल प्रबन्धन और अपने स्थान पर (*in-situ*) नमी संरक्षण तकनीकी के साथ काम करने की आवश्यकता है। उत्पादकता बढ़ाने के लिए पारंपरिक संरक्षण उपायों को और अधिक उत्कृष्ट बनाया जा सकता है।

3.3 जैविक पारिस्थितिकी तन्त्र के महत्त्वपूर्ण पहलू (Important Aspects of Organic Ecosystem)

जैविक पारिस्थितिकी तन्त्र के सबसे महत्त्वपूर्ण पहलू नीचे दिये गये हैं।

3.3.1 बहुजिंस की ओर फोकस करना (Focus on Multiple Commodities)

यह विभिन्न जैविक संसाधनों के बीच सकारात्मक परस्पर प्रभाव डाल सकता है। यह मात्र फसल उगाने की सीमाओं में हटकर कृषि सम्बन्धित अन्य पहलुओं जैसे उत्पादन, प्रसंस्करण, विपणन व कई अन्य कृषि प्रणालियों के पहलुओं की ओर ध्यान आकर्षित करता है। जैविक विविधता में कृषि प्रणाली के विभिन्न घटकों के बीच क्षतिपूर्ति करने की क्षमता है जो वर्तमान कृषि प्रणाली की उपज व आर्थिक पहलुओं पर ध्यान देती है। कृषि नवीकरणीय संसाधनों के आधार पर विकल्पों के सन्दर्भ में होना चाहिए।

3.3.2 मुख्य रूप से फॉर्म (खेत) की प्रचुरता, उन्मुखीकरण और मृदा उर्वरता वृद्धि के साथ संबद्ध (Primarily on Farm Sufficiency, Orientation and Associated with Soil Fertility Build up)

उपभोक्ता से उत्पादन क्षेत्र तक पोषक तत्त्वों को पुनः लौटाने के लिए कई उन्नत तकनीकों का विकास किया गया है जिसमें फसल के अवशेषों व पशुओं के अनुपयोगी अवशेषों का कम्पोस्टिंग कर खाद के रूप में फसलों को दिया जा सकता है। इसके अलावा, खेत की डोलियों पर उपलब्ध वनस्पति से हरी खाद बनाई जा सकती है। इस प्रकार जैविक खेती में बाहरी आदानों जैसे उर्वरकों के प्रयोग को प्रतिबंधित किया जा सकता है व खेत में ही उपलब्ध जैविक अवशेषों से मृदा उर्वरकता प्रबन्धन कर सकते हैं।

3.3.3 पर्यावरण संतुलन की तरफ ध्यान देना (Regard for Environmental Balance)

यह देखना होगा कि फार्म की स्थिति व उस पर बोई जाने वाली फसलो का मिट्टी की उर्वरता, प्राकृतिक वनस्पतियों और जीवों की पुनर्जनन/उत्थान क्षमता, मानव

स्वास्थ्य, आदि पर क्या प्रभाव होगा। जैविक कृषि में जैविक कृषि विधियों को यांत्रिक विधियों से जोड़कर सफलतम फसल प्रबन्ध कर जिसमें रेगिस्तान को हरा भरा किया गया। चीन में पारिस्थितिकी कृषि की अवधारणा में कुछ अन्तर था वहाँ कृषि क्रियाओं में सीमित बाहरी आदानों का उपयोग कर फसल उत्पादन में सुरक्षित कृषि विधियाँ जिसमे पोषक तत्त्व पुनः उपयोगी उपजात का जैविक प्रयोग, एकीकृत कीट प्रबन्धन प्रमुख हैं। इस तरह जैविक कृषि प्रबन्धन केवल खेतों तक ही सीमित नहीं है, बल्कि गाँव, कस्बा, शहर या देश के स्तर पर भी इसका अभ्यास किया जा सकता है।

3.3.4 वर्षा आधारित क्षेत्रों और स्थानीय संसाधनों की उपेक्षा से बचें (Avoid Neglect of Rainfed Areas and Local Resources)

यह पहलू विशेष रूप से सीमांत क्षेत्रों में महत्त्वपूर्ण है जहाँ कम बाहरी आदान कृषि (LEIA) करने वाले किसान रहते हैं और वहाँ की स्थानीय फसलें व जानवर उनकी आजीविका का प्रमुख सहारा है। उन किसानों के लिए वर्षा आधारित कृषि को जुआ समझने की आवश्यकता नहीं है। इन क्षेत्रों में खेत में पानी संरक्षण की उन्नत विधियाँ जैसे वनस्पति द्वारा मिट्टी को ढकना (पलवार), मेड़ों व बाउन्ड्री पर बहुवर्षीय घास जैसे स्टाईलो घास या दूसरी उपलब्ध स्थानीय घास प्रजातियाँ लगाई जा सकती है जिससे मेड़ों को स्थायी किया जा सके व भूमि व पानी के क्षरण को रोका जा सके।

3.3.5 स्थानीय किसानों के ज्ञान को उचित महत्त्व देना (Due Value for Local Farmers Knowledge)

पारंपरिक शीर्ष से नीचे वाले दृष्टिकोण के बजाय, कृषक समुदाय के पास उपलब्ध पारम्परिक तकनीकी ज्ञान को पर्याप्त महत्त्व देते हुए, विभिन्न मिट्टी और जल संरक्षण के तरीकों को अपनाना चाहिए। स्वदेशी तकनीकी ज्ञान लोगों की रचनात्मकता, नवाचारों और कौशलता का प्रतिनिधित्व करता है। ऐसी तकनीकों के साथ प्रायोगिक और सामाजिक परिवर्तनों के आधार पर बदली जाती हैं।

3.3.6 संस्थागत–आधारित अनुसंधान पर अधिक जोर देने से बचना (Avoidance of Over Emphasis on Station Based Research)

संस्थागत परीक्षणों से विकसित तकनीक किसान की परिस्थितियों में तब ही सफल होती है जब वे किसान के खेत पर जाँच कर उचित संशोधित किया गया हो। कृषि के सतत विकास को बढ़ावा देने के लिए पारंपरिक मृदा और जल संरक्षण उपायों के साथ–साथ स्वदेशी तकनीकी ज्ञान को बढ़ाने की आवश्यकता है। स्वदेशी तकनीकी ज्ञान को लिए आवश्यकतानुसार संशोधित कर नये क्षेत्रों में फसल उत्पादन बढ़ाने के लिए प्रसार किया जा सकता है।

3.4 परिवर्तीकाल में पारिस्थितिकी जैविक खेती (Eco-organic Farming during Transitional Phase)

दक्षिणी भारत के कुछ किसानों के जैविक खेती पर अध्ययन में निम्नलिखित छः आवश्यक बिंदुओं को सूचीबद्ध किया है –

i. रासायनिक उर्वरकों पर निर्भरता कम करने के लिए मृदा में कार्बनिक पदार्थों की मात्रा बढाना नितान्त आवश्यक है इसके लिए एक दलहनी फसल चारे के लिए या हरी खाद की फसलों की खेती करें। गोबर खाद की आपूर्ति बढ़ाने के लिए पशुओं की संख्या में बढोतरी करें।

ii. मृदा की जुताई को कम से कम किया जाना चाहिए और जहाँ संभव हो वहाँ पर सुरक्षा फसलों (cover crops) या अन्तर्शस्य (intecrops) द्वारा पलवार (mulch) प्रतिस्थापित किया जाना चाहिए व खेतों में पेड़ लगायें।

iii. मिट्टी की नमी के वाष्पीकरण को रोकने के लिए खरपतवारों को जीवन्त पलवार (live mulch) के रूप में प्रयोग लायें या उनसे कम्पोस्ट बनाकर खाद के रूप में काम में लायें।

iv. कई तरह के पेड़ लगाएँ जो मवेशियों को चारा देवें, मिट्टी में सुधार करें व हरी खाद की आपूर्ति और वायुरोधी (shelterbelt) का काम करें।

v. फसलों और पेड़ों के बजाय सूखा प्रतिरोधी फसलें/किस्में लगायें।

vi. समोच्च मेड़बन्दी (contour bunding) मिट्टी के आवरण द्वारा मृदा कटाव नियंत्रण आवश्यक है।

अन्त में यह निष्कर्ष निकाला जा सकता है कि जैविक खेती का पर्यावरण पर अनुकूल प्रभाव पड़ता है, जो अंततः कृषि प्रणाली की उत्पादकता में स्थिरता स्थापित करती है। इसमें मृदा स्वास्थ्य में सुधार (कार्बनिक पदार्थ में वृद्धि, अनुकूल जैविक गतिविधियाँ, अनुकूल भौतिक व रासायनिक परिस्थितियाँ), जैविक विविधता खाद्य उत्पादन प्रणाली पर विशेष ध्यान, टिकाऊ, खाद्य उत्पादन प्रणाली में एक निश्चित सीमा तक सुधार, बेहतर परिदृश्य (improved landscape) इत्यादि है। जैविक खेती निश्चित रूप से कृषि उत्पादन में स्थिरता प्राप्त करने का एक सुगम तरीका है, बशर्ते समुदाय सक्रिय रूप से जिम्मेदारियों, तर्कसंगत और जोखिमों में भाग लेते हुए, अधिकारों, प्राप्तियों और पहचानों को पुनः प्राप्त करें।

■■■■

4 जैविक पोषक तत्त्व संसाधन एवम् उनका प्रबन्धन (Organic Nutrient Resources and their Management)

बढवार एवं विकास के लिए पौधे, मिट्टी और अन्य स्रोतों से विभिन्न पोषक तत्वों को अवशोषित करते हैं। वर्तमान में 20 खनिज पोषक तत्त्व पौधों की वृद्धि के लिए आवश्यक माने जाते हैं। आवश्यक तत्त्वों में कार्बन, ऑक्सीजन, हाइड्रोजन, नाइट्रोजन, फॉस्फोरस, पोटेशियम, कैल्शियम, मैग्नीशियम, सल्फर, लोहा, क्लोरीन, मैंगनीज, बोरॉन, जस्ता, तांबा, मोलिब्डेनम, क्लोरीन, निकल, कॉबाल्ट, सोडियम व सिलिकॉन शामिल हैं। इन आवश्यक पोषक तत्त्वों की पौधों को आपूर्ति रासायनिक उर्वरकों के साथ–साथ पौधों और जानवरों से उत्पन्न जैविक स्रोतों से की जा सकती है। जैविक खेती में रासायनिक उर्वरकों के उपयोग को प्रतिबंधित किया गया है, अतः आवश्यक है कि पौधों को इन आवश्यक पोषक तत्त्वों की आपूर्ति केवल व केवल जैविक संसाधनों के माध्यम से ही की जानी है। पौधों के पोषक तत्त्वों के जैविक स्रोतों में गोबर की खाद, कम्पोस्ट, वर्मीकम्पोस्ट, गोबर गैस स्लरी, हरी खाद, फसल अवशेष, तिलहन खली एवम् जीवाणु खाद इत्यादि शामिल हैं। जैविक खेती में टिकाऊ उत्पादन और उत्पादकता हासिल करने के लिए व मिट्टी के स्वास्थ्य को बनाये रखने के लिए विभिन्न पोषक तत्त्वों के स्रोतों का उनकी उपलब्धता और साध्यता के अनुसार एकीकृत/समन्वित तरीके से उपयोग करना आवश्यक है। पौधों के पोषक तत्त्वों के संभावित जैविक स्रोतों को निम्नानुसार वर्णित किया गया है –

4.1 भारी जैविक (कार्बनिक) खाद (Bulky Organic Manures)

भारी जैविक खाद में पोषक तत्त्वों की मात्रा सूक्ष्म होती है व उनका प्रयोग भी काफी अधिक मात्रा में किया जाता है। गोबर की खाद, कम्पोस्ट, वर्मीकम्पोस्ट, फसल अवशेष और हरी खाद सबसे महत्त्वपूर्ण भारी जैविक खाद हैं। भारी जैविक खादों के कई फायदे हैं जैसे (i) पौधों को सभी आवश्यक पोषक तत्त्वों की आपूर्ति (ii) मिट्टी की भौतिक स्थितियों में सुधार करना (मिट्टी की संरचना, जल धारण

क्षमता, वातन, मिट्टी के सतह के तापमान को बनाये रखना इत्यादि) (iii) पोषक तत्त्वों की उपलब्धता को बढ़ाना, (iv) मिट्टी में वनस्पतियों और जीवों को सक्रिय करना एवम् (v) मिट्टी में सूक्ष्म जीवों के संतुलन को बदलकर कुछ हद तक परजीवी सूत्रकृमि और कवक को नियंत्रित करना इत्यादि हैं।

4.1.1 गोबर की खाद (Farmyard Manure)

गोबर की खाद एक पारंपरिक जैविक खाद है। यह खाद मवेशियों के गोबर व मूत्र के साथ–साथ शोषक पदार्थों का बिछावन, पेड़ पौधों की पत्तियाँ व मवेशियों को खिलाये जाने वाले चारे के विघटित मिश्रण से तैयार होती है। गोबर की खाद में औसतन 0.5 प्रतिशत नत्रजन, 0.25 प्रतिशत फॉस्फेट एवम् 0.5 प्रतिशत पोटाश होता है।

4.1.1.1 गोबर की खाद की गुणवत्ता व संरचना (Quality and Compostion of FYM)

गोबर के खाद की गुणवत्ता और सामान्य संरचना निम्नलिखित कारकों से प्रभावित होती है –

i. **पशुओं का प्रकार (Kind of Animal):** गोबर खाद की गुणवत्ता जो जानवर उसको पैदा करते हैं उनके प्रकार पर निर्भर करती है जैसे भेड़ और कुक्कुट खाद, नत्रजन, फॉस्फेट व पोटाश में गाय, भैंस, घोड़े व सुअर की खाद की तुलना में अधिक समृद्ध होती है। एक ही पशु वर्ग के भीतर, खाद की गुणवत्ता जानवरों के व्यक्तित्व के साथ बदलती है।

ii. **पशु विशेष की आयु और स्थिति (Age and Condition of Individual Animal):** बढ़ते हुए पशु, दुधारू पशु, गर्भवती या बछड़े सहित मवेशियों को उनके बढ़ते शरीर के निर्माण, दूध उत्पादन और वरूण (बछड़े) के विकास के लिए अपने आहार में से बहुत सारे पोषक तत्त्वों का उपयोग करते हैं। जबकि जिन जानवरों को हल्के काम या बिना किसी काम के रखा जाता है, वे आहार में से बहुत कम पोषक तत्त्वों का अपने लिए उपयोग करते हैं और इस तरह अधिकांश पोषक तत्त्व मूत्र और गोबर के माध्यम से निकल जाते हैं और इसीलिए बूढ़े मवेशी बेहतर गुणों वाला खाद प्रदान करते हैं।

iii. **पशु आहार की गुणवत्ता और मात्रा (Quality and Quantity of Animal Feed):** पौष्टिक और प्रोटीन से भरपूर पशु आहार जैसे तिलहन खली, कपासिये खिलाये गए जानवर बेहतर गुणवत्ता वाली खाद देते हैं जबकि केवल घास व हरी घास खाने वाले पशुओं के खाद में पोषक तत्त्वों की मात्रा कम होती है।

iv. **उपयोग किए गए बिछावन के प्रकार (Kind of Litter Used):** खाद की गुणवत्ता बिछावन की प्रकृति पर काफी हद तक निर्भर करती

है। फलीदार घास (भूसा) के अवशेष सामान्य घास की तुलना में अधिक समृद्ध पोषक तत्त्वों युक्त खाद देते हैं।

v. **खाद का संग्रह (Collection of Manure)**: खाद की गुणवत्ता गोबर और मूत्र के संग्रहण के लिए अपनाई जाने वाली विधि पर भी निर्भर करती है क्योंकि पोषक तत्त्वों की हानि, विशेष रूप से नत्रजन की उस समय होती है जब मूत्र और गोबर मवेशियों द्वारा त्यागा जाता है। खाद की गुणवत्ता उसके संग्रहण की विधियों, बायर पद्धति और शुष्क मिट्टी पद्धति पर निर्भर करती है।

- **बायर पद्धति (Byre System)**: इस प्रणाली में मवेशियों को एक गैर अवशोषित गौशाला में रखा जाता है जिसमें मूत्र के नालों को विशेष ढलान प्रदान किया जाता है व नालियों में बहने वाला मूत्र एक ढके हुए टैंक में एकत्र किया जाता है। वहाँ से उसे समय–समय पर हटा कर गड्ढे में संग्रहीत गोबर खाद पर छिड़का जाता है। मूत्र जो कि गोबर की खाद का एक महत्त्वपूर्ण घटक है, इस प्रणाली में ठीक से संग्रहीत (संरक्षित) किया जा सकता है। इस प्रणाली में मवेशियों के साथ–साथ पशुघर के स्थान की सफाई और स्वच्छता को भी बनाए रखा जा सकता है।

- **शुष्क मिट्टी पद्धति (Dry Soil System)** : इस प्रणाली में गौशाला के फर्श को अच्छी तरह से ठूसकर/दबाकर कर सघन किया जाता है। फिर गौशाला में महीन रेत की परतें, दोमट लाल मिट्टी मूत्र के लिए एक शोषक के रूप में फैलाई जाती है। फिर गीली परतों को अच्छी तरह से सूखी परतों या उपरोक्त किसी भी सामग्री से ढका जाता है। सप्ताह में एक बार इस रेत या मिट्टी की परत को हटा कर खाद के गड्ढे में डाल दिया जाता है। रेती या मिट्टी की जगह यदि उपलब्ध लकड़ी का बुरादा, धान की भूसी, मूंगफली के खोल, धान की गहाई के अवशेष का बिछावन किया जाए तो बेहतर रहेगा क्योंकि ये अच्छी तरह से मूत्र शोषण के उद्देश्य को पूरा करते हैं। यह पद्धति भारत में मौजूदा ग्रामीण परिस्थितियों में सस्ती, सुविधाजनक और व्यावहारिक होने के कारण अधिक लोकप्रिय है और व्यापक रूप से अपनाई जाती है।

vi. **खाद का भंडारण (Storage of Manure)**: खाद के भंडारण की विधि काफी हद तक खाद की गुणवत्ता को प्रभावित करती है। भंडारण के दौरान खाद में किण्वन परिवर्तन या विघटन (सड़न) होती है जो इसकी मूल संरचना और आकार को खो देती है। भंडारण की तीन विधियाँ हैं ढेर विधि, गड्ढा विधि व ढका हुआ गड्ढा विधि। विभिन्न विधियों का विवरण निम्नानुसार दिया गया है –

- **ढेर विधि (Heap Method)** : यह भारतीय गाँवों में अपनाई जाने वाली सबसे आम विधि है। खाद को विशेषतः पेड़ की छाया के नीचे जमीन पर रखा जाता है। इसकी आदर्श प्रक्रिया जिसमे पहले गोबर का ढेर बनाया जाता है और इसे मूत्र से भिगे हुए बिछावन से ढका जाता है। नमी के नुकसान को रोकने और सूरज के सीधे संपर्क में आने से बचाने के लिए फिर इसे बिछानै/राख/मिट्टी की एक परत से ढका जाता है। खाद के पोषक तत्त्वों के अपवाह (runoff) जल से बचाने के लिए ढेर के चारों ओर एक मेड़ बनाना वांछनीय है। इस ढेर के खुले हिस्से को पल्माइरा (palmyra) के पत्तों या किसी अन्य उपलब्ध सामग्री के साथ ढकना फायदेमंद है। भंडारण की इस पद्धति में पोषक तत्त्वों का अधिकतम ह्रास होता है, जिसके परिणामस्वरूप घटिया गुणवत्ता वाली खाद बनती है। जलवायु की अनिश्चितताओं जैसे धूप और वर्षा के सीधे संपर्क में आने से खाद में सूखापन या गीलापन हो जाता है, जिससे पोषक तत्त्वों का ह्रास और कार्बनिक पदार्थों का त्वरित ऑक्सीकरण हो जाता है।
- **गड्ढा विधि (Pit Method)**: इस विधि में खाद को एक गड्ढे में संग्रहीत किया जाता है जिसका धरातल व किनारे गैर शोषक हों। बरसात के दौरान पानी की सतह अपवाह को रोकने के लिए गड्ढे के किनारे पर एक मेड़ बनाई जाती है। गड्ढ़े का आकार गोबर की मात्रा के आधार पर परिवर्तित किया जा सकता है। इस विधि में भी सूर्य और वर्षा पानी के संपर्क में आने के कारण खाद में पोषक तत्त्वों का ह्रास होता है फिर भी यह विधि ढ़ेर विधि की तुलना में बेहतर है।
- **ढका हुआ गड्ढा विधि (Covered Pit Method)** : उपरोक्त वर्णित खाद बनाने की सभी विधियों में से यह सबसे उत्तम विधि है। इस विधि में गड्ढे के नीचे और किनारों पर पत्थर लगाकर इसे गैर–शोषक बनाया जाता है। पानी की सतह के प्रवाह (वर्षा के पानी) को रोकने के लिए 45 सेंटीमीटर ऊँचाई की एक मेड़ गड्ढे के चारों ओर की जाती है और स्थानीय रूप से उपलब्ध पल्माइरा या फीनिक्स के पत्तों आदि से छत बनाई जाती है। खाद बनाने की इस विधि में कार्बनिक पदार्थ एवम् पोषक तत्त्वों के ह्रास को प्रभावी ढ़ंग से नियन्त्रित कर बेहतर गुणवत्ता वाला खाद प्राप्त किया जाता हैं।

4.1.1.2 गोबर खाद बनाने की उन्नत विधि (Improved Method for Preparing FYM)

प्रसिद्ध वैज्ञानिक सी॰एन॰ आचार्य ने पाया कि उत्तम गोबर की खाद तैयार करने के लिए खाई विधि (trench method) एक उत्तम तरीका है। इस विधि से खाद उपयुक्त आकार की खाई बनाकर तैयार की जाती है, खाई की लंबाई 6.0 से 7.5

मीटर, चौड़ाई 1.5–2.0 मीटर एवम् गहराई 1.0 मीटर रखें। इस खाई/गड्ढे में खेत और घरों में उपलब्ध सारा जैविक कूड़ा/अवशेष गौशाला के पास इकट्ठा किया जाना चाहिए व इसी कूड़े में मिट्टी मिलाकर गौशाला में फैलायें ताकि पशु मूत्र का अवशोषण हो सके। कूड़े/अवशेषों को उन क्षेत्रों में बिछाया जाना चाहिए जहाँ मूत्र आमतौर पर जमीन पर गिरता है और कूड़ें को भिगोता है। हर सुबह मूत्र से लथपथ बिछौने और गोबर को अच्छी तरह से मिलाकर खाद को खाई में डाला जाना चाहिए। खाई में एक छोर से 90 सेमी लंबाई के खंड को दैनिक संग्रह के साथ भरने के लिए लिया जाना चाहिए। जब खाई जमीनी स्तर से 45 से 60 सेमी ऊपर की ऊँचाई तक भर दी जाती है, शीर्ष को गुंबद के आकार का बना दिया जाता है और मिट्टी के साथ गोबर से प्लास्टर किया जाता है। खाद लगभग तीन महीने में तैयार हो जाती है। उस समय तक खाई के अगले 90 सेमी लंबाई के खंड को भरा जाता है। जब खाई को लगभग तीन महीने में पूरी तरह से भर दिया जाता है, तो इसी तरह से भरने के लिए दूसरी खाई ली जाती है। जब तक दूसरी खाई भर जाती हैं, तब तक पहली खाई की खाद पलटने के बाद 4–5 महीनों में उपयोग के लिए तैयार हो जाएगी। आमतौर पर इस तरह की दो खाइयाँ 3–4 मवेशियों वाले किसानों के लिए साल भर इस प्रक्रिया को अंजाम देने के लिए पर्याप्त होगी। खाद से पोषक तत्त्वों के ह्रास को कम करने व उसे और पोषक बनाने के लिए जिप्सम, रॉक फॉस्फेट जैसे रासायनिक परिरक्षकों को जोड़ा जाता है। जीवाणु और एक्टिनोमाइसिट्स खाद के अपघटन में सक्रिय भूमिका निभाते हैं। आमतौर पर खाद बनने के प्रारम्भिक चरण में 60–70 प्रतिशत नमी और विघटित खाद (उपयोग के लिए तैयार) में 30–40 प्रतिशत नमी के साथ–साथ खाई में 50–60 डिग्री सेल्सियस तापमान सूक्ष्म जीवों की गतिविधियों के लिए अनुकूल होता है। इस विधि से प्रति पशु से प्रति वर्ष 5 से 6 टन या 10–12 बैलगाड़ी (cartload) खाद तैयार होती है।

4.1.1.3 गोबर की खाद से पोषक तत्त्वों का ह्रास (Loss of Nutrients from FYM)

गोबर की खाद से पोषक तत्त्वों का निम्न दो प्रकार से ह्रास होता है –

(i) **संचालन के दौरान होने वाले ह्रास (Losses During Handling):** गोबर की खाद में दो मुख्य घटक होते हैं एक गोबर (ठोस भाग) और दूसरा मूत्र (तरल भाग) जिनका अलग–अलग तरीकों से अलग–अलग नुकसान होता है। दोनों घटकों में नत्रजन, फॉस्फोरस व पोटाश पोषक तत्त्व होते हैं। लगभग आधा नत्रजन और पोटाश गोबर में और आधा मूत्र में होता है, जबकि लगभग सारा फॉस्फोरस (96%) ठोस भाग में ही होता है। नत्रजन, फॉस्फोरस व पोटाश संरक्षण के लिए यह आवश्यक है कि खाद के दोनों घटकों को ठीक से संभाला जाए।

- **गोबर से ह्रास (Loss of Cow Dung)**: पशु गोबर का सबसे अधिक नुकसान खाना पकाने के लिए कन्डे (ईंधन) के रूप में होता है। इसके अलावा, मवेशियों के मलमूत्र का एक बड़ा हिस्सा गौशाला के बाहर, जब जानवर चारागाह में चरने जाते हैं तब जमीन पर गिरा देते हैं। यह अक्सर कहा जाता है कि कुल गोबर का लगभग दो तिहाई हिस्सा या तो कण्डे बनाने के लिए उपयोग किया जाता है या चरने के दौरान बिखर जाता है और केवल एक तिहाई का ही उपयोग खाद बनाने के लिए किया जाता है।

- **पेशाब के ह्रास (Loss of Urine)**: मूत्र में नत्रजन और पोटाश अधिक मात्रा में होता है। लेकिन हमारे देश में मूत्र को संरक्षित करने का कोई उत्तम तरीका नहीं है हमारे यहाँ ज्यादातर मवेशियों के शेड में कच्ची मिट्टी का फर्श होता है और गौशाला के कच्चे फर्श में मूत्र सोंख लिया जाता है और नत्रजन की बड़ी मात्रा गैसीय अमोनिया के रूप में वाष्पित (volatilize) हो जाती है। इस प्रक्रिया के दौरान निम्नलिखित प्रतिक्रियाएँ होती हैं।

(i) $CO(NH)_2$ (मूत्र में यूरिया) $+ 2H_2O$ (पानी) $= (NH_4)_2CO_3$ (अमोनियम कार्बोनेट)

(ii) $(NH_4)_2CO_3 + 2H_2O = 2NH_4OH$ (अमोनियम हाईड्रो ऑक्साइड) $+ H_2CO_3$ (कार्बनिक अम्ल)

(iii) $NH_4OH = NH_3\uparrow$ (अमोनिया गैस) $+ H_2O$ (पानी)

- अमोनिया के ऊपर तीर (arrow) अमोनिया का वातावरण में ह्रास को दर्शाता है।

(ii) **भंडारण के दौरान ह्रास (Losses During Storage)**: प्रतिदिन एकत्र किए गए गोबर और अन्य कृषि अपशिष्ट कई महीनों तक खुले स्थान पर खाद के गड्ढे में पड़े रहते हैं जिससे खाद सूर्य और वर्षा के संपर्क में आता है और इस अवधि के दौरान पोषक तत्त्वों का निम्नलिखित तरीकों से ह्रास होता है :

- **निक्षालन के द्वारा (By Leaching)**: गोबर खाद में निर्मित पोषक तत्त्व पानी में घुलनशील होते हैं और उनका वर्षा के पानी में घुलकर ह्रास हो जाता है। निक्षालन द्वारा पोषक तत्वों का ह्रास वर्षा की तीव्रता व उस सतह जिस पर खाद का ढेर लगा होता है, के ढलान के साथ अलग–अलग होगा। गड्ढे को प्लास्टिक शीट या

उसके ऊपर छत से ढ़ककर खाद में निक्षालन से हो रहे पोषक तत्त्वों के नुकसान को रोका जा सकता है।

- **वाष्पीकरण द्वारा (By Volatilization)** : गोबर खाद के भंडारण के दौरान यूरिया के अपघटन और मूत्र के अन्य नत्रजनयुक्त यौगिकों से खाद के ढ़ेर में व गोबर के नत्रजन कार्बनिक यौगिकों के बहुत धीमे अपघटन से गोबर खाद के सड़ने की प्रक्रिया के दौरान काफी मात्रा में अमोनिया बनती है। यह अमोनिया कार्बोनिक अम्ल के साथ मिलकर अमोनियम कार्बोनेट और बाइकार्बोनेट बनाता है, जो कि अस्थिर होता है और गैसीय अमोनिया आसानी से उड़ कर नष्ट हो जाती है। इस प्रक्रिया में निम्नलिखित प्रतिक्रिया होती है

i. $2NH_3$ (अमोनिया) $+ H_2CO_3$ (कार्बोनिक एसिड) $= (NH_4)_2CO_3$ (अमोनियम कार्बोनेट)

ii. $(NH_4)_2CO_3 + 2H_2O$ (पानी) $= 2NH_4OH$ (अमोनियम हाईड्रोक्साईड) $+ H_2CO_3$ (कार्बोनिक एसिड)

iii. $NH_4OH = NH_3\uparrow$ (अमोनिया गैस) $+ H_2O$

- अमोनिया के ऊपर तीर (arrow) अमोनिया का वातावरण में ह्रास को दर्शाता है।

4.1.1.4 पोषक तत्त्वों के ह्रास को कम करने के तरीके (Ways to Minimize Losses of Nutrients)

i. गोबर खाद बनाने के लिए खाई (trench) विधि अपनाएँ।

ii. गोबर गैस सयंत्र का उपयोग करें। गोबर गैस संयंत्र में गोबर के उपयोग से एक दहनशील गैस मिथेन का उत्पादन होता है जिसको ईंधन के रूप में काम में लिया जा सकता है।

iii. गोबर गैस के भंडारण की ढका हुआ गर्त्त विधि (covered pit method) अपनाना।

iv. गोबर गैस के संग्रह में बायर (BYRE) प्रणाली को अपनाना।

v. खेत में गोबर की खाद के छोटे ढेर बनाने के बजाय, जुताई से पहले खेत में इसे फैलाएँ।

vi. जिप्सम और रॉक फॉस्फेट जैसे रासायनिक परिरक्षकों को सिफारिश के अनुसार प्रति दिन 450 से 900 ग्राम प्रति पशु जहाँ वे मूत्र करते हों वहाँ डालें।

4.1.2 कम्पोस्ट (Compost)

कार्बनिक अपशिष्ट या मिट्टी और कार्बनिक अवशेषों का मिश्रण जो ढेर करके नम किये गये हों तथा जिसमें जैविक अपघटन की क्रिया होने दी गई हो। इसमें कभी कभी खनिज उर्वरक भी डाले जाते हैं मुख्यतः इसको अगर पादप अवशेषों से तैयार किया जाता है तो इसे प्रायः कृत्रिम खाद या संशलिष्ट खाद कहा जाता है अथवा बैक्टीरिया व फफूँदी द्वारा सड़ाये हुए पौधों व उनके अवशेषों से प्राप्त पदार्थ को कम्पोस्ट कहते हैं। इसका रंग भूरा होता है। इसमें खेत के अपशिष्ट जैसे खरपतवार, धान के पुआल, गन्ने के अवशेषों और अन्य अनुपयोगी जैविक पदार्थों से बनाया जाता है। कम्पोस्ट खाद में औसत पोषक तत्त्व 0.5 प्रतिशत नत्रजन, 0.15 प्रतिशत फॉस्फेट व 0.5 प्रतिशत पोटाश विद्यमान होते हैं। जो कम्पोस्ट शहर की छॉटन व कूड़े कचरे से बनाया जाता है उसे टाउन कम्पोस्ट कहते हैं जिसमें औसतन पोषक तत्त्व 1.4 प्रतिशत नत्रजन, 1.0 प्रतिशत फॉस्फेट और 1.4 प्रतिशत पोटाश विद्यमान होते हैं।

कंपोस्टिंग नियंत्रित परिस्थितियों में सूक्ष्म जीवों द्वारा कार्बनिक पदार्थ जैसे फसल के अवशेष, पशु अपशिष्ट, खाद्य कचरा आदि के सड़ने की प्राकृतिक क्रिया को कम्पोस्टिंग (composting) कहते हैं। अच्छी गुणवत्ता युक्त कम्पोस्ट उत्पादन के लिए निम्नलिखित बुनियादी नियम महत्त्वपूर्ण हैं –

i. कम्पोस्ट बनाने का उद्देश्य अनुपयोगी कार्बनिक पदार्थों का अपघटन कर उसे पौधों के विकास को बढ़ावा देने वाले पदार्थों में परिवर्तित करना है जिससे मिट्टी सुधार और फसल उत्पादन में स्थाईत्व आ सके।

ii. कार्बनिक पदार्थ जीवाणुओं द्वारा आंशिक रूप से विघटित होकर परिवर्तित हो जाते हैं। इन जीवाणुओं को अपनी गतिविधि के लिए उचित वातावरण की आवश्यकता होती है, जैसे कम्पोस्ट सामग्री के कुल छिद्र स्थान का नमी औसतन 50 प्रतिशत मात्रा व 50 प्रतिशत वातन (हवा) का होना चाहिए जो कम्पोस्ट के ढेर में कभी–कभी उलट फेर कर भी प्राप्त किया जाता है। सूक्ष्मजीवों को अपने शरीर की कोशिकाओं को संश्लेषित करने के लिए पर्याप्त नत्रजन की भी आवश्यकता होती है, इसलिए कम्पोस्टिंग सामग्री का कार्बनःनत्रजन अनुपात 20 : 1 से 30 : 1 के बीच होना अपेक्षित है।

iii. मृदा सूक्ष्मजीव में अपनी निरंतर गतिविधियों के माध्यम से कार्बनिक पदार्थों के अपघटन में मदद करते हैं। वे अपने पाचन तन्त्र में इष्टतम स्थिति प्रदान करते हैं जो मूल्यवान स्थाई ह्यूमस (humus) व स्थिर मृदा कण बनाने में सहायक होते हैं।

iv. कुछ योजक (additives) कार्बनिक पदार्थों के रूपांतरण को गति देते हैं व अंतिम उत्पाद में सुधार करते हैं। जैसे चूना मिट्टी, जिप्सम, रॉक फॉस्फेट इत्यादि पदार्थ प्रभावी योजक के रूप में कार्य करते हैं यदि

कार्बनिक पदार्थ का कार्बन : नत्रजन अनुपात अधिक हो तो कुछ नत्रजन (0.1–1.0%) मिलाना आवश्यक हैं। कम्पोस्ट को तैयार होने में 2–3 महीने लगते हैं। कम्पोस्ट की संरचना कम्पोस्ट को तैयार होने में कार्बनिक पदार्थ के प्रकार के अनुसार भिन्न–भिन्न होती है।

4.1.2.1 कम्पोस्ट बनाने की विधियाँ (Methods of Compost Prepartion)

कम्पोस्ट बनाने की कई विधियाँ हैं, परन्तु यहाँ नीचे कुछ महत्त्वपूर्ण विधियों का संक्षिप्त में वर्णन किया गया है –

i. **सक्रिय कम्पोस्ट विधि (Activated Compost Method):** इस विधि में कार्बनिक पदार्थ जैसे भूसा, पुआल और अन्य खेत के अवशिष्ट को मवेशियों के गोबर और मूत्र के मिश्रण के साथ अच्छी तरह मिलाया जाता है ताकि कार्बनिक द्रव्य का हर भाग निवेश द्रव्य (गोबर व मूत्र) के सम्पर्क में आ जाये तथा समान रूप से किन्विकरण (fermentation) हो जाए। इस दौरान कार्बनिक पदार्थों के 1–1.5 मीटर की ऊँचाई के ढेर के जमा रहने व समय–समय पर गोबर और मूत्र के मिश्रण के साथ नम रखने से तापमान बहुत बढ़ जाता है। जब एक सप्ताह बाद तापमान गिरना शुरू होता है, तो सामग्री का आयतन भी कम हो जाता है। इसलिए बुनियादी नई सामग्री और ढ़ेर पर डाली जाती है। नई सामग्री का लगभग 25 प्रतिशत एक समय में जोड़ा जाना चाहिए और पहले की ही तरह अंतराल पर निवेश द्रव्य (गोबर + मूत्र मिश्रण) के साथ अच्छी तरह से मिलाया जाना चाहिए। यदि इस विधि को ठीक से अपनाया जाय तो कम्पोस्ट 5–6 सप्ताह में बनकर तैयार हो जाएगा।

ii. **इंदौर विधि (Indore Method):** इस विधि में अपशिष्ट पदार्थ जैसे कि पौधे के अवशेष, पशु अपशिष्ट, सब्जी अपशिष्ट, खरपतवार आदि से कम्पोस्ट तैयार किया जा सकता है। इसमें पहले अपशिष्ट पदार्थों को 5–10 सेमी आकार के छोटे छोटे टुकड़ों में काट दिया जाता है और गड्ढे में डालने से पहले 40–50 प्रतिशत नमी तक सुखाया जाता है। फिर वे 10–15 सेमी मोटाई की परतों में या तो गड्ढों में या 1 मीटर चौड़ाई, 4–6 मीटर लम्बाई व 1 मीटर गहराई में फैलाये जाते हैं। उसके बाद ढेर को गोबर व मिट्टी के प्रयोग से अच्छी तरह गीला किया जाता है। अपशिष्ट पदार्थ को 50 प्रतिशत नमी के स्तर तक गीला करने के लिए ढेर पर पर्याप्त मात्रा में पानी छिड़का जाता है। वायु संचारण के लिए आमतौर पर भरने के बाद नियतकालिक अन्तराल पर 15, 30 व 60 दिनों में तीन बार उलट फेर (turn) किया जाता है। उसके बाद अपशिष्ट पदार्थों के ढेर को लगभग 2–3 सेमी मोटाई की मिट्टी की एक पतली परत से ढ़क दिया जाता है। वायवीय (arobic)

परिस्थितियों में कार्बनिक अपशिष्टों का अपघटन के तहत, कार्बनिक पदार्थों और नत्रजन का भारी ह्रास होता है (प्रारम्भिक चरण में 40–50%)। इस विधि में, ढेर बनाने व कार्बनिक अपशिष्टों के उथल पुथल करने में काफी श्रम लगता है। इसलिए जब बड़ी मात्रा में कार्बनिक अपशिष्टों से कम्पोस्ट बनाना हो तो यह विधि महंगी एवम् अव्यावहारिक हो जाती है। कम्पोस्ट बनाने के स्थान का चयन ऊँचाई पर होना चाहिए ताकि वर्षा के पानी का ठहराव न हो तथा गड्ढे का स्थान पशु शेड और अपशिष्ट स्रोत के निकट होना चाहिए ताकि समय व श्रम की बचत होगी।

iii. **बैंगलोर विधि (वायुवीय व अवायुवीय) (Bangalore Method, Aerobic & Anaerobic)**: खाद बनाने की यह प्रक्रिया 1949 में वैज्ञानिक डॉ॰ सी॰एन॰ आचार्य द्वारा विकसित की गई थी। इसमें कार्बन अपशिष्ट 6 मीटर लंबे, 1.2 मीटर चौड़े और 0.9 मीटर गहरे गड्ढे में 15 सेमी की परतों में बिछाया जाता है व सूखा हो तो 80–100 लीटर पानी से नम करें। इस परत के ऊपर 5 से मी मोटाई की गोबर, मूत्र व बिछानें के मिश्रण की परत लगाई जाती है। इसे फिर से 15 सेमी मोटाई की मिट्टी की परत से शीर्ष पर ढ़क दिया जाता है। कम्पोस्ट खाद की शक्ति बढाने के लिए मिट्टी अस्थिचूर्ण (bone meal) या तेल खली (oil cake), लकड़ी का बुरादा आदि के साथ मिश्रण करना फायदेमंद है। ढेर पर अवशिष्ट परतों का लगाना तब तक जारी रखा जाता है जब तक कि ढेर जमीन के स्तर से 60 सेमी की ऊँचाई तक नहीं बढ़ जाता है। फिर वायुवीय (aerobic) अपघटन को सुगम बनाने के लिए ढेर को एक सप्ताह के लिए खुला रखा जाता है। बाद में ढेर को अवायवीय (anaerobic) किण्वन के लिए नम मिट्टी से प्लास्टर किया जाता है। मिट्टी की परत में होने वाली दरारों को समय–समय पर वापस बन्द करना पड़ता है। इस तरह 4–5 महीने की अवधि में कम्पोस्ट बनकर तैयार हो जाता है। इस प्रक्रिया को कम्पोस्ट का वायवीय और अवायवीय अपघटन कहा जाता है। इस प्रक्रिया में कार्बनिक अपशिष्ट इतनी अच्छी तरह से विघटित नहीं होता है जितना कि अन्य तरीकों में होता है। लेकिन कार्बनिक पदार्थ और नत्रजन की मात्रा अच्छी तरह से संरक्षित रहती है। इस विधि में कार्बनिक पदार्थों की उथल पुथल कम की जाती है जिससे यह अन्य विधियों के अपेक्षाकृत सस्ता पड़ता है।

iv. **कोयम्बटूर विधि (Coimbatore Method)**: इस विधि में पहले अवायवीय अपघटन व बाद में वायवीय प्रकिया होती है। इसमें कम्पोस्ट बनाने के लिए 4 मीटर लंबाई, 2 मीटर चौड़ाई और 1 मीटर गहराई का गड्ढा तैयार किया जाता है फिर उस गड्ढे को फसल अवशेष या अन्य कृषि अपशिष्टों से लगभग 15 सेमी की मोटाई तक भरा जाता है।

इस परत के ऊपर, जैव–क्षरण की दर को बढ़ाने के लिए, गोबर के घोल की 5 सेमी की एक परत लगायी जाती है। इस परत के ऊपर नत्रजन की हानि को कम करने व फॉस्फोरस की मात्रा बढाने के लिए 1 किलो अस्थि चूर्ण या रॉक फॉस्फेट का प्रयोग किया जाता है। इस प्रकार, वैकल्पिक अवशेषों में फसल अवशेष व कृषि अपशिष्ट, गोबर का घोल, अस्थि चूर्ण व रॉक फॉस्फेट का उपयोग तब तक दोहराया जाता है जब तक कि गड्ढे की ऊँचाई जमीनी स्तर से 0.5 मीटर ऊपर तक नहीं पहुँच जाती। फिर उपरोक्त भू भाग में वर्षा के पानी के प्रवेश को रोकने के लिए लाल मिट्टी या गीली मिट्टी से ढक दिया जाता है जिससे अवायवीय (anaerobic) प्रक्रिया शुरू हो जाती है। इसके 30–35 दिनों के बाद फसल अवशेषों/अपशिष्टों को उथल पुथल (turn) किया जाता है जिससे वायवीय (aerobic) प्रक्रिया शुरू हो जाती है। इस विधि में कम्पोस्ट करीबन पांच महीने में बनकर तैयार हो जाता है।

v. **नाडेप कम्पोस्ट विधि (NADEP Compost Method) :** इस विधि में 3 मीटर लंबाई, 2 मीटर चौड़ाई और 1 मीटर गहराई के आयताकार ईंट की दीवारों का गड्ढ़ा तैयार करें। वायु संचार के लिए धरातल पर मिट्टी का प्लास्टर कर दें। वायु संचार के लिए गड्ढ़े की दीवारों में छेद छोड़ दे। प्रत्येक साईड दीवार (closure wall) में लगभग 4 छेद और प्रत्येक बाड़े की दीवार (side wall) में दो छेद। गीली मिट्टी व गाय के गोबर के मिश्रण से भीतरी दीवारों व गड्ढे के नीचे प्लास्टर करें। कम्पोस्ट के गड्ढे को भरने के लिए पहले 15 सें मी. की अपशिष्ट पदार्थ की पहली परत लगायें व उसके बाद गोबर की दूसरी परत (4 किलो गोबर में लगभग 100 लीटर पानी मिलाकर) अच्छी तरह से छिड़क दें। फिर तीसरी परत के रूप में 2 सेमी छलनी से छनी हुई बारीक मिट्टी (60 किग्रा) डालें। इस तरह से परतें जोड़ते रहें जब तक कि कार्बनिक अपशिष्ट गड्ढे की सतह से 15 सेमी ऊपर न आ जायें। बाद में ढ़ेर के ऊपर बारीक मिट्टी की एक और 7 सेमी की परत चढावें व गोबर के प्लास्टर के साथ टैंक को बन्द कर दें (चित्र 4.1)।

कम्पोस्ट गड्ढ़े को सीधे धूप व वर्षा से बचाने के लिए बांस की अस्थायी छत का निर्माण करें। तीन चार महीनों के बाद, विघटन क्रिया पूरी हो जायेगी व गहरे रंग वाला कम्पोस्ट तैयार हो जायेगा। फिर एक मोटी छलनी के माध्यम से छानकर इसका उपयोग करें। कम्पोस्ट की गुणवत्ता में सुधार करने के लिए 75–80 दिनों में बाँस से कुछ छेद बनाते हैं व 500 ग्राम पी एस बी, 500 ग्राम एजेटोबेक्टर और 500 ग्राम राईजोबियम कल्चर को 23 लीटर पानी में घोलकर छिद्रों में डालें और छिद्रों को बन्द कर दें। इससे कम्पोस्ट की गुणवत्ता बढ़ेगी। इस पद्धति का मुख्य दोष यह है कि इसमें मिट्टी का बड़े अनुपात में उपयोग होता है जो सभी परिस्थितियों में स्वीकार्य नहीं है।

चित्र 4.1 नाडेप कम्पोस्ट गड्ढ़ा

सावधानियाँ (Precautions)

i. ढ़ाँचे की भराई एक बार में एक से दो दिन में अवश्य पूर्ण कर लेनी चाहिए।

ii. ढ़ाँचा ऐसे स्थान पर बनाया जाये जहाँ पर पानी का भराव न होता हो।

iii. यदि नाडेप के उपरी सतह पर दरारें फट जाएँ तो उनको गोबर और मिट्टी के पेस्ट से भर देना चाहिए।

iv. कम्पोस्ट निकालते समय ऊपर की अधसड़ी सामग्री को अलग रखकर दूसरी भराई में पुनः प्रयोग कर लेना चाहिए।

v. निकाले गये कम्पोस्ट को छायादार स्थान पर संग्रहित करना चाहिए।

vi. ढ़ाँचे में नमी बनाये रखने के लिए कभी–कभी ऊपर से पानी छिड़कते रहना चाहिए।

vii. कम्पोस्ट की गुणवत्ता बढाने के लिए 1.5 किग्रा. जिप्सम, 1.5 किग्रा रॉक फॉस्फेट, 1 किग्रा. यूरिया का मिश्रण बनाकर प्रत्येक सतह में मिलाना चाहिए।

viii. ढ़ाँचा भरने के 60–70 दिन बाद राइजोबियम, पी.एस.बी. तथा एजेटोबेक्टर कल्चर का मिश्रण बनाकर छेदों के द्वारा अन्दर डाल देना चाहिए।

लाभ (Advantages)

i. नाडेप कम्पोस्ट में 0.5 से 1.5 प्रतिशत नाइट्रोजन, 0.5 से 0.9 प्रतिशत फॉस्फेट तथा 1.2 से 1.4 प्रतिशत पोटाश तथा पर्याप्त मात्रा में कार्बनिक पदार्थ पाये जाते हैं।

ii. इस प्रक्रिया में 1 किग्रा. गोबर से 90 से 100 दिन में 30 किग्रा. कम्पोस्ट खाद मिल जाती है।

iii. इस विधि में गाँव में ही मिल जाने वाली सामग्रियों का प्रयोग करके कम्पोस्ट बनायी जा सकती है।

iv. यह विधि गाँव में स्वच्छता बढ़ाती है तथा अप्रदूषणकारी विधि है जो कूड़ा कचरा, खरपतवार आदि को लाभदायक रूप में परिवर्तित करती है।

v. इस विधि द्वारा एक वर्ष में तीन से चार बार भराई करके 10 से 12 हजार रूपये मूल्य की खाद प्राप्त कर उर्वरक पर होने वाला व्यय बचाया जा सकता है।

vi. **फॉस्फो–कम्पोस्ट (Phospo-compost):** रॉक फॉस्फेट का उपयोग करते हुए कम्पोस्ट बनाने को फॉस्फो–कम्पोस्ट कहते हैं। कम्पोस्ट बनाने से रॉक फॉस्फेट में विद्यमान अघुलशीन फॉस्फोरस घुलनशील रूप में परिवर्तित होकर पौधों को उपलब्ध होता है।

फॉस्फो–कम्पोस्ट बनाने के लिए फसल के अवशेष, खरपतवार तथा अन्य जीवांश पदार्थों को इकट्ठा करके उन्हे छोटे छोटे 10 सेमी के टुकड़ों में काट लिया जाता है। कम्पोस्ट बनाने के लिए 8.0 भाग कार्बनिक पदार्थ तथा फसल अवशेष, 1.0 भाग गोबर, 0.5 भाग छनी हुई मिट्टी तथा 0.5 भाग सड़ी गोबर की खाद या कम्पोस्ट का मिश्रण बनाकर उपयोग किया जाता है। पहले से तैयार किये गये गड्ढे (3–4 मीटर लम्बा, 2 मीटर चौड़ा तथा एक मीटर गहरा) में उपरोक्त मिश्रण की 15–20 सेमी. मोटी परत बिछाकर उसपर रॉक फॉस्फेट की पतली परत बिछाकर आवश्यकतानुसार पानी से गीला कर देते हैं। इस प्रकार सम्पूर्ण गड्ढे को 50 सेमी जमीन की ऊँचाई तक भर दिया जाता हैं। इसके बाद एक माह तक पलटाई करते रहते हैं। इस प्रकार कम्पोस्ट तैयार हो जाती है। इस विधि से किसान अपनी फसल की आवश्यकतानुसार फॉस्फोरस की विभिन्न प्रतिशत मात्रा की कम्पोस्ट तैयार कर सकता है।

vii. **बायोखाद :** बायोगैस संयन्त्र में गोबर की खाद बनाने में डेढ़ महीने का समय लगता है जोकि अन्य विधियों से खाद बनाये जाने की अपेक्षा काफी कम होता है। बायोगैस संयन्त्र में डाली गयी स्लरी का लगभग 20–25 प्रतिशत भाग बायो गैस में परिवर्तित हो जाता है जिसका उपयोग ईंधन के रूप में किया जाता है तथा शेष 75–80 प्रतिशत भाग तरल किण्वित स्लरी के रूप में बायोगैस संयन्त्र के निकास द्वारा स्वतः ही बाहर निकल जाता है। इसलिए गोबर समुचित उपयोग के लिए इसे बायोगैस संयन्त्र में प्रयोग करना चाहिए, क्योंकि इसमें बायोगैस के

अलावा गोबर की खाद बनाने की तुलना में 20–25 प्रतिशत तक अधिक कार्बनिक खाद प्राप्त होता है।

गोबर को विभिन्न तरीकों से सड़ाकर बनायी जाने वाली खाद की तुलना तालिका 4.1 में दी गई है।

तालिका 4.1. बायोखाद एवं देशी खाद में पाये जाने वाले पोषक तत्वों की तुलना

पोषक तत्व	बायोखाद		देशी खाद
	ताजा स्लरी में	सूखी स्लरी में	
नाइट्रोजन (%)	1.5 – 2.0	1.30 – 1.70	0.5–1.0
फॉस्फोरस (%)	0.8 – 1.0	0.65– 0.85	0.3 – 0.5
पोटेशियम (%)	0.8–1.0	0.65 – 0.85	0.3 – 0.5

उपरोक्त तालिका से यह स्पष्ट होता है कि गोबर का उपयोग बायोगैस सयन्त्र में किया जाये तो हमें बायोगैस के साथ साथ अल्प समय में उत्तम एवं पौष्टिक कार्बनिक खाद भी प्राप्त होती है। गोबर का उपयोग बायागैस सयन्त्र में करने से खाद बनने में समय तो कम लगता ही है साथ ही साथ खाद की मात्रा भी अधिक होती हैं। बायोखाद में अन्य विधियों से बनायी गयी गोबर की खाद की तुलना में पोषक तत्त्व अधिक मात्रा में संरक्षित रहते हैं।

4.1.3 वर्मीकम्पोस्ट (Vermicompost)

विभिन्न मृदा जीवों में केंचुओं ने कृषि वैज्ञानिकों का सबसे अधिक ध्यान आकर्षित किया है। केंचुओं की आंते वास्तविक ह्यूमिक अम्ल के उत्पादन की जगह है, जो पॉलीसेकेराइड गम ह्यूमिक अम्ल से अलग है। केंचुएँ द्वारा स्रावित गोन्द जैसे पदार्थ में से लगभग आधे म्यूको प्रोटीन के रूप में होते हैं जो छिद्र स्थान के वितरण को स्थिर करने में मदद करते हैं। केंचुएँ की मिट्टी उपलब्ध पोषक तत्त्वों में ज्यादा समृद्ध होती है (नाइट्रेट नाइट्रोजन, विनिमेय केल्सीयम, मेंग्नीशियम, पोटाशियम एवम् फॉस्फोरस में)। केंचुएँ अपनी जाति और मृत ऊतकों के माध्यम से मिट्टी को लगभग 60–90 किलोग्राम नत्रजन की आपूर्ति करते हैं। केंचुआ कवक माईसिलिआ (mycelia) को खाता है। केंचुएँ खेत के अपशिष्टों और जैविक अवशेषों को उच्च गुणवत्ता वाले कम्पोस्ट में बदलते हैं। इसके लिए, इसीनिआ फोइटीडा *(Eisenia foetida)*, पेरीओनिक्स ऐक्साकावाट्स *(Perionyx exacavatus)*, युड्रीलस यूजीनी (*Eudrillus euginiae*) एवं ल्यूम्बरियस रूबेलस (Lumbrius rubellus) महत्त्वपूर्ण हैं। इन प्रजातियों को जैविक अपशिष्टों और गोबर पर पाला (culture) जा सकता है। केंचुओं को वैज्ञानिक तरीके से प्रजनन तथा पालन कर उनकी संख्या वृद्धि करना वर्मीकल्चर गुणन कराना कहलाता है। केचुओं की कास्टिंग व उनके अवशेष, अण्डे, कोकून लाभकारी सूक्ष्म जीवाणु, पोषक तत्त्व

तथा अपचित जैविक पदार्थों का मिश्रण **वर्मीकम्पोस्ट** कहलाता है। वर्मीकम्पोस्टिंग एक जैव क्रिया है जिसमें केंचुएँ कार्बनिक पदार्थों को पाचित एवम् उत्सर्जित करके बारीक उत्पाद, वर्मीकम्पोस्ट बनाते हैं। यह पाया गया है कि लगभग 1000 वयस्क केंचुएँ प्रति दिन 5 किलो कार्बनिक अवशेषों को कम्पोस्ट में बदल सकते हैं। केंचुआ क्रियाधार (strate) के 5–10 प्रतिशत को आत्मसात कर लेता है और बाकी एलीमेन्टरी केनाल से गुजरता है और इसे वर्मीकास्ट के रूप में उत्सर्जित कर देता है। वर्मीकास्ट में पोषक तत्त्व, विटामिन्स, हार्मोन्स और एंटीबायोटिक्स होते हैं।

वर्मीकम्पोस्ट एक स्थिर बारीक दानेदार कार्बनिक पदार्थ है। जब चिकनी मिट्टी (clay soil) में इसे डाला जाता है तो मिट्टी को ढ़ीली करता है व वायु संचार बढाता है। वर्मीकास्ट में जो श्लेष्मिक (mucus) होता है। वह आर्द्रताग्राही होता है व जल को अवशोषित कर लेता है जिससें जल भराव को रोकता है और मिट्टी की जल धारण क्षमता में सुधार करता है। रेतीली मिट्टी में जहाँ पानी के जमाव की समस्या होती है, वहाँ श्लेष्मिक लेपित वर्मी कम्पोस्ट के कण लंबे समय के लिए पानी जमा रखते हैं। वर्मीकम्पोस्ट में केंचुएँ और संबंधित जीवाणुओं के कुछ स्त्राव पोषक तत्त्वों के साथ पौधों की बढ़वार वर्धक के रूप में कार्य करते हैं। वर्मी कम्पोस्ट के लगातार प्रयोग से मिट्टी की भौतिक, रासायनिक और जैविक गुणों में सुधार आता है। वर्मीकम्पोस्ट में विद्यमान जैविक कार्बन तत्त्व धीरे–धीरे पौधों की आवश्यकतानुसार छोड़ता है जो पौधों को इन पोषक तत्त्वों को अवशोषित करने में सक्षम बनाता है। वर्मीकम्पोस्ट के विविध प्रभाव फसलों की वृद्धि और उपज को प्रभावित करते हैं।

4.1.3.1 वर्मीकम्पोस्टिंग में केंचुओं के प्रकार (Types of Earthworms in Vermicomposting)

केंचुआ जानवरों के वर्गीकरण में एनेलिडा (Annelida) वर्ग में आते हैं। वे लंबे और बेलनाकार आकार के होते हैं और आकार में बड़ी संख्या में खाँचे होते हैं। दुनिया में केंचुओं के लगभग 3000 प्रजातियाँ हैं जो पर्यावरण की विभिन्न परिस्थितियों में अनुकूलित होते है। भारत में 300 से अधिक प्रजातियों की पहचान की गई है। हालाँकि यह हेर्मोफ्रोडाइट है व दो परिपक्व केंचुएँ इसके प्रजनन के लिए आवश्यक हैं। अंडे देने के समय, क्लिटेलम एक कठोर गरडल की तरह केप्सूल में बदल दिया जाता है जिसे ककून कहा जाता है। वैसे साधारणतया 1 से 5 तक ककून झड़ते हैं पर उनमें से कुछ ही जीवित रहते हैं और बच्चे देते हैं। किशोर (adult) और फिर से ककून बनाने में 50–60 दिनों की अवधि लगती है। आमतौर पर केंचुएँ का औसत जीवन काल 1 से 10 साल प्रजातियों के साथ भिन्न भिन्न होता है।

वर्मीकम्पोस्टिंग में एपिजिक्स (Epigeics) सतह/भक्षक महत्त्वपूर्ण हैं। सतही भक्षण वर्ग में आईसेनिया फोईटिडा (*Eisenia foetida*) और यूडीलस यूजीनीआ (*Eudrilus eugeniae*) विदेशी केंचुएं हैं (चित्र 4.2) और पेरीयोनिक्स एक्सकावेटस (*Perionyx excavatus*) भारत में वर्मीकम्पोस्टिंग के लिए इस्तेमाल किये जा रहे

हैं। एपिनेसिकस् पत्ती के कूड़े और मिट्टी की ऊपरी सतहों पर भक्षण करते हैं। लैम्पिटो मौरिटी (*Lampito mauritii*) जैसे समूह भी स्वदेशी हैं और मिट्टी में कार्बनिक अवशेषों के यथा स्थान अपघटन में सक्रिय हैं। केंचुओं के एपिजिक्स और एपिनेसिक्स समूह दोनों पतले, लम्बाई में छोटे और लाल से गहरे भूरे रंग के होते हैं। उनके पास उच्च प्रजनन क्षमता होती है व कार्बनिक पदार्थों के पुनर्चक्रण में कुशल हैं। वर्मीकम्पोस्टिंग के लिए आईसेनिया फोइटीडा व यूड्रिलस यूजिनिया समूहों पर विशेष ध्यान दिया गया है क्योंकि ये विभिन्न कृषि अपशिष्टों के विघटन में बहुत सक्रिय पाये गये हैं और ये 0–40 डिग्री सेल्सियस तक भिन्न–भिन्न तापक्रमों में भी जीवित रहते हैं व अपना विकास करने में सक्षम हैं। वैसे इनकी वृद्धि के लिए उपयुक्त तापमान 20–30 डिग्री सेल्सियस रहता है।

Eisenia foetida

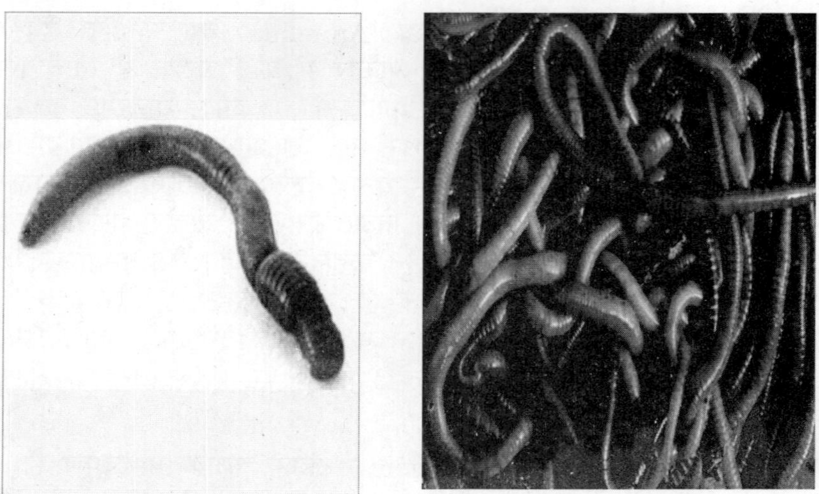

Eudrilus eugeniae

चित्र 4.2. एपीजेइक (सतह पर खाने वाले) विदेशी केचुएँ

4.1.3.2 वर्मीकम्पोस्टिंग की प्रक्रिया (Mechanism of Vermicompsting)

केचुएँ जो कार्बनिक अपशिष्ट का उपभोग करते हैं उसे पेषणी (gizzard) में <2μ के आकार के कणों में भौतिक विघटन कर देते हैं। जिससे सूक्ष्मजीवों द्वारा प्रसंस्करण के लिए सतही क्षेत्र बढ जाता है। ये बारीक विघटित कार्बनिक अपशिष्ट प्रोटीज, लाइपेज, एमाइलेज, सेल्युलेज व काइटीनेज जैसे विभिन्न एंजाइमों जो आंत की दीवार और सम्बन्धित जीवाणुओं द्वारा लुमेन में स्त्रावित होते हैं के सम्पर्क में आता है। ये एंजाइम जटिल जैव–अणुओं को सरल यौगिकों में तोड़ते हैं। केवल 5–10 प्रतिशत अंतर्ग्रहण सामग्री को उनके विकास के लिए केंचुएँ की ऊतकों में छोड़ दिया जाता है और बाकी को वर्मीकास्ट के रूप में उत्सर्जित किया जाता है। आंत की दीवार के श्लेष्म स्त्राव (mucus secretions) वर्मीकम्पोस्ट की संरचनात्मकता को स्थिरता प्रदान करते हैं।

4.1.3.3 वर्मीकम्पोस्ट तैयार करने की विधि (Method of Vermicompost Preparation)

यह ज्यादातर गड्ढे या ढेर विधि से तैयार किया जाता है। सामान्यतया ढेर या गड्ढे का आकार 3.0 × 1.2 × 0.6 मीटर रखते हैं। सामग्री की उपलब्धता के आधार पर लंबाई और चौड़ाई को बढ़ाया या घटाया जा सकता है लेकिन गहराई नहीं क्योंकि केंचुओं की गतिविधि केवल 60 सेमी की गहराई तक ही सीमित रहती है। सबसे पहले इसके लिए एक ऐसी जगह का चयन करें जो किसी भी आर्थिक उपयोग में नहीं आती हो, छायादार हो (छपर या वर्मी शेड) व पानी का ठहराव भी न हो। चिन्हित जगह पानी के स्त्रोत के पास भी होनी चाहिए। गड्ढ़ा भरने में सबसे पहले नरम पत्तियों की 2.5 सेमी मोटी परत लगायें फिर उसके ऊपर 22.5 सेमी मोटी बारीक कटे हुए कार्बनिक अवशेषों की एक दूसरी परत लगाये व तीसरी परत 5 सेमी मोटी गोबर व पानी को बराबर मात्रा में मिलाकर लगायें। गड्ढे विधि में जमीनी स्तर तक परते लगायें व ढेर की विधि में जमीन सतह से 50 सेमी ऊँचाई तक परतें लगाना जारी रखें। प्राकृतिक शत्रुओं जैसे चींटियों, छिपकलियों, सांपों, मेंढकों, टोडों, आदि से बचाने के लिए गड्ढे को भरने से पहले नीम आधारित कीटनाशकों का छिड़काव करें। टर्निंग्स और बाद में स्टेकिंग द्वारा गड्ढे में उचित नमी (60–70%), तापमान (18°–35° से.) बनाए रखें। 24 वें दिन, 4,000 केंचुएँ को बिना उलट पुलट किये छोड़ें। साधारणतया प्रति वर्ग मीटर 2000 केंचुएँ छोड़ते हैं। नियमित रूप से पानी पिलाने से पूरे कार्बनिक अवशेष कृमि उत्सर्जन के रूप में वर्मीकम्पोस्ट में बदल जायेंगे। वर्मीकम्पोस्ट का उत्पादन गड्ढे में समायोजित कुल सामग्री का 40–50 प्रतिशत तक होता है, मान लीजिए 1000 किग्रा कार्बनिक अवशेष गड्ढे में डाला है तो करीबन 400–500 किलो वर्मीकम्पोस्ट बनेगा। औसतन 1000 केचुएँ प्रति दिन 5 किलोग्राम कार्बनिक अवशेषों को परिवर्तित कर सकते हैं। साधारणतया 1000 केचुओं का वजन लगभग 1.0 किलोग्राम होता है (चित्र 4.3)।

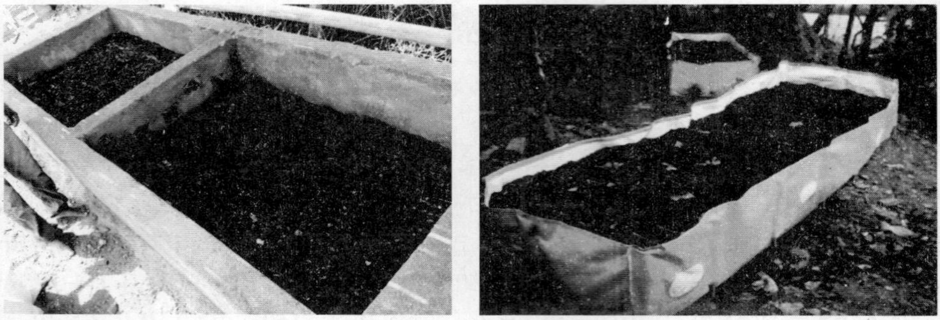

चित्र 4.3. वर्मीकम्पोस्ट गड्ढ़ा

4.1.3.4 वर्मीकम्पोस्ट को अलग करने की विधि (Method of Vermicompost Separation)

i. वर्मीकम्पोस्ट जब तैयार होने को हो तब एक सप्ताह पूर्व पानी का छिड़काव बन्द कर दें।

ii. कम्पोस्ट गड्ढे के ऊपर की सतह को न छेड़ें ताकि केंचुएँ नीचे की सतह में चले जायें।

iii. फिर ऊपर से खाद मिश्रण को इकट्ठा कर लें। यदि गड्ढे में फैले कुछ केंचुएँ गुत्था होकर गेंद आकार बना लें तो उनकों एक बाल्टी में अलग रख दें।

iv. इकट्ठे किये गये मिश्रण को 2 मि.मी. की छलनी से छान लें। जो पदार्थ नीचे आ जाता है वह वर्मीकम्पोस्ट कहलाता है। इसे पोलीथीन की थैलियों में भरकर संग्रहीत करलें।

v. कम्पोस्ट को ऊपरी सतह से इकट्ठा कर लेने के बाद वापिस उसी गड्ढे में अवशेष/जैव अवशिष्ट भर दें।

vi. लकड़ी के बक्से या ईंट के कॉलम आदि में भी इसी तरह से वर्मी कम्पोस्ट तैयार किया जा सकता है। खेत में ही वर्मीकम्पोस्टिंग करने के लिए वर्मीकम्पोस्ट 5 टन प्रति हेक्टेयर डालें व उसके ऊपर (2.5 सेमी मोटी गोबर की परत) लगायें बाद में उसके ऊपर जैविक अवशेष की एक परत 15 सेमी मोटी लगायें। 15 दिनों के अंतराल पर पानी देते रहें।

4.1.3.5 पोषक तत्त्व संरचना (Nutrient Composition)

वर्मीकम्पोस्ट की औसत पोषक तत्त्व संरचना निम्नानुसार तालिका 4.2 में दी गई है–

तालिका 4.2. वर्मीकम्पोस्ट में पोषक तत्त्व मात्रा

क्रं.सं.	पोषक तत्त्व	मात्रा
1	जैविक कार्बन	9.15 to 17.98%
2	कुल नत्रजन	1.5 to 2.10%
3	कुल फॉस्फोरस	1.0 to 1.50%
4	कुल पोटेशियम	0.60%
5	केल्सीयम व मेग्नीशियम	22 to 70 मि. ग्राम. / 100 ग्राम
6	प्राप्य गंधक	128 to 548 पीपीएम
7	ताम्बा	100 पीपीएम
8	लौहा	1800 पीपीएम
9	जस्ता	50 पीपीएम

सावधानियाँ (Precautions)

i. वर्मीकम्पोस्ट के गड्ढे या ढ़ेर को प्लास्टिक शीट से न ढ़कें।

ii. वर्मीकम्पोस्ट के ढ़ेर को क्षमता से अधिक न भरें अन्यथा तापमान बढने से केंचुएँ की संख्या पर प्रतिकूल प्रभाव पड़ता है।

iii. सूखे की स्थिति में केचुएँ मर जाते हैं और जल भराव उन्हें दूर भगाता है इसलिए गर्मी में हर दिन व बरसात और सर्दियों में हर तीसरे दिन पानी देना चाहिए।

iv. अधिक मात्रा में अम्लीय पदार्थों को कम्पोस्ट पिट में नहीं डालना चाहिए।

v. बारिश के मौसम में विशेष रूप से उच्च वर्षा वाले क्षेत्रों में पानी के ठहराव से बचने के लिए ढेर के चारों और एक जल निकास नाली अवश्य बनाएँ।

vi. कम्पोस्टिंग के लिए उपयोग किये जाने वाले जैविक अपशिष्टों/सामग्री नहीं सड़ने वाले पदार्थों से मुक्त होनी चाहिए।

लाभ (Advantages)

i. वर्मीकम्पोस्ट पोषक तत्त्वों, विटामिन्स, एंजाइम्स, एंटीबायोटिक्स और वृद्धि हार्मोन्स का एक समृद्ध स्रोत है, इसलिए यह पौधों की रोग प्रतिरोधक क्षमता बढाता है। वर्मीकम्पोस्ट में पोषक तत्त्वों की मात्रा पारंपरिक खादों की तुलना में अधिक है। यह एक मूल्यवान मिट्टी संशोधन है।

ii. वर्मीकम्पोस्ट जीवाणुओं की आबादी को बढ़ाता है जो नत्रजन स्थिरीकरण और घुलनशील बनाने में मदद करते हैं। इसके प्रयोग से दलहनी फसलों की जड़ों में गाँठें अधिक बनती है व सहजीविता माइकोराईजा का जड़ों के साथ सम्बन्ध बढ़ता है।

iii. अन्य कृत्रिम बढवार मीडिया की तुलना में वर्मीकम्पोस्ट की श्रेष्ठता नर्सरी पौधों में स्पष्ट दिखती है। इसका उपयोग जड़ माध्यम (rooting medium) के रूप में व नर्सरी पौधों की स्थापना के लिए किया जा सकता है।

iv. यह उपज के स्वाद व चमक को लम्बे समय तक बनाये रखने की क्षमता को बढ़ाता है।

v. इससें प्रोटीज, लाइपेज, एमाइलेज, सेल्युलेज और काईटीनेज जैसे एंजाइम्स होते हैं जो मिट्टी में कृषि अवशेषों के जैव क्षरण के कार्य को जारी रखते हैं व सूक्ष्मजीव के आक्रमण में तेजी आती है।

vi. यह दुर्गंध नहीं देता है क्योंकि यह खाद्यों और क्षयकारी जैविक अपशिष्टों से जुड़ा होता है।

4.1.4 वर्मीवाश (Vermiwash)

केंचुओं द्वारा छोड़े गये अवशिष्ट तरल पदार्थ को वर्मीवाश कहते हैं। यह अत्यन्त ही उपजाऊ एवं पौध वृद्धि उत्प्रेरक में विशेष सहायक होता है। दूसरे शब्दों में वर्मीवाश एक तरल खाद है जो कि केंचुओं के अवशिष्ट पदार्थ व म्यूकस स्त्राव का मिश्रण है। इसका पौधों की पत्तियों पर छिड़काव किया जाता है। यह पौधों की वृद्धि को बढ़ाकर उत्पादन बढ़ाने में महत्त्वपूर्ण भूमिका निभाता है एवम् पौधों को रोगों से बचाकर रखता है। यह एक साफ, पारदर्शी पीले रंग का द्रव होता है। वर्मीवाश मिश्रण नर्सरी, लॉन एवम् बगीचों में छिड़कने से अच्छे परिणाम प्राप्त होते हैं।

वर्मीवाश बनाने के लिए 40 लीटर प्लास्टिक की बाल्टी या केन लेकर उसमें निम्न प्रकार से भरा जाता है।

i. ईंट के छोटे टुकड़े या छोटे–छोटे पत्थर – 5 इंच

ii. मोटी रेत/बालू – 2 इंच

iii. मिट्टी – 3 इंच

iv. पुराना खाद/गोबर –9–12 इंच

v. घास का आवरण – 1.0 – 1.5 इंच

बाल्टी/केन में नीचे एक छोटा छेद करते हैं जिससे वर्मीवाश एकत्रित किया जाता है। इस तरह बाल्टी/केन को भरकर उसमें लगभग 200 से 300 केंचुएँ छोड़ देते हैं। वर्मीवाश की बाल्टी छायादार जगह में रखी जाती है। प्रतिदिन इसमें

हल्का–हल्का पानी छिड़कते रहना चाहिए। 30 दिनों तक बाल्टी के नीचे के छिद्र को अस्थायी रूप से बन्द कर दिया जाता है। इस के बाद इस छिद्र को खोलकर उसके नीचे बरतन रखा जाता है जिसमें वर्मीवाश एकत्र किया जाता है। वर्मीवाश की बाल्टी में 4–4 घन्टे के अन्तर पर दिन में लगभग 4–5 बार हल्के–हल्के पानी का छिड़काव किया जाता है। बाल्टी के छिद्र के नीचे के साथ बर्तन में बूँद–बूँद पानी एकत्रित होता रहता है (चित्र 4.4)।

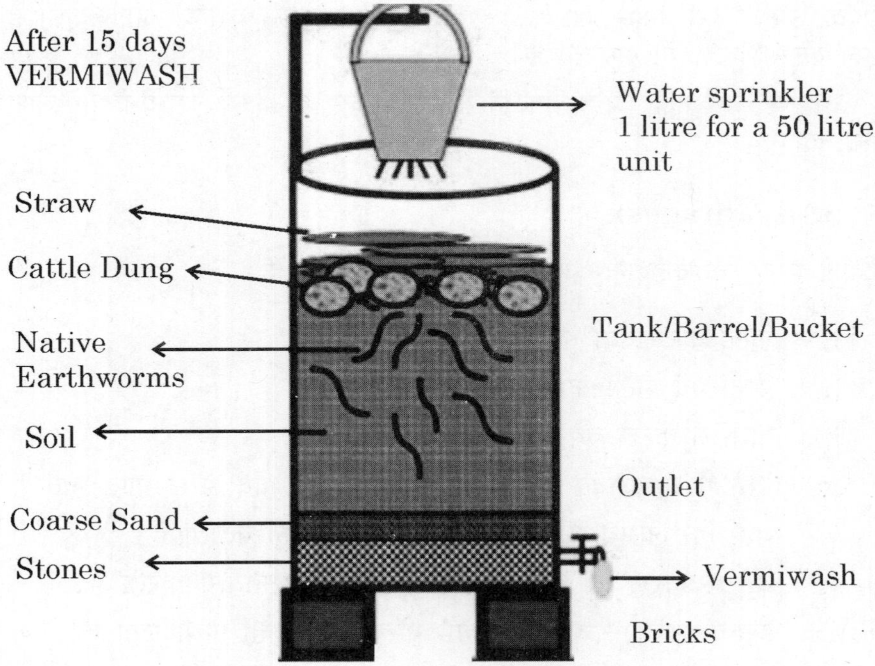

चित्र. 4.4. वर्मीवाश बनाने के विधि।

4.1.4.1 वर्मीवाश का सिद्धान्त (Principle of Vermiwash)

वर्मीवाश मूलतः केंचुओं के पसीना और मूत्र को एकत्र करने की पद्धति है। 30 दिन तक केंचुएँ बाल्टी या केन में सतत ऊपर से नीचे चलन करते हैं। सामान्य रूप से केंचुएँ रात में भोजन लेने के लिए ऊपर आते हैं एवम् दिन में नीचे चले जाते हैं। इस प्रकार केंचुओं के लगातार चलन से कम्पोस्ट के बेड में छोटी–छोटी बारीक नलिकाऐं बन जाती है। केंचुएँ इन नलिकाएँ से होकर गुजरते हैं तब केंचुएँ के शरीर के ऊपरी सतह से निकलते वाला स्त्राव जिसे मूत्र अथवा पसीना कहा जा सकता है, वह इन नलिकाओं में चिपक जाता है। जब ऊपर से डाला गया बूंद–बूंद पानी इन नलिकाओं में से होकर गुजरता है तब इन केंचुओं द्वारा निष्कासित स्त्राव को धोते हुए निकलता है। इस तरह जो पानी नीचे एकत्र होता है उसमें केंचुएँ के पसीने अथवा मूत्र का मिश्रण होता है।

4.1.4.2. वर्मीवाश का उपयोग (Use of Vermiwash)

वर्मीवाश का उपयोग पौधे के लिए टॉनिक के रूप में किया जा सकता है। इस वर्मीवाश का उपयोग कीटनाशक के रूप में भी किया जा सकता है। प्रयोगों के आधार पर वर्मीवाश के उपयोग से फसलों में वृद्धि एवम् दानों की गुणवत्ता भी सुधरती है। इसका प्रयोग 15 लीटर पानी में 200–400 मिली प्रति एकड़ (फसल अनुसार) करना चाहिए। बाजार में उपलब्ध पौधा टॉनिक से तुलना करने पर वर्मी वाश के उपयोग से 400–500/– रु. प्रति लीटर इससे बचाया जा सकता है और फसल की गुणवत्ता भी सुधरती है।

विशेष: वर्मीवाश का प्रयोग किसी भी प्रकार के अन्य रसायनों के साथ नहीं करना चाहिए।

लाभ (Advantages)

वर्मीवाश प्रयोग के कई लाभ हैं जिनमें से मुख्य निम्न हैं :

i. फूलों की संख्या बढ़ जाती है।

ii. दानों एवं फलों का आकार बढ़ जाता है।

iii. पौधों में कल्ले एवम् जड़ें बढ़ जाती है।

iv. दाने में चमक बढ़ जाती है जिससे बाजार भाव अच्छे प्राप्त होते हैं।

v. यह कम लागत में भूमि की उर्वरा शक्ति को बढ़ाता है।

vi. यह पर्यावरण को पूर्णतया स्वस्थ बनाने में सहयोग करता है।

vii. इसके प्रयोग से पौधों में कोई भी कुप्रभाव नहीं पाया गया है।

viii. इसके उपयोग से ऊर्जा की बचत होती है।

ix. इससे उत्पादित उत्पाद स्वादिष्ट होता है।

x. इसके उपयोग से कीटनाशक, फफूँदीनाशक आदि का प्रयोग कम किया जाता है जिससे उत्पादन लागत में कमी आती है।

4.1.5 हरी खाद बनाना (Green Manuring)

भूमि की भौतिक दशा एवम् उर्वराशक्ति को सुधारने के लिए खेत की वानस्पतिक सामग्री को अधिकतर हरे दलहनीय पौधों को उसी खेत में उगाकर हरी अवस्था में ही मिट्टी पलटने वाले हल से जुताई करके मिट्टी में दबाने के कार्य को हरी खाद देना कहते हैं। हरी खाद के लिए खेत के बाहर उगे हुए पेड़ पौधों की हरी पत्तियों व टहनियों आदि का संग्रह करके भी प्रयोग करते हैं।

लाभ (Advantages)

i. यह मिट्टी में कार्बनिक पदार्थ बढ़ाता है व मिट्टी के सूक्ष्म जीवों की गतिविधि को उत्प्रेरित करता है।

ii. यह मृदा की संरचना में सुधार करता है।

iii. यह अपवाह व मिट्टी के क्षरण को कम करता है और मिट्टी में वर्षा जल के प्रवेश को सुगम बनाता है।

iv. यह पौधों के पोषक तत्त्वों को धारण करता है तथा उनकी निक्षालन (leaching) को भी रोकता है।

v. हरी खाद वाली दलहली फसलें मिट्टी में 60–100 किग्रा प्रति हेक्टेयर तक नत्रजन का स्थिरीकरण करती है।

vi. यह पौधे के पोषक तत्त्वों जैसे फॉस्फोरस, केल्सियम, पोटेशियम, मेग्नीशियम व लोहे की उपलब्धता को बढ़ाता है।

हानियाँ (Disadvantages)

i. वर्षा आधारित परिस्थितियों में यदि हरी खाद की फसल को खेत में पलटने के बाद पर्याप्त वर्षा नहीं हो तो उसके अपघटन को प्रभावित कर सकता है और इससे बाद में बोई जाने वाली फसल के अंकुरण पर विपरीत प्रभाव पड़ सकता है। दीमक का प्रकोप भी बढ़ सकता है।

ii. फसल चक्र में एक फसल का नुकसान होता है इसलिए हरी खाद हमेशा फायदेमन्द नहीं हो सकती है।

iii. हरी खाद की फसल उगाने की लागत उर्वरकों की लागत से अधिक हो सकती है।

iv. इसमें फसल की बीमारियों, कीटों व सूत्रकृमि के प्रकोप में वृद्धि हो सकती है।

4.1.5.1 एक आदर्श हरी खाद फसल में वांछित विशेषताएँ (Desirable Characteristics in an Ideal Green Manure Crop)

i. फसल कम अवधि व तेजी से बढने वाली पोषक तत्त्वों के संचय की क्षमता रखती हो।

ii. दलहली फसल जिसमें नत्रजन स्थिरीकरण के लिए गाँठें बनाने की उच्च क्षमता हो।

iii. पानी की कम आवश्यकता हो।

iv. कम उपजाऊ मिट्टी पर भी अच्छी तरह से विकसित हो सके।

v. गहरी जड़ें, जो मिट्टी की निचली सतहों तक जा सकती हो व निचली स्तरों से पोषक तत्त्व ले सकती हो।

vi. पत्तेदार प्रकृति हो व अपने जीवन काल के प्रारम्भ से ही अधिक बढ़वार हो।

vii. फसल पौधे में गैर रेशेदार उत्तक अधिक हो व उसमें नमी व पोषक तत्त्व अच्छी मात्रा में हो ताकि तेजी से उसका विघटन हो सके।

4.1.5.2 हरी खाद के प्रकार (Types of Green Manuring)

हरी खाद दो प्रकार से की जाती है, एक़ हरी खाद है, खेत में ही हरी खाद की फसल उगाकर जोतना व और दूसरी पेड़ों की हरी पत्तियाँ शाखाएँ लाकर खेत में मिलाना। दोनों का विवरण नीचे दिया गया है –

(अ) खेत में ही हरी खाद उगाकर जोतना (Green Mauring In-situ)

इस प्रणाली में हरी खाद की फसलों को उसी खेत में उगाया जाता है जिनमें खाद देनी होती है। इसके लिए या तो शुद्ध फसल के रूप में या मुख्य फसल के साथ अन्तर्शस्य के रूप में उगाते हैं। भारत में खेत में हरी खाद की फसल स्थानीय परिस्थितियों के अनुरूप विभिन्न तरीकों से उगाई जाती है। हरी खाद के उचित अपघटन के लिए यह आवश्यक है कि हरी खाद की फसल मुलायम हो, मिट्टी में पर्याप्त नमी हो व फसल में कार्बन : नत्रजन का अनुपात कम (narrow) हो। हरी खाद का यह तरीका उत्तरी भारत में बहुतायत से अपनाया जाता है। हरी खाद की मुख्य फसलें है ढैंचा, सिसबेनिया, सनई, जंगली इंडिगो, इंडिगो और पैलीपेसारा इत्यादि। वैसे कहीं कहीं ग्वार व चंवला को भी हरी खाद की फसल के रूप में उगाया जाता है।

हरी खाद के लिए उगाई जाने वाली मुख्य फसलों की खेती के तरीकों के बारे में संक्षिप्त जानकारी निम्नानुसार दी गई है –

(i) ढैंचा (*Sesbania aculeata*)

यह शीघ्रता से उगने वाली मुलायम हरी खाद की फसल है। यह दोमट व चिकनी मिट्टी के लिए उपयुक्त है। ढैंचा एक आदर्श हरी–खाद की फसल है जो विभिन्न फसल प्रणालियों में समायोजित हो जाती है। यह सूखे व पानी भराव की परिस्थितियों में काफी प्रतिरोधी है। क्षारीय मृदा में भी यह फसल अच्छी तरह से बढ़ती है और यदि 4–5 वर्षों तक लगातार उगाई जाये तो क्षारीयता को भी कम करती है। इसकी जड़ों में बहुत सारी गाँठें होती है जो नत्रजन स्थिरीकरण करती है। यह 2–5 महीनों में ही अच्छी वृद्धि करती है व प्रति हेक्टेयर करीबन 10 से 20

टन हरी खाद पैदा करता है। वृद्धि के तीन महीने बाद यह सख्त और रेशेदार हो जाती है। शुद्ध फसल के रूप में इसके लिए 25–30 किग्रा प्रति हेक्टेयर की दर से बीज की आवश्यकता होती है।

(ii) सीथागथी (*Sesbania speciosa*)

यह आर्द्रभूमि के लिए एक मूल्यवान हरी खाद है इसे विभिन्न तरह की मिट्टियों में उगाया जा सकता है। चावल के खेतों में सिसबेनिया के उगाने के विभिन्न तरीके प्रचलित हैं। चावल की फसल की कटाई के तीन से पाँच दिन पहले, 50 किलोग्राम प्रति हेक्टेयर की दर से बीज को छिड़क कर बोया जाता है। फसल की कटाई के दौरान मजदूरों के रौंदने से इसके बीज मिट्टी में दब/मिल जाते हैं। उपलब्ध मिट्टी की नमी से सिसबेनिया के बीज अंकुरित हो जाते हैं। अन्य तरीकों में, खेत की जुताई के बाद, सिसबेनिया के बीज 35–50 किलोग्राम प्रति हेक्टेयर की दर से छिड़क कर बुवाई करते हैं। सिंचित फसल में पौधों की सघनता अच्छी होती है। जहाँ चावल की दो फसलें ली जाती है, वहाँ हरी खाद के लिए सिसबेनिया की 21 दिन की पौध को खेती की बाड़ की मेड़ों पर 5–10 सेमी की दूरी पर रोपाई की जाती है। यह फसल लगभग 90 दिनों में प्रति हेक्टेयर करीबन 2–4 टन हरी खाद का उत्पादन करती है। यह चावल की पैदावार को किसी भी तरह प्रभावित नहीं करती है। यदि पहली फसल के तुरन्त बाद दूसरी चावल की फसल लगानी हो तो उससे पहले इस हरी खाद को खेत में मिला दी जाती है। इसके लगभग 300–400 ग्राम बीज से नर्सरी में जो रोप तैयार होती है वह एक हेक्टेयर जमीन पर लगाने के लिए पर्याप्त है।

(iii) सिसबेनिया (*Sesbania rostrata*)

यह एक जलीय फलीदार फसल है जिसमें तने और जड़ों दोनों पर गाँठे होती है। जल भराव की स्थिति में तने पर गाँठे हो जाती है क्योंकि जल भराव में पौधों का विकास सीमित होता है और जड़ों में गाँठें भी कम बनती है। सामान्य परिस्थितियों में जड़ों एवम् तनेवाली दोनों गाँठे नत्रजन स्थिरीकरण में प्रभावी हैं। शुद्ध फसल उगाने के लिए सामान्य बीज दर 30 से 40 किलोग्राम प्रति हेक्टेयर है। प्रारम्भिक एक समान अंकुरण व ओजपूर्वक पौध प्राप्त करने के लिए बीज को 15 मिनट के लिए सान्ध्र गंधक के तेजाब के साथ उपचारित करना पड़ता है। इस फसल से 50–60 दिनों में एक हेक्टेयर से करीबन 40–50 टन हरी खाद का उत्पादन हो सकता है। शुष्क भार के आधार पर इसमें नत्रजन की मात्रा करीबन 3.5 प्रतिशत तक होती है। सर्दियों (दिसम्बर–जनवरी) की तुलना में गर्मियों (अप्रैल–जून) के दौरान हरी खाद (जैव पदार्थ) का उत्पादन अधिक होता है। इस हरी खाद की फसल की 30 दिन पुरानी रोपणी को मेडों पर या चावल की फसल में अन्तर्शस्य करके भी लिया जा सकता है।

(iv) सनई (*Crotolaria juncea*)

यह एक तेजी से बढ़ने वाली हरी खाद की फसल है व बुवाई के बाद लगभग 45 दिनों में मिट्टी में पलटने के लिए तैयार हो जाती है। इसके उगाने के लिए दोमट और भारी मिट्टी अच्छी रहती है। यह भारी सिंचाई या निरन्तर जल भराव को सहन नहीं कर सकती है। इसकी बुवाई के लिए प्रति हेक्टेयर बीज दर 25–40 किग्रा है। यह फसल पर्यावरणीय परिस्थितियों और फसल कटाई की अवधि के आधार पर लगभग 10–20 टन हरी खाद प्रति हेक्टेयर पैदा कर सकती है।

(iv) जंगली इंडिगो (*Tephrosia purpurea*)

यह धीमी गति से बढ़ने वाली हरी खाद की फसल है जिसे मवेशी चरना पसंद नहीं करते हैं। इसको उगाने के लिए हल्की मिट्टी जहाँ एकल फसल उगाई जाती हो उपयुक्त है। यदि इस फसल को एक ही खेत में दो से चार बार बो दिया गया हो तो बाद के वर्षों में वह स्वयं उग जाती है व नए सिरे से बीज बोने की जरूरत नहीं होती है। इस फसल से एक हेक्टेयर क्षेत्र से औसतन लगभग 3–4 टन हरी खाद प्राप्त की जा सकती है। इसकी बुवाई के लिए बीज दर 30–40 किग्रा प्रति हेक्टेयर है। इसके बीजों के ऊपर एक सख्त परत होती है जिसे खुरचना पड़ता है ताकि अकुंरण अच्छा हो। दो तीन मिनट के लिए उबलते पानी में बीजों को भिगोने से भी अंकुरण प्रतिशत बढता है।

(v) इंडिगो (*Indigofera tunctoria*)

जो एक बहुवर्षीय झाड़ी है। यह जंगलों व खेतों में पाई जाती है। यह दो प्रकार की होती है जो एक दूसरे से काफी मिलती जुलती है एक मद्रास इंडिगो और दूसरी बंगाल इंडिगो है। इसे चिकनी मिट्टी में एक या दो सिंचाईयों के साथ अच्छी तरह उगाया जा सकता है। इसकी बुवाई के लिए बीज की दर 25 से 30 किलोग्राम प्रति हेक्टेयर है। इससे हरे खाद की उपज करीबन 10–12 टन प्रति हेक्टेयर होती है।

(vi) पैलीपेसारा (*Pharseolus trilobus*)

यह एक दोहरी उद्देश्य वाली फसल है जो मवेशियों के लिए अच्छा चारा और हरी खाद देती है। पैलीपेसारा गर्मी के मौसम में जहाँ पर्याप्त नमी हो आसानी से उगाई जा सकती है। दोमट या चिकनी मिट्टी इसके लिए सबसे अच्छी होती है। इसके आरंभिक विकास के लिए शुरू में खेत में पर्याप्त नमी आवश्यक है। इस फसल को बढ़वार के समय एक या दो सिंचाइयाँ दी जाये तो अच्छी पैदावार मिलती है। पशुओं के चारे के लिए इसकी एक या दो कटाई या हल्की चराई के बाद इसे मिट्टी में मिलाया जा सकता है। इसकी बुवाई के लिए बीज दर 20–25 किग्रा प्रति हेक्टेयर है। एक हेक्टेयर क्षेत्र से लगभग 8–10 टन हरी खाद प्राप्त की जा सकती है।

(ब) हरी पत्ती खाद (Green Leaf Manuring)

हरी पत्ती खाद का अर्थ है बंजर भूमि पर खेत की मेड़ों व आसपास के वन क्षेत्रों पर उगी झाड़ियों और पेड़ों से एकत्र हरी पत्तियों व टहनियों को मिट्टी में मिलाना। बंजर भूमि पर कई फलीदार व गैर फलीदार पेड़ व झाड़ियाँ इस उद्देश्य के साथ उगाये जाते हैं कि उनकी पत्तियों को हरी खाद के रूप में प्रयोग किया जायेगा। हरी पत्ती खाद की प्रथा ज्यादातर पूर्वी और मध्य भारत में प्रचलित है। हरे पत्तों की खाद बनाने के लिए उपयोग किए जाने वाले सामान्य झाड़ियों और पेड़ों को निम्नानुसार वर्णित किया गया है –

(i) गलीरीसीडीआ (*Glyricidia maculata*)

यह एक झाड़ीदार पौधा है जो नम परिस्थितियों में अच्छी तरह पनपता है। अनुकूल परिस्थितियों में इसकी बढ़वार अच्छी होती है व पेड़ बन जाता है। इसे आसानी से बंजर भूमि, खेत की सड़क के किनारे, खेत की मेड़ों आदि पर उगाया जा सकता है। इसकी फसल को खेत पर लगे पौधों की कलम या रोप द्वारा लगाया जा सकता है। हरे पत्तों व मुलायम टहनियों के लिए इसकी छँटाई की जा सकती है। प्रत्येक पौधे से करीबन 12–15 किलोग्राम हरी पत्तियाँ प्राप्त होती है। परिधीय मेडों पर लगाये गये लगभग 400 पौधे प्रति हेक्टेयर से 5–6 टन हरी पत्तियां प्राप्त होती है। रोपण के बाद दो साल के भीतर पौधे काँट–छाँट के लिए तैयार हो जाते हैं। इस की वर्ष में दो से तीन बार छँटाई की जा सकती है। जब झाड़ियों की नियमित रूप से कटाई–छँटाई की जानी हो तो झाड़ी की ऊँचाई करीबन 2–3 मीटर तक सीमित कर दी जाती है ताकि उसकी छाया का खेत में उगाई जाने वाली फसलों पर कोई विपरीत प्रभाव न पड़े।

(ii) करंज (*Pongamia glabra*)

यह एक फलीदार वृक्ष है जो तटीय जंगल, नदी के किनारों, तालाब की मेड़ों, बंजर भूमि व सड़क के किनारों पर उगता है। इसके पेड़ लगाने के लिए तीन महीने पुराने पौधे 4–5 मीटर की दूरी पर लगाये जाते हैं। बंजर भूमि में उगे पेड़ों पर साल में एक या दो कर्तन ली जा सकती है। औसतन एक पेड़ से 100–120 किलोग्राम हरी पत्तियाँ मिलती है। पतियों में लगभग 3.7 प्रतिशत नत्रजन (सूखे वजन के आधार पर) होती है।

(iii) नीम (*Azadirachta indica*)

यह एक स्वदेशी वृक्ष है जिसकी व्यापक अनुकूलशीलता है। इसमें बहुतायत से शाखाएँ निकालने की प्रकृति है व यह काफी मात्रा में हरी खाद के लिए पत्तियाँ देता है। यह सभी प्रकार की मिट्टियों में उगाया जा सकता है। इसके पेड़ों के 5–6 मीटर की दूरी पर खेत की सीमाओं, नदी के किनारों, सड़कों, बंजर भूमि आदि पर उगाया जा सकता है। चावल उगाने वाले क्षेत्रों में इसकी हरी पतियों को बुवाई के

समय खाद के रूप में मिट्टी में मिला दिया जाता है। एक वर्ष में अनुकूल मौसम के अनुसार एक या दो बार कर्तन की जा सकती है व लगभग 150 से 200 किलोग्राम पत्तियाँ प्रति पेड़ प्राप्त की जा सकती हैं।

(iv) आइपोमिया (*Ipomea cornea*)

यह एक त्वरित बढने वाला बहुशाखायी अत्यधिक सूखा प्रतिरोधी क्षमता वाली झाड़ी है। यह कम समय में प्रचुर मात्रा में हरी पत्तेदार खाद देता है। इसको खेत पर लगे परिपक्व पौधों से कलम लेकर लगाया जा सकता है। इसके लिए 0.3 मीटर लम्बी तने (शाखा) की कलम जिसमें तीन या चार गाँठों वाली कक्षवर्ती कलिका को नालियों और बाड़ के साथ 1 से 2 मीटर की दूरी पर लगाया जाता है। एक हेक्टेयर क्षेत्र में 1800–2000 कटिंग को समायोजित किया जा सकता है। इसकी एक वर्ष में दो से तीन बार कटाई की जा सकती है। प्रत्येक पौधा प्रति कर्तन लगभग 5 से 7 किलोग्राम हरी खाद पत्ती देता है।

(v) कैसिया (*Cassia auriculata*)

यह एक बहुत ही सामान्य पौधा है, जो जंगलों में, बंजर भूमि, पहाड़ी ढलानों, समुद्री तटों आदि में पाया जाता है। यह जलवायु की प्रतिकूल परिस्थितियों में स्वतः ही उग जाता है। इसका प्रसारण बीज के माध्यम से होता है। इसके बीज बिखर जाते हैं व पौधे बिना किसी प्रयास के स्वाभाविक रूप से ही विकसित हो जाते हैं। जब पौधे में फूल आने लगते हैं, तब उन्हें काटकर खेतों में हरी खाद के रूप में मिलाया जाता है।

(vi) पोरटिया (*Thespesia populnea*)

यह भी हमेशा हरा रहने वाला पेड़ है जो सभी तरह की मिट्टियों में आसानी से उगाया जा सकता है। यह पेड़ ज्यादातर उद्यानों में, उद्यान क्षेत्रों में व बंजर भूमि में उगाया जाता है। इसका प्रसारण तने की कलम से किया जाता है। इसकी कलम 4–5 मीटर दूरी पर लगाई जाती है। यह बहुत जल्दी स्थापित हो जाता है व इसमें शाखाएँ होती है। अनुकूल मौसम के दौरान एक वर्ष में दो या तीन कर्तन (loppings) ली सकती हैं। एक पेड़ से प्रति कर्तन 100 से 150 किलोग्राम हरी पत्तियाँ मिलती है।

4.1.5.3 निगमन की अवस्था (Stage of Incorporation)

खेत में उगाई हरी खाद की फसल के निगमन करने का सबसे अच्छा समय फसल की फूल आने की अवस्था है। ध्यान रहे कि हरी पत्ती खाद की फसल को परिपक्व होने से पहले जब मुलायम हो तभी जुताई कर खेत में मिला दें। बहुत कम उम्र में भी पौधों को निगमन नहीं किया जा सकता है क्योंकि वे बहुत आसानी से विघटित हो जायेंगे व मिट्टी में बहुत थोड़ा ही अवशेष छोड़ेगें जिससे हरी खाद का उद्देश्य पूरा नहीं होता है।

4.1.5.4 निगमन का समय (Time of Incorporation)

हरी खाद की फसल को मुख्य फसल उगाने से पहले जुताई कर खेत में मिलाया जाता है। आमतौर पर लगभग छः से आठ सप्ताह का समय इसके सड़न/विघटन के लिए पर्याप्त माना जाता है। बगीचों में चाय, गन्नें आदि की फसलों में हरी खाद की फसल को मुख्य फसल के रोपण के साथ ही उगाया जाता है और इसमें मिट्टी चढाने या निराई गुडाई के समय 40– 50 दिनों की वृद्धि के बाद भूमि में मिला दिया जाता है।

4.1.6 फसल अवशेष (Crop Residues)

फसल अवशेषों के योगदान की आमतौर पर अनदेखी की जाती है। जबकि फसल अवशेष में काफी मात्रा में पोषक तत्त्व होते हैं। पोषक तत्त्वों की मात्रा फसल विशेष पर निर्भर करती है। फसल अवशेषों द्वारा मिट्टी में मिलने वाले पोषक तत्त्वों की मात्रा का आंकलन करके, जैविक खादों की मात्रा को कम किया जा सकता है।

भारी मात्रा में कृषि अपशिष्ट उपलब्ध हैं, आवश्यकता इस बात की है कि उन्हें औद्योगिक उद्देश्यों के लिए ठीक से उपयोग करना या मिट्टी की उर्वरता बढाने के लिए पुनः उपयोग करना। कृषि सम्बन्धी अवशेष जैसे धान के पुआल, चावल की भूसी, जूट, कपास, अरहर, सरसों के डंठल, गेहूँ का भूसा, मूंगफली के छिलके, मक्के का भूसा, गन्ने के छिलके इत्यादि को खेतों में ही छोड़ दिया जाता है जो कई पारिस्थितिकी समस्याएँ पैदा करता है। इस तरह का अपशिष्ट अवशेष फसलों में बीमारियों और कीटों को फैलाने में मदद करता है। उदाहरण के लिए कपास के डंठलो को खेत में छोड़ने से यह बाद में उगाई जाने वाली फसलों में कीटों के प्रकोप को बढ़ाता है। इसी तरह किसानों द्वारा अपने खेतों में धान के पुआल को जलाने से बहुत धुआँ निकलता है जो वायु प्रदूषण करता है व जिससे श्वसन सम्बन्धी बीमारियों में बढ़ौतरी होती है।

औद्योगिक अवशेष जैसे चावल का छिलका, बगास, प्रेस मड, कपास की धूल (dust), पशु वध, घर के कचरे, मल, समुद्री अवशेष, शहर का कचरा आदि से लगभग 4.72 मिलियन टन के बराबर नत्रजन, फॉस्फेट व पोटाश पोषक तत्त्व प्राप्त कर सकते हैं। अतः इन अपशिष्टों का यदि संतुलित उपयोग किया जाय तो कृषि उत्पादन बढ़ाया जा सकता है तथा ऊर्जा का एक बड़ा स्रोत बन सकता है।

भारत में प्रतिवर्ष लगभग 247 मिलियन टन कृषि सह–उत्पादों जैसे लकड़ी, गोबर और फसल के अवशेषों को भोजन पकानें की जरूरतों के कारण जला दिया जाता है। इस प्रकार ऊर्जा के इस विशाल स्रोत को पारिस्थितिकी तन्त्र में पुनर्नवीनीकरण नहीं किया जा सकता है, जब तक कि घरेलू खपत के लिए ऊर्जा का एक वैकल्पिक स्रोत प्रदान नहीं किया जाता है। बायो–गैस तकनीक खाना पकाने के लिए एक मूल्यवान ऊर्जा स्रोत प्रदान करने में मदद कर सकती है व साथ–साथ जैविक खाद का घोल एक मूल्यवान स्रोत के रूप में फसल में उपयोगी हो सकता है।

4.1.6.1 फसल अवशेषों की उत्पति (Generation of Crop Residues)

फसल की कटाई के बाद बची हुई पत्तियों, डंठलों और जड़ों को फसल अवशेष के रूप में जाना जाता है। भारत सरकार के 2016 के आंकड़ों के आधार पर भारत में सालाना लगभग 500 मिलियन टन फसल अवशेष पैदा होते हैं। जिसमें अनाज, रेशेदार फसलें, तिलहन, दलहन और गन्ने के जैविक अवशेषों का उत्पादन क्रमशः 352, 66, 29, 13 और 12, मिलियन टन होता है (तालिका 4.3)। अनाज, वाली फसलों में चावल, गेहूँ, मक्का और मौटे अनाज के अवशेषों का योगदान 70 प्रतिशत तथा रेशेदार फसलों का योगदान करीबन 13 प्रतिशत है।

तालिका 4.3. भारत में फसल अवशेषों का औसत उत्पादन (2010–2014)

फसल	फसल अवशेष उत्पादन व अन्तर (मिलियन टन)
चावल	121.2 ± 17.04
गेहूँ	114.14 ± 11.56
अनाज	71.77 ± 7.09
दलहन	27.99 ± 3.14
तिलहन	33.04 ± 4.3
गन्ना	137.88 ± 8.18
कपास	11.4 ± 1.05
अन्य रेशेदार फसलें (जूट मेस्टा)	3.8 ± 0.47
कुल वार्षिक उत्पादन	**521.1 ± 52.83**

4.1.6.2 पर्यावरण प्रदूषण (Environmental Pollution)

आमतौर पर फसल की कटाईं के बाद बचे अवशेषों को मार्च से मई तक खेत में ही जला दिया जाता है। फसल अवशेषों को जलाने से ग्रीन हाउस गैसों (कार्बनडाइऑक्साइड, कार्बनमोनोऑक्साइड, मिथेन, नाइट्रस ऑक्साइड), एरोसोल्स, छोटे छोटे कण, धुआँ, वाष्पशील कार्बनिक यौगिक और रेडियोधर्मी गैस पर्यावरण प्रदूषण का प्रमुख स्त्रोत है इसलिए यह बहुत आवश्यक है कि इस बहुमूल्य पोषक तत्त्व के स्त्रोत के फसल उत्पादन के लिए विशेष तौर से जैविक कृषि में प्रयोग किया जाना चाहिए।

4.1.6.3 फसल अवशेषों का उपयोग (Utilization of Crop Residues)

फसल अवशेषों को जलाने पर प्रतिबन्ध लगाना तब तक फलदायी नहीं हो सकता, जब तक कि इसके मानव, पशु, मृदा स्वास्थ्य, फसल की जैव विविधता, सूक्ष्म और स्थूल–पर्यावरण आदि पर इसके नकारात्मक प्रभाव से सभी किसानों को अवगत न कराया जाय। इसके लिए फसल उत्पादकों को फसल अवशेषों की उपयोगिता व उनसे हो रहे नुकसान के बारे में प्रशिक्षित किया जाए। विस्तार गतिविधियों जैसे बातचीत, भाषण, दृश्य, प्रस्तुतिकरण, प्रकाशन आदि को शामिल किया जाना चाहिए। उदाहरण के लिए, पर्यावरण और जलवायु परिवर्तन पर एक वृत्तचित्र (documentry) जिसमें किस तरह फसल के अवशेषों को जलाने से जलवायु परिवर्तन पर प्रतिकूल प्रभाव पड़ता दिखाया जाना चाहिये। किसानों को प्रशिक्षित किया जाय कि किस तरह जैविक अवशेषों को संग्रह करना व उनका उपयोग जैसे बॉयलरों में ईंधन के रूप में, जैविक ईटें बनाना, खेत में ही कम्पोस्ट खाद बनाना, घास पलवार बनाना इत्यादि।

4.2 सान्द्रित जैविक खाद (Concentrated Organic Manures)

सान्द्रित जैविक खाद वे पदार्थ हैं जो प्रकृति में जैविक हैं और इनमें भारी (bulky) जैविक खादों की तुलना में आवश्यक पोषक तत्त्व जैसे नत्रजन, फॉस्फोरस और पोटाश बहुत अधिक मात्रा में होते हैं। ये सान्द्रित जैविक खाद जानवरों या पौधों के कच्चे माल से उत्पन्न होते हैं। आमतौर पर इस्तेमाल किए जाने वाले सान्द्रित जैविक खाद हैं जलीय खरपतवार, तिलहन, खली, मछली की खाद, पशु का सूखा रक्त, अस्थि चूर्ण, नाईट सोइल, स्लज, सिवेज इत्यादि।

4.2.1 खली की खादें (Oil-cakes)

देश में बड़ी संख्या में खली का उत्पादन किया जाता है। खलियों को दो श्रेणियों में बाँटा जा सकता है, (i) खाद्य खली–मवेशियों को खिलाने के लिए उपयुक्त और (ii) गैर–खाद्य खली–मवेशियों को खिलाने के लिए अनुपयुक्त है। खाद्य खली आमतौर पर मवेशियों को खिलाने के लिए काम में ली जाती है। फिर भी कुछ खाद्य खलियाँ किसान खेत में भी डालते हैं। खली एक त्वरित कार्यशील कार्बनिक पोषक तत्त्वों का स्रोत है जो खेत में प्रयोग के बाद लगभग 7 से 10 दिनों में ही पौधों को उपलब्ध हो जाते हैं। महुआ खली, हालाँकि एक अपवाद है, क्योंकि इसकी नत्रजन खेत में प्रयोग के लगभग दो महीने बाद तक भी उपलब्ध नहीं होती है। इसीलिए महुआ खली को फसल बुवाई से लगभग दो महीने पूर्व खेत में प्रयोग करना चाहिए व ध्यान रखें कि मिट्टी में नमी हो। यह खली फलों के पौधों और रोपण फसलों (plantation crops) के लिए उपयुक्त है। नत्रजन की मात्रा खली के प्रकार के साथ भिन्न–भिन्न होती है। महुआ खली में यह 2.5 प्रतिशत से लेकर कुसुम खली केक में 7.9 प्रतिशत तक होती है। नत्रजन के अलावा, सभी खलियों

में सूक्ष्म मात्रा में फॉस्फोरस (0.8 से 2.9%) व पोटाश (1.2 से 2.2%) भी होते हैं। विभिन्न गैर खाद्य और खाद्य खलियों की औसत पोषक तत्त्व मात्रा तालिका 4.4 में दी गई है।

तालिका 4.4. विभिन्न खलियों में औसतन पोषक तत्त्वों की मात्रा

खली	पोषक तत्त्व (%)		
	नत्रजन	फॉस्फेट	पोटाश
गैर खाद्य खलियाँ			
अरण्डी खली	4.3	1.8	1.3
कपास बीज खली (बिना छिले)	3.9	1.8	1.6
करंज खली	3.9	0.9	1.2
महुआ खली	2.5	0.8	1.2
कुसुम खली (बिना छिले)	2.9	1.4	1.2
खाद्य खलियाँ			
नारियल खली	3.0	1.9	1.8
कपास बीज खली (छिले हुए)	6.4	2.9	2.2
मूंगफली खली	7.3	1.5	1.3
अलसी खली	4.9	1.4	1.3
नाईगर खली	4.7	1.8	1.3
राई खली	5.2	1.8	1.2
कुसुम खली (छिले हुए)	7.9	2.2	1.9
तिल खली	6.2	2.0	1.2

खेत में प्रयोग के लिए खली को अच्छी तरह कूटकर चूर्ण बना लें ताकि वह खेत में समान रूप से प्रयोग किया जा सके व सूक्ष्मजीवों द्वारा आसानी से विघटित हो सकें। खली का प्रयोग बुवाई से कुछ दिन पहले या बुवाई के समय किया सकता है। मूंगफली खली का गन्नें की फसल में छिड़क कर भी प्रयोग किया जा सकता है। फसल के अनुसार खली को छिड़क कर, ऊरकर या मिट्टी चढाने के समय प्रयोग करें।

4.2.2 मांस खाद (Meat Meal)

एक वयस्क पशु के वध या मृत्यु के बाद 35 से 45 किलोग्राम मांस–खाद प्रदान कर सकता है। वर्तमान में भारत में बहुत ही सूक्ष्म स्तर पर मांस–खाद बनाया

जाता है। मांस खाद बनाने की प्रक्रिया बहुत ही सरल है। पहले हड्डियों और मांस को एक विशेष बर्तन में दो से तीन घंटे तक पकाया जाता है। फिर हड्डियों को मांस से अलग कर लिया जाता है। इस मांस को भूरभूरा होने तक बालू उष्मक (sand bath) पर सूखाया जाता है और फिर इसको पीस कर चूर्ण बनाया जाता है। चूर्ण को डबल–जैकेट ट्रे में भाप द्वारा एक घंटे के लिए सूखाया जाता है। मांस के पानी को सूखाने के लिए मांस निचोड़ने के यंत्र का भी उपयोग किया जा सकता है, और फिर सूखाया जाता है। मांस–खाद एक त्वरित उपलब्ध होने वाली खाद के रूप में सभी फसलों व सभी मिट्टियों में प्रयोग किया जा सकता है इसका प्रयोग खली के उपयोग के समान ही है। मांस–खाद में लगभग 10.5 प्रतिशत नत्रजन और 2.5 प्रतिशत फॉस्फेट होता है।

4.2.3 सूखा रक्त खाद (Blood Meal)

एक वयस्क पशु लगभग 14.0 किलोग्राम और एक बकरी या भेड़ लगभग 1.40 किलोग्राम रक्त देती है। रक्त एकत्रित करने के लिए बूचड़खानों को पक्के या कंक्रीट के फर्श के साथ एक केन्द्रिय नाली के साथ जोड़कर एक रक्त भंडारण टैंक में पहुँचाया जाता है। रक्त को सबसे पहले व्यावसायिक कॉपर सल्फेट 125 ग्राम प्रति 100 किलोग्राम रक्त के साथ उपचारित किया जाता है। फिर इसे सूखने के लिए बालू उष्मक (sand bath) पर वाष्पित किया जाता है। इसके बाद, इसे एक जाल द्वारा कंक्रीट के फर्श पर फैला कर धूप में सूखाया जाता है। जब यह पूरी तरह से सूख जाता है तो इसे पाउडर बनाकर थैलियों में भरकर इसका विपणन किया जाता है। सूखा रक्त खाद त्वरित पौधों को उपलब्ध होने वाला खाद है और सभी प्रकार की मिट्टियों में व सभी फसलों के लिए प्रभावी है। इसे खली की तरह उपयोग किया जाना चाहिए। सूखे रक्त खाद में 10 से 12 प्रतिशत नत्रजन और 1 से 2 प्रतिशत फॉस्फेट होता है।

4.2.4 मछली खाद (Fish Meal)

मछली खाद बनाने के लिए मछलियों के गैर खाद्य अवशेषों का उपयोग किया जाता है। मछली को पहले सुखाया जाता है, व फिर चूर्ण बनाकर थैलियों में भरा जाता है। मछली खाद या तो सूखी मछली के रूप में या पाउडर के रूप में उपलब्ध होता है। इसमें मौजूद पोषक तत्त्व मछली के भोजन के प्रकार के अनुसार भिन्न होते हैं। उपयोग करने से पहले इसका पाउडर किया जाना चाहिए। मछली खाद में 4 से 10 प्रतिशत नत्रजन, 3 से 9 प्रतिशत फॉस्फेट और 0.3 से 1.5 प्रतिशत पोटाश होता है।

4.2.5 सींग व खुर खाद (Horn and Hoof Meal)

एक पशु लगभग 3–4 किलोग्राम सींग और खुर देता है। खाद बनाने के लिए सींग व खुर को, हड्डी के पाचक (digester) में अच्छी तरह पकाया जाता है व उसके

बाद उसको सूखा कर पीसा जाता है। इस तरह के खाद में लगभग 13 प्रतिशत नत्रजन होती है।

4.3 जैव उर्वरक/जीवाणु खाद (Bio-fertilizers)

जैव उर्वरक या जीवाणु खाद ऐसे प्राकृतिक जीवाणुओं का समूह है जिनको लिग्नाइट धारक के माध्यम से वैज्ञानिक विधियों द्वारा तैयार कर पॉलिथिन थैलियों में बन्द कर बीज व भूमि उपचार के लिए उपलब्ध कराया जाता है जो वायुमंडलीय नत्रजन को अमोनिया में व भूमि में विद्यमान निष्क्रिय तथा अघुलनशील पादप पोषक तत्त्वों जैसे फॉस्फेट को उपयोग योग्य बनाकर पौधों को उपलब्ध कराने में सक्षम होते हैं। इसके अलावा भी जीवाणु खाद पौधों की बढ़वार को बढ़ावा देने वाले पदार्थों का संश्लेषण करते हैं व पौधे की वृद्धि को प्रोत्साहित करते हैं या पौधो की जड़ों के तन्तुओं से जोड़कर पौधे की जड़ों की पहुँच से दूर दूरस्थ स्थानों में उपलब्ध फॉस्फोरस, जिंक को इकट्ठा कर पौधों को उपलब्ध कराते हैं।

जैविक खेती में विभिन्न फसलों और फसल प्रणालियों के लिए एकीकृत पोषक तत्त्व प्रबन्धन रणनीति में जैव उर्वरकों को शामिल करना अत्यन्त महत्त्वपूर्ण है क्योंकि यह पोषक तत्त्वों के पूरक के रूप में फसल उत्पादन के लिए बहुत उपयोगी और लागत प्रभावी तकनीक है।

4.3.1 जीवाणु खादों का वर्गीकरण (Classifcation of Bio-fertilizers)

जीवाणु खादों को तीन श्रेणियों में विभक्त किया गया है : सहजीवी नत्रजन स्थिरीकरण, गैर–सहजीवी नत्रजन स्थिरीकरण मुक्त जीवी जीवाणु एवम् अन्य जीवाणु खाद।

4.3.1.1 सहजीवी नत्रजन स्थिरीकरण (Symbiotic Nitrogen Fixation)

इसमें राइजोबीयम कुल से सम्बंधित बैक्टीरिया फलीदार फसलों के साथ वायुमंडलीय नत्रजन के स्थिरीकरण में सक्षम हैं। राइजोबियम जीवाणु मेजबान पौधों (host plants) की जड़ों में प्रवेश करके जड़ों की सतह पर गाँठें बनाते हैं। ये बैक्टीरिया कार्बोहाइड्रेट और पानी के लिए मेजबान पौधों पर निर्भर रहते हैं व बैक्टीरिया इसके एवज में मेजबान पौधो को नत्रजन की आपूर्ति करते हैं। राइजोबियम द्वारा स्थिरीकरण की गई नत्रजन को मुख्य रूप से एस्परजीन के रूप में और कुछ हद तक ग्लूटामाइन के रूप मेजबान पौधों के जाइलम वाहिकाओं के माध्यम से स्थानातंरण किया जाता है। पौधों की जड़ों में राईजोबियम गाँठों का रंग सफेद से भूरा, हरा और गुलाबी होता है। वर्णक (pigment) लेग हिमोग्लोबिन की उपस्थिति के कारण गुलाबी रंग की गाँठों को प्रभावी गाँठें कहा जाता है। यह वर्णक नत्रजन स्थिरीकरण प्रक्रिया में नत्रजन की गतिविधि में मदद करता है।

अलग–अलग फलीदार फसलों के लिए उपयुक्त राइजोबियम प्रजाति व विभिन्न फसलों द्वारा औसतन नत्रजन स्थिरीकरण की मात्रा क्रमशः तालिका 4.5 व 4.6 में दर्शायी गई है।

तालिका 4.5. विभिन्न फसलों के लिए उपयुक्त राइजोबियम प्रजातियाँ।

राईजोबियम प्रजाति	फसल
राईजोबियम लेग्यूमिनोसेरम	– मटर, खेसारी व मसूर
राईजोबियम ट्राईफोली	– बरसीम एवं क्लोवर समूह
राईजोबियम फेसिऑली	– बीन समुह
राईजोबियम लुपीनी	– लुपिन समूह
राईजोबियम जापोनिकम	– सोयाबीन
राईजोबियम मेलीलोटी	– रिजका, मैथी, मैलिलोटस
चंवला मिश्रण	– चंवला, ग्वार, मूंग, उडद, मूंगफली, मोठ, ढैंचा, सनई, ग्लीरीसीडिया, एकेशिया, प्रोसोपिस, डलबरजीआ, अलबेजिआ, इण्डिगोफेरा, टेपरोसिया, एटीलोसिया, स्टाईलो आदि।

तालिका 4.6. विभिन्न फसलों द्वारा स्थिरीकरण की गई नत्रजन की मात्रा।

फसल	नत्रजन स्थिरीकरण (किग्रा/हे.)
रिजका	100-300
मूंग, उड़द	50-55
क्लोवर	100-150
ग्वार	37-196
चना	85-100
चंवला	80-85
मैथी	45-50
मूंगफली	50-60
मसूर	90-100
मटर	52-57
अरहर	168-200
सोयाबीन	60-88

जैव उर्वरक प्रयोग विधि
(Method of Application of Bio-fertilizers)

जैव उर्वरकों का प्रयोग विभिन्न फसलों में नीचे दिये गये तीन अलग–अलग विधियों से किया जाता है –

i. **बीजोपचार (Seed Treatment):** बीजों को शाकाणु संवर्धों से उपचारित करने के लिए एक लीटर पानी में 100–125 ग्राम गुड़ अथवा चीनी को घोलकर हल्का सा उबाल लें व इसे ठंडा करके 200–250 ग्राम जैव उर्वरक के तीन पैकेटों को खोलकर इसमें डालें तथा किसी भी साफ लकड़ी से खूब अच्छी तरह हिलाकर घोल तैयार कर लें (पानी की मात्रा बीजों की मात्रानुसार घटाया बढ़ाया जा सकता है)। तदुपरांत एक हेक्टेयर में प्रयोग किये जाने वाले बीज को चौड़े बर्तन या पक्के फर्श पर फैलाकर उक्त तैयार घोल को बीजों के ऊपर समान रूप से छिड़क कर हल्के हाथों से ऐसे मिलाएँ कि प्रत्येक बीज पर एक हल्की सी परत चढ़ जाये। इसके उपरान्त बीजों को ठंडे सूखे स्थान पर सूखाएँ व तुरन्त खेत में बुवाई करें। अम्लीय मृदाओं में शाकाणु उपचारित बीज पर चूना, रॉक फॉस्फेट, चारकोल या जिप्सम की परत चढाकर बोना अच्छा रहता है।

ii. **पौध उपचार (Seedling Treatment):** आवश्यकतानुसार जैव उर्वरक की प्रति किलोग्राम मात्रा को 4–5 लीटर पानी के हिसाब से किसी चौड़े मुँह वाले बर्तन में घोल बनायें। इसके बाद तैयार घोल में पौध की जड़ों को 15–20 मिनट तक डूबोकर उपचारित कर लें तथा उपचारित पौधों की खेत में रोपाई करें।

iii. **मृदा उपचार (Soil Treatment):** यदि जैव उर्वरकों को खेत में बिखेरना हो तो 2–3 किलोग्राम बेक्टीरियल कल्चर प्रति हेक्टेयर 50 किलोग्राम गोबर की खाद के साथ मिलाकर मृदा सतह पर बिखेर कर मिट्टी में मिला दें। यदि खेत में नमी नहीं हो तो तुरन्त हल्की सिंचाई कर दें। यह विधि बीजोपचार विधि की तुलना में महंगी व कम लाभकारी है।

4.3.1.2. गैर सहजीवी नत्रजन स्थिरीकरण या मुक्तजीवी जीवाणु (Non–symbiotic N Fixation or Free Living Bacteria)

i. **एजोटोबैक्टर (Azotobacter):** यह परपोषित मुक्त जीवी नत्रजन स्थिरीकरण करने वाला जीवाणु है जो निष्प्रभावी (उदासीन) व क्षारीय मृदाओं में पाया जाता है। कृषिगत भूमि में इसकी एजोटोबेक्टर क्रोकम (*Azotobacter chroccum*) प्रजाति मुख्य रूप से पाई जाती है। यह जीवाणु इन्डोल एसिटिक एसिड (IAA), जिबरेलिन्स (gibberellins), बी–विटामिन्स, निकोटिनिक एसिड, पैंटोथेनिक एसिड, बायोटिन व

हिटरोऑक्सीजन जैसे जैविक रूप से वृद्धि नियंत्रक पदार्थों को संश्लेषित करने के लिए भी जाना जाता है। एजोटोबेक्टर के बेहतर विकास के लिए 5–6 टन प्रति हेक्टेयर गोबर खाद प्रयोग करें। एजेटोबेक्टर का प्रयोग भी बीजोपचार, पौध उपचार या मृदा उपचार कर किया जा सकता है। मृदा उपचार के लिए 3–5 किलोग्राम एजेटोबेक्टर कल्चर की आवश्यकता होती है। ये जीवाणु 20–30 किग्रा. प्रति हेक्टेयर नत्रजन का स्थिरीकरण करते हैं। इसका उपयोग, गेहूँ, चावल, कपास, गन्ना, इत्यादि फसलों में किया जा सकता है।

ii. **एजोस्पिरिलम (Azospirillum):** इसकी एजोस्पिरिलम लिपोफेरम (*Azospirillum lipoferum*) और एजोस्पिरिलम ब्रासीलेंस (*A. brasilense*) महत्त्वपूर्ण प्रजातियाँ हैं। यह जीव विशेष रूप से सी–4 (C4) पादप मार्ग वाले कई पौधों के साथ साहचर्य सहजीवन बनाता है। यह राइजोबियम की तरह ही फसलों की 25 प्रतिशत नत्रजन आवश्यकता को कम करने के लिए ज्वार, मक्का, पैनिकम घास, सिटेरिया घास आदि के लिए अनुशंसित है। इसे राईजोबियम की तरह ही 600 ग्राम प्रति हेक्टेयर की दर से बीजोपचार कर प्रयोग किया जाता है। मृदा उपचार के लिए दो किलोग्राम कल्चर को 25 किलोग्राम गोबर की खाद व 25 किग्रा मिट्टी के साथ प्रति हेक्टेयर मिलाकर प्रयोग किया जाता है। इसके प्रयोग से उपज में वृद्धि मुख्य रूप से वृद्धि नियन्त्रक पदार्थों के निगमन व रोगों से सुरक्षा के कारण है। एजोस्पिरिलम जीवाणु की अच्छी वृद्धि के लिए इष्टतम तापमान 32–35 डिग्री सेल्सियस है।

iii. **नीली हरित शैवाल (Blue Green Algae):** यह एक प्रकाश संश्लेषक नत्रजन स्थिरीकरण करने वाला जीव है। यह शैवाल चावल के पारिस्थितिकी तन्त्र या काई में आमतौर पर पाई जाती है। इसको प्रायः धान के खेतों में प्रचुरता के कारण **''धान का जीव''** कहा जाता है। यह सूर्य प्रकाश को ऊर्जा के रूप में व पानी को अपचायक स्त्रोत के रूप में प्रकाश संश्लेषण व नत्रजन स्थिरीकरण में काम लेती है। नत्रजन स्थिरीकरण करने वाली नील हरित शैवाल मुख्य रूप से नोस्टोकेल्स (Nostocales) एवं स्टीगोनेमेटेल्स (Stigonemetales) वर्ग से सम्बन्धित है। नीले हरे शैवाल छोटे जलीय पौधे (fern) एजोला में हो सकते हैं जहाँ अनाबेना अजोली (*Anabaena azollae*) सहजीवी संघ में फैलता है। यह धान उत्पादन में जैविक खाद और नत्रजन का एक स्रोत है। नील हरित शैवाल विकास को बढावा देने वाले पदार्थ जैसे ऑक्सीजन व अमीनो एसिड्स छोड़ता है जो धान के पौधों की वृद्धि को प्रोत्साहित करता है व मिट्टी को अतिरिक्त ह्यूमस (humus) की आपूर्ति करता है। धान की जड़ों में वातन सुधार और सल्फाइड क्षति को कम करता है। धान में इसको रोपाई के 10 दिनों के बाद 10

किलोग्राम प्रति हेक्टेयर की दर से प्रयोग किया जाता है। इसमें खेत को कुछ दिनों के लिए जलमग्न रखा जाता है। सूरज में सुखायी हुई शैवाल को लंबे समय तक संग्रहित किया जा सकता है व फिर इसका आवश्यकतानुसार खेत में प्रयोग किया जा सकता है। नीली हरी शैवाल के प्रयोग से 15–45 किग्रा नत्रजन प्रति हेक्टेयर स्थिरीकरण हो सकती है।

नीली हरित शैवाल का गुणन (Mutiplication of BGA)

नांद विधि (Trough Method): इस विधि में 2 मीटर × 1 मीटर × 22 सेमी क्षमता के जस्ती लोहे के बने नांद में 5–10 सेमी पानी भरकर सूर्य के प्रकाश में रखा जाता है। इस नांद में 8–10 किलोग्राम मिट्टी व 200 ग्राम सुपर फॉस्फेट + 30 ग्राम चूने का मिश्रण समान रूप से पानी पर छिड़का जाता है। उसके बाद 250 ग्राम नील हरित शैवाल (काई) का मातृ कल्चर प्रति ट्रे डाल कर सूर्य की रोशनी में रख दिया जाता है। करीबन 7–10 दिनों में नील हरी शैवाल की एक मोटी तह निर्मित हो जाती है जिसे अलग कर छाया में सूखाते हैं। यही सूखी हुई नील हरित शैवाल मातृ कल्चर (mother culture) कहलाता है। आमतौर पर प्रति ट्रे 5–7 किलो मातृ कल्चर प्राप्त होती है।

गड्ढा विधि (Pit Method): नान्द या ट्रे विधि की ही तरह उसी आकार के उथले गड्ढे बनाये जाते हैं व उनमें पॉलिथीन शीट बिछाई जाती है ताकि पानी के निकास को रोका जा सके। बाकी विधि – नांद वाली ही रहती है।

फील्ड विधि (Field Method): इसके लिए चयनित खेत को जुताई कर समतल करें व क्यारियाँ बनाएँ। इन क्यारियों में 5 सेमी गहराई तक पानी भरें उसके बाद 12 किलो सुपर फॉस्फेट (जैविक खेती में रॉक फॉस्फेट प्रयोग करें) व 200 ग्राम चूना (प्रति 40 वर्ग मीटर) क्यारी के हिसाब से छिड़कें। इसके बाद प्रति क्यारी 5 किलोग्राम शैवाल कल्चर भुरकें। 10–20 दिनों में नील हरी शैवाल की एक मोटी तह तैयार होती है फिर इसे इकट्ठा कर छाया में सूखाते हैं। गर्मी के महीनों में, 30–40 किलोग्राम नील हरित शैवाल प्रति 40 वर्ग मीटर क्यारी से प्राप्त की जा सकती है।

एजोला (Azolla): एजोला एक छोटी पानी पर तैरने वाली फर्न है जो प्रकृति में सभी जगह विद्यमान है। अजोला पिनाटा (*Azolla pinnata*) भारत में उगने वाली आम प्रजाति है जिसकी पत्ती में नील हरित शैवाल सहजीवी अनाबिना एजोली (*Anabaena azolae*) होता है जो नत्रजन स्थिरीकरण करती है। एजोला की एक अच्छी परत से 30–40 किलोग्राम नत्रजन प्रति हेक्टेयर मिलती है इसकी वृद्धि के लिए सामान्य

तापमान 20 से 30°C होता है। मानसून के मौसम में लगातार वर्षा और बादलों से इसकी बढ़वार अच्छी होती है। इसके लिए मिट्टी की पीएच 5.5–7.0 उपयुक्त रहती है।

रोपणी तैयार करना (Nursery Preparation): इसके लिए खेत की अच्छी तरह जुताई कर समतल करें व 20 मीटर × 2 मीटर आकार की क्यारियाँ बनायें व क्यारियों में पॉलीथीन शीट लगायें। क्यारियों में 10 सेमी की गहराई तक पानी का खड़ा रखें इसके बाद प्रत्येक क्यारी में 10 किलोग्राम ताजा गोबर में 20 लीटर पानी मिलाकर प्रत्येक क्यारी में छिड़काव करें। 8 किलोग्राम एजोला निवेश द्रव्य प्रत्येक क्यारी में डालें। प्रत्येक क्यारी में 100 ग्राम सुपर फास्फेट तीन बार चार दिनों के अन्तराल पर छिड़कें (जैविक खेती में नहीं)। 15 दिनों के बाद इसे मुख्य खेत में प्राथमिक निवेश द्रव्य के स्रोत के रूप में प्रयोग किया जाता है। एक कटाई में प्रत्येक क्यारी से 40–50 किलोग्राम ताजा एजोला प्राप्त किया जा सकता है। एक हेक्टेयर क्षेत्र में एजोला लगाने के लिए 40 वर्ग मीटर की चार क्यारियों की नर्सरी की आवश्यकता होगी।

एजोला का खेत में प्रयोग (Field Application of Azolla): एजोला को मुख्य खेत में हरी खाद की फसल या दोहरी फसल के रूप में उगाया जाता है। इसके लिए एजोला को फसल की रोपाई से 2–3 सप्ताह पहले उगाया जाता है। उसके बाद खेत से पानी निकाल कर जुताई कर एजोला को मिट्टी में अच्छी तरह मिलाया जाता है। दोहरी फसल के रूप में रोपणी के एक सप्ताह बाद 1000 से 5000 किलोग्राम प्रति हेक्टेयर एजोला डाला जाता है व जब इसकी मोटी परत बन जाती है तब इसे रौंद कर मिट्टी में मिलाया जाता है। एजोला का बचा हुआ भाग फिर से विकसित हो जाता है जिसे दूसरी फसल के रूप में रौंदा जाता है।

4.3.1.3. अन्य जैव–निवेशद्रव्य (Other Bio-inoculants)

i. फॉस्फेट को घोलने वाले सूक्ष्म जीवाणु (Phosphate Solubilizing Bacteria)

फॉस्फोरस उर्वरक मात्र 25–30 प्रतिशत भाग फसल को उपलब्ध होते हैं व शेष भाग का स्थिरीकरण हो जाता है। मृदा में स्थिर फॉस्फेट को फॉस्फेट सोल्यूब्लाइजींग (PSM) सूक्ष्म जीवों के एक समूह द्वारा घुलनशील बनाया जाता है। कुछ सूक्ष्म जीव जैसे बेसिलस मेगाथैरियम (*Bacillus megatherium*), स्यूडोमोनास स्ट्रैटा (*Pseudomonas straita*), बैक्टीरिया, एस्परजिलस एकवा (*Aspergillus aqua*), ट्राइकोडर्मा (कवक) (*Trichoderma*) जो फॉस्फेट को घोलने में सक्षम हैं। इन रोगाणुओं के निवेश द्रव्य को अन्य निवेश द्रव्यों की तरह ही प्रयोग किया जाता है।

ii. वेसिकुलर अरबसकूलर माइकोराइजा (VAM)

यह जीवाणु अपनी आवश्यकतानुसार मिट्टी से फॉस्फोरस, जिंक व अन्य पोषक तत्त्वों को लेता है व उन्हें विभिन्न रूपों में मेजबान पौधों की जड़ों में भेजता है। इसका प्रयोग गेहूँ, मक्का, बाजरा, सेम, आलू, सोयाबीन, टमाटर, अंगूर, सेब, केला, गन्ना, अरंडी, तंबाकू, चाय, कॉफी, कोको और रबर जैसी महत्त्वपूर्ण फसलों में किया जाता हैं। वाम मिट्टी से जिंक, कॉपर, पोटेशियम, एल्युमिनियम, मेग्नीज व मैगनेशियम जैसे पोषक तत्त्वों को सीधे जड़ बल्कुट (cortex) में स्थानान्तरित करता है व ऑक्सीजन व एन्टीबायोटिक उत्पन्न करता है जो पौधों की बढ़वार को बढ़ाता है। वाम (VAM) के टीकाकरण का तरीका नीचे दिया गया है –

प्रतिरोपित फसलें (Transplanted Crops): फसल की रोपणी उस क्यारी में तैयार करते हैं जिसमें वाम पहले से डाला गया हो व जब माइकोराइजा का निवेश द्रव्य पूरी तरह से स्थापित हो गया हो।

सीधी बोई गई फसलें (Direct Sown Crops): बीजों को एक चिपकने वाले मिथाइल सेलुलोज के साथ उपचारित कर किया जाता है, जिससे निवेश द्रव्य के चिपकने की उम्मीद हो व बाद में नई जड़ों को संक्रमित करता हो। कुण्ड में निवेश द्रव्य को बीज के नीचे या साईड में प्रयोग करना फसलों के खेत में एक प्रभावी तरीका है।

iii. मृतजीवी (Saprophytes)

सूक्ष्म जीव जो पोषक तत्त्वों की उपलब्धता बढ़ाने के लिए तेज गति से कार्बनिक पदार्थों का विघटित करने में सक्षम होते हैं जैसे एस्परजिलस, पेनिसिलियम, ट्राइकोडर्मा, सेल्युलोलिटिक कवक हैं जो पौधे में उपलब्ध सेल्यूलोज को विघटन करते हैं। विघटन के प्राकृतिक तरीके को त्वरित कर जैविक पदार्थों के विघटन के समय को 4–6 सप्ताह तक कम किया जा सकता है।

4.4 मृदा समृद्धि के महत्त्वपूर्ण संवर्धन (Important Formulations for Soil Enrichment)

विभिन्न राज्यों के किसानों द्वारा कई प्रकार के तरल खादों का इस्तेमाल किया जा रहा है। उसमें से कुछ व्यापक रूप से प्रयोग किये जाने वाले महत्त्वपूर्ण खाद नीचे दिए गए हैं –

i. **संजीवक (Sanjeevak):** 500 लीटर के बंद ड्रम में 100 किलो गाय का गोबर, 100 लीटर गौमूत्र और 500 ग्राम गुड़ को 300 लीटर पानी में मिलाएँ व 10 दिनों के लिए किण्वन (ferment) करें। 20 गुना पानी के साथ मिलाकर एक एकड़ में या तो मिट्टी पर छिड़कें या सिंचाई के पानी के साथ छिड़कें।

ii. **जीवामृत (Jivamrut):** गाय का गोबर 10 किलो, गोमूत्र 10 लीटर, गुड़ दो किलो, किसी दलहन का आटा दो किलो व एक किलो जीवन्त मिट्टी को 200 लीटर पानी में मिलाएँ। फिर 5 से 7 दिनों के लिए किण्वन (ferment) करें। घोल को नियमित रूप से दिन में तीन बार हिलाएं। सिंचाई पानी के साथ एक एकड़ में इसका उपयोग करें।

iii. **अमृतपानी (Amritpani):** 10 ग्राम गाय के गोबर को 500 ग्राम शहद में अच्छी तरह से मिलाकर एक मलाईदार पेस्ट तैयार करें। फिर उसमें 250 ग्राम गाय का देसी घी डालें और तेज गति से मिलाएँ। इसके बाद 200 लीटर पानी के साथ मिलाएँ। इस घोल को एक एकड़ मिट्टी पर या सिंचाई के पानी के साथ छिड़कें। 30 दिनों के बाद पौधों की पंक्ति के बीच या सिंचाई के पानी के माध्यम से इसकी दूसरी खुराक देवें।

iv. **पंचगव्य (Panchgavya)**: ताजा गोबर 5 किलो, गौमूत्र 3 लीटर, गाय का दूध 2 लीटर, दही 2 लीटर, गाय का मक्खन 1 किलो को मिलाकर 7 दिनों के लिए किण्वन करें। इस घोल को प्रति दिन दो बार हिलाएँ। तीन लीटर पंचगव्य को 100 लीटर पानी में घोलकर मिट्टी के ऊपर छिड़काव करें। सिंचाई पानी के साथ मिट्टी में प्रयोग के लिए प्रति एकड़ करीबन बीस लीटर पंचगव्य की आवश्यकता होती है।

v. **समृद्ध पंचगव्य या दशागव्य (Enriched Panchgavya or Dashagavya)**: ताजा गाय का गोबर 5 किलो, गौमूत्र 3 लीटर, गाय का दूध 2 लीटर, दही 2 लीटर, गाय का देसी घी 1 किलो, गन्ना रस 3 लीटर, कोमल नारियल पानी 3 लीटर, 12 केले का पेस्ट और ताड़ी या अंगूर का रस 2 लीटर। गोबर और घी को एक बर्तन में मिलाएँ और 3 दिनों के लिए किण्वन करें व बार–बार हिलाते रहें। चौथे दिन बाकी सामग्री जोड़ें और दैनिक रूप से दो बार हिलाएँ व 15 दिनों के लिए किण्वन करें। समृद्ध पंचगव्य 18 दिनों में तैयार हो जाएगा। गन्ने के रस के बजाय 500 ग्राम गुड़ के साथ 3 लीटर पानी के घोल का भी प्रयोग किया जा सकता है। ताड़ी या अंगूर के रस की अनुपलब्धता हो तो 100 ग्राम खमीर पाउडर, 100 ग्राम गुड़ और 2 लीटर गर्म पानी के घोल का भी इस्तेमाल किया जा सकता है। पौधों पर छिड़काव के लिए 3–4 लीटर पंचगव्य को 100 लीटर पानी में घोलकर प्रयोग करें। मृदा अनुप्रयोग के लिए 20 लीटर पंचगव्य एक हेक्टेयर के लिए पर्याप्त है। इसका उपयोग बीज उपचार के लिए भी किया जा सकता है।

■■■■

5 जैविक खेती में कीट एवम् व्याधि प्रबन्धन (Insect Pests and Disesae Management in Organic Farming)

आधुनिक कृषि प्रणाली में कीट एवं व्याधि (बीमारी/रोग) नियन्त्रण के लिए अंधाधुन्ध, अनियन्त्रित कीटनाशकों का प्रयोग किया जाता है जिसमें मिट्टी, हवा, पानी, पौधे व सम्पूर्ण पर्यावरण ही दूषित हो गया व जिसका मानव स्वास्थ्य पर काफी विपरीत प्रभाव पड़ा है। इसी को ध्यान में रखते हुए समन्वित कीट व्याधि प्रबन्धन के तरीके खोजने की तरफ वैज्ञानिकों का ध्यान आकर्षित हुआ कि कैसे कीट एवं व्याधि नियन्त्रण के लिए विभिन्न तरीकों का समन्वय किया जाय, जिससे कीटनाशकों के प्रयोग में कटौती की जा सके ताकि पर्यावरण व मानव स्वास्थ्य को सुरक्षित रखा जा सके। इसका ध्यान रखते हुए आजकल वैज्ञानिकों व किसानों का ध्यान जैविक खेती की तरफ आकर्षित हुआ है। जैविक खेती में रासायनिक कीटनाशकों के प्रयोग की अनुमति नहीं है अतः कीटों व बीमारियों के नियन्त्रण के लिए कीटनाशकों रहित समन्वित कीट प्रबन्धन प्रणाली को अपनाने की आवश्यकता होती है, जिसमें सभी ज्ञात जैविक, व्यावहारिक, उन्नत कृषि क्रियाओं व जैविक रूप से स्वीकृत रासायनिक विकल्पों का एकीकरण कर सफल कीट, व्याधि नियन्त्रण किया जा सके। समन्वित कीट प्रबन्धन का ज्ञान गहन व किसान आधारित होना चाहिए जो कीटों व व्याधियों की समस्याओं की निजात के लिए प्राकृतिक नियन्त्रण को प्रोत्साहित करे तथा कीटों को आर्थिक रूप से हानिकारक स्तर तक पहुँचने से रोक सके। जैविक खेती में सफल कीट प्रबन्धन कई नियन्त्रण तरीकों/रणनीतियों के एकीकरण पर निर्भर करता है। कुछ समेकित कीट प्रबन्धन प्रणालियाँ कीटों व व्याधियों को अलग–अलग निशाना बनाती है जबकि अन्य उन्हें एक साथ निशाना बनाती है। जैविक खेती में कीटों व व्याधियों का प्रबन्धन/नियन्त्रण मुख्य रूप से जैविक, व्यावहारिक व कृषि विधियों के समन्वय से ही किया जाता है जिनका विस्तृत विवरण नीचे दिया गया है –

5.1 जैविक तरीके (Biological Methods)

कीट व व्याधियों का अन्य प्राकृतिक जीवों द्वारा जो मानव द्वारा बढ़ावा देकर या फैलाकर सफल नियन्त्रण किया जाय, उसे जैविक नियन्त्रण कहते हैं अथवा दूसरे शब्दों में यह कहें कि पौधें को हानि पहुँचाने वाले कीट एवं व्याधियों को नियंत्रित करने अथवा मारने के लिए उनके प्राकृतिक शत्रुओं का प्रयोग करना जैविक नियन्त्रण कहलाता है।

जैविक खेती में सफल समन्वित कीट प्रबन्धन में जैविक विधि को एक आवश्यक घटक के रूप में माना जाता है। सफल जैविक नियन्त्रण के लिए कीटों के प्राकृतिक शत्रुओं को उन क्षेत्रों में स्थापित किया जाता है जहाँ वे पहले से मौजूद नहीं थे। इसके लिए जैव–नियन्त्रण कारकों (agents) के प्रवेश के साथ साथ प्राकृतिक शत्रुओं के संरक्षण व संवर्धन के लिए उचित ध्यान देना होता है। जैव आधारित कीट नियन्त्रण प्राकृतिक शत्रुओं का उपयोग करते हुए करना एक आदर्श विकल्प है। ये प्राकृतिक शत्रु अत्यधिक विशिष्ट हैं, व गैर लक्ष्य प्रजातियों, लाभकारी कीटों, पशुओं एवम् मानव के लिए पूर्णतया सुरक्षित हैं। इसके अलावा जैविक नियन्त्रण कारक कम खर्चीले होते हैं तथा दीर्घकालिक नियन्त्रण करते हैं। इससे फसल कृषि पारिस्थितिकी तंत्र में कोई प्रदूषण नहीं होता है। जैव नियन्त्रण के प्रमुख तरीके इस प्रकार हैं–

i. जैव नियन्त्रण कारक (bio-control agents): परजीवी (parasitoids) व परभक्षियों (predators) का प्रयोग।

ii. जीवाणु, कवक, विषाणु, प्रोटोजोआ आदि सूक्ष्म जीवों का पीड़कनाशी के रूप में प्रयोग।

iii. वनस्पति आधारित (नीम इत्यादि) जैव कीटनाशकों का प्रयोग।

5.1.1 जैव नियन्त्रण कारक (Bio-control Agents)

5.1.1.1 परजीवी (Parasitoids)

परजीवियों में ट्राइकोग्रामा स्पे. (*Trichogramma* spp.) कीट नियन्त्रण में सबसे महत्त्वपूर्ण है। यह हाइमेगोप्टेरा (Hymegoptera) गण का एक छोटा सा कीट है जो लेपिडोप्टेरा (Lepidoptera) गण के कीटों के अण्ड़ों में अपने अण्डे देकर अपना जीवन चक्र पूरा करता है। आकार में यह इतना छोटा होता है कि एक आलपिन के सिरे पर 8–10 वयस्क ट्राईकोग्रामा एक साथ बैठ सकते हैं। इस कीट का जीवन चक्र अण्डें की अवस्था में बाहर निकलकर पुनः अपना जीवन चक्र प्रारम्भ करने हेतु अण्डों की तलाश शुरू कर देता है। इसलिए इसे अण्ड परजीवी कहते हैं। गर्मी की ऋतु में जीवन चक्र 9–12 दिन में पूर्ण होता है। इसके अलावा अन्य परजीवी जैसे ब्रेकोन ब्रेवीकोरनिस (*Bracon brevicornis*), टेलनोमस रेमस (*Telenomus remus*), एबेन्टेलीस एनगलेटी (*Abenteles angaleti*) आदि भी गन्ना छेदक, मक्का व ज्वार तना छेदक, कपास की सूंड़ी इत्यादि के सफल

नियन्त्रण की क्षमता रखते हैं। अपरिपक्व परजीवी मेजबान कीट पर या उसके शरीर के अन्दर विकसित होते हैं व परिपक्व होने पर उन्हें मारते हैं। ये परजीवी वयस्क होकर वापस अपने जीवन चक्र को जारी रखते हैं।

खेत में ट्राईकोकार्ड्स (Trichocards) इसके वयस्क निकलने की तिथि से एक दिन पूर्व ही लगाने चाहिए वरना परभक्षियों द्वारा इनका भक्षण करने की सम्भावना रहती है। लगाने से पूर्व ट्राईकोकार्ड्स की स्ट्रिप को अलग कर देना चाहिए एवम् पूरे खेत में करीबन 100 स्थान पर प्रति हेक्टेयर के हिसाब से नीचे पत्तियों के साथ यू–क्लिप या धागे से बाँध देना चाहिए या पत्ती गुच्छ में इस तरह रख देना चाहिए कि इस पर सूर्य के प्रकाश की सीधी रोशनी नहीं पड़े। इस कीट की उड़ने की क्षमता बहुत ही सीमित है। यह 5–7 मीटर तक ही उड़ सकता है अतः खेत में ट्राईकोकार्ड्स की स्ट्रिप लगाते समय पहली स्ट्रिप सीमा (बॉर्डर) से 5 मीटर की दूरी पर एवम् अगली स्ट्रिप हर दस मीटर की दूरी पर लगानी चाहिए ताकि वयस्क ट्राईकोग्रामा को चारों तरफ से हर दिशा में 5 मीटर का क्षेत्र उपलब्ध हो जाये और खेत में समान रूप से इसका प्रसारण हो सके। कुछ मुख्य फसलों में इसकी सिफारिश मात्रा तालिका 5.1 में दर्शाई गई है।

तालिका 5.1. विभिन्न फसलों में परजीवी ट्राईकोग्रामा से कीट नियन्त्रण

क्रं.सं.	फसल	कीट	परजीवी की मात्रा
1.	गन्ना	तना छेदक, शीर्ष छेदक, स्टाक छेदक	ट्राइकोग्रामा किलोनीस 50,000 अण्डे/हे. रिलीज रोपाई के 45 दिन बाद 6 बार 10 दिन के अन्तराल पर।
2.	कपास	सुण्डी	ट्राइकोग्रामा किलोनीस 150,000 अण्डे/हे. रिलीज बुवाई के 45 दिन बाद 6 बार एक सप्ताह के अंतराल से।
3.	मक्का	तना छेदक	ट्राइकोग्रामा किलोनीस 75,000 अण्डे/हे. रिलीज बुवाई के 45 दिन बाद 6 बार 10 दिन के अंतराल से।
4.	टमाटर	फल छेदक	ट्राइकोग्रामा बेजिलियन्सीज 50,000 अण्डे/हे. रिलीज रोपाई के 45 दिन बाद 6 बार 10 दिन के अंतराल से।
5.	धान	तना छेदक	ट्राइकोग्रामा जायोनिकस 50,000 अण्डे/हे.। रिलीज रोपाई के 30 दिन बाद या रोपाई के बाद 6 बार एक सप्ताह के अंतराल से।

सावधानियाँ (Precautions)

i. जिस क्षेत्र एवम् फसल में ट्राईकोकार्ड्स का उपयोग करें उस खेत में 15 दिन पूर्व एवम् 15 दिन बाद तक किसी भी प्रकार के कीटनाशी रसायन का प्रयोग नहीं करें।

ii. क्षेत्र में ट्राईकोकार्ड्स लगाते समय ध्यान रखें कि प्रकाश की सीधी किरणें कार्ड्स पर नहीं पड़े।

iii. अच्छे एवम् सफल परिणाम हेतु खेत में ट्राईकोकार्ड्स वयस्क निकलने की तिथि से एक दिन पूर्व लगावें।

5.1.1.2 परभक्षी (Predators)

परभक्षी क्राईसोपीड्स व कॉक्सीनेलीड्स (Chrysopids and Coccinellids) जो भुक्खड़ (voraciously) की तरह माहु, मिलीबग व अन्य कीटों जो कपास, तम्बाकू, सूरजमुखी, सरसों, मूंगफली, निम्बू, अमरूद, अंगूर आदि पर हमला करते हैं (चित्र 5.1)। एक परभक्षी अपने जीवन काल के दौरान कई कीटों को खा जाता है। क्राईसोपरला कार्निया (*Chrysoperla carnea*), क्यूरीनस कोर्युलस (*Curinous coeruleus*), एडोनिया वेरीयगेट (*Adonia variegate*) आदि महत्त्वपूर्ण परभक्षी हैं जिनमें क्राईसोपरला कार्निया सबसे महत्त्वपूर्ण है। क्राईसोपरेला कार्निया न्यूरोप्टेरागण (Neuroptera) का कीट है जो चेपा (aphids), तेला (Jasids), सफेद मक्खी (white fly), मिलिबग (mealy bug) एवम् लेपीडोप्टेरागण (Lepidopterous) के अनेक कीटों के छोटे लार्वा एवम् अण्डों को अपना शिकार बनाता है। इसका वयस्क कीट अत्यन्त सुन्दर एवम् हरे रंग का होता है। इसके पंख बड़े एवम् पारदर्शी होते हैं जिनमें विन्यास स्पष्ट दिखाई देता है। प्रयोगशाला में इस कीट का पालन चावल में लगने वाले कीट कोरसायरा सिफलोनिका (*Corcyra cephalonica*) के अण्डों पर किया जाता है। इस कीट का अण्डा स्तम्भिक होता है। अण्डे का आकार 0.7 से 2.3 मिमी होता है एवम् इसके स्टाक की लम्बाई 2 से 5 मिमी होती है। अण्डे प्रायः पृथक या समूह में दिये जाते हैं जो पहले हल्के पीले एवम् लार्वा निकलने से पूर्व काले हो जाते हैं। इस अवस्था में यह प्रायः 3–4 दिन रहते हैं। इसके लार्वे की तीन अवस्थाएँ होती हैं जो 8–10 दिन में पूरी हो जाती है। लार्वा एक ककून बनाता है जिसमें से 5–7 दिन में वयस्क निकलते हैं। इसका वयस्क बार–बार संभोग करता है और वयस्क निकलने के पाँच दिन बाद पुनः अण्डे देने शुरू कर देता है। एक मादा 600–800 अंड़े देती है। इसका नर 30–35 दिन और मादा 35–55 दिन तक जिन्दा रहती है।

अ. कॉक्सीनेलीड्स

ब. क्राईसोपीड्स

चित्र 5.1. परभक्षी कीटों के चित्र

मात्रा एवम् खेत में छोड़ने की विधिः सामान्यतया क्राइसोपरेला कार्निया को खेत में दो बार 15 दिन के अन्तराल से लार्वे की प्रथम अवस्था में 50,000 से 100,000 लार्वा प्रति हेक्टेयर या 10–12 प्रति फलदार पौधे की दर से छोड़े जाते हैं। विभिन्न फसलों में इसकी मात्रा तालिका 5.2 में दर्शाई गई है।

तालिका 5.2. परभक्षी कीटों द्वारा विभिन्न फसलों में कीट नियन्त्रण

क्र.सं.	फसल	परपोषी	क्राइसोपरेला कार्निया मात्रा
1.	कपास	अमेरिकन बालवर्म, स्पोटेड बालवर्म, पिंक बालवर्म, सफेद मक्खी, एफिड्स आदि।	50,000 / हे. दो बार 15 दिन के अन्तराल से
2.	तम्बाकू	सफेद मक्खी, तंबाकू की लट,एफिड्स आदि।	50,000 / हे. दो बार 15 दिन के अन्तराल से
3.	सूरजमुखी	हेड बोरर एवम् एफिड्स।	50,000 / हे. दो बार 15 दिन के अन्तराल से
4.	मूंगफली	एफिड्स, जैसिड्स	50,000 / हे. दो बार 15 दिन के अन्तराल से
5.	फलदार	मिलिबग, सफेद मक्खी	10–20 लार्वा / ग्रसित पौधे पर

विधिः इसको लकड़ी के बुरादे के साथ मिलाकर खेत में छोड़ना चाहिए या 1–2 लार्वा कागज की पट्टी पर लेकर प्रति पेड़ छोड़ना चाहिए।

सावधानियाँ (Precautions)

i. क्राईसोपरेला के अण्डे भेजते समय कोरसायरा के अण्डे मिलाकर भेजना चाहिए जिससे रास्ते में ही लार्वा निकलने पर इन्हें तुरन्त भोजन के रूप में कोरसायरा के अण्डे उपलब्ध हो सकें।

ii. खेत में क्राईसोपरेला सुबह जल्दी छोड़ना चाहिए।

iii. क्राइसोपरेला के लार्वा सिफारिश की मात्रानुसार क्षेत्र में छोड़ने चाहिए, लेकिन फलदार पेड़ों में केवल ग्रसित पौधों पर ही छोड़ें।

iv. परभक्षी छोड़ने से पूर्व एवम् बाद में 15 दिन तक किसी कीटनाशक रसायन का प्रयोग नहीं करें, यदि अत्यन्त आवश्यक हो तो सुरक्षित, चयनित कीटनाशी का ही प्रयोग करें।

v. क्राईसोपरेला को खेत में अण्डे की अवस्था में नहीं छोड़ना चाहिए वरना ये अन्य परजीवी, परभक्षी का शिकार हो सकते हैं।

5.1.2 सूक्ष्मजीवी पीड़कनाशी (Microbial Pesticides)

5.1.2.1. जीवाणु कीटनाशक (Bacterial Pesticides)

बैसिलस थुरिंजिनिसिस (*Bacillus thuringiensis*) या बीटी विश्व में सबसे अधिक इस्तेमाल किया जाने वाला जीवाणु कीटनाशक है। यह मुख्य रूप से लेपिडोप्टेरस (Lepidopterous) पीड़कों का एक रोग जनक है जिसमें कपास का अमेरिकन बॉल वर्म व धान का तना छेदक मुख्य हैं। बीटी जीवाणु उपभेदों की विषाक्तता के लिए ग्लाईको प्रोटीन (glycoprotein) व प्रोटोक्सिन (protoxin) जिम्मेदार है जिसे अक्सर डेल्टा एंडोटोक्सीन (delta endotoxin) के रूप में संदर्भित किया जाता है जो बीजाणु जनन (sporulution)/किण्वन (fermentation) के दौरान उत्पन्न होता है। यह एक क्रिस्टलीय उत्पाद है। जब बीटी जीवाणुओं को इल्ली (larvae) द्वारा निगला जाता है तो वे विषाक्त पदार्थों का उत्पादन करने के लिए आँत के भीतर सक्रिय हो जाते हैं व कीट के मध्य आंत (mid gut) को नुकसान पहुँचाते हैं व अन्ततः उनको मार देते हैं। स्यूडोमोनाज (Pseudomonas) और फ्लूओरेसेन्स (Fluorescence) जो हाइड्रोजन साईनाईड (HCN) बनाते हैं उन्हें भी जीवाणु कीटनाशकों के रूप में उपयोग किये जाते हैं। अन्य जीवाणु बेसिलस सबटिलिस (Bacillus subtilis) व एजोटोबेक्टर (Azotobacter) भी कीटनाशक के रूप में प्रयोग किये जाते हैं।

5.1.2.2. कवक/फफूंद पीड़क नाशक (Fungal Pesticides)

ट्राईकोडर्मा (Trichoderma) एक प्रकार का मित्र फफूंद है जो फसलों में नुकसान करने वाली फफूंद जनित बीमारियों को नियन्त्रण करता है। यह भूमि के अन्तर्गत कई प्रकार की विकल्पी परजीवी फफूंदें जैसे फ्यूजेरियम, वर्टीसीलीयम, राईजोक्टोनिया, स्कलेरोशिम, मेक्रोफोमिना, अल्टरनेरिया, हैलमिन्थोस्पोरिमय, पाईरोथीसियम, पिरीक्लूलेरिया, पीथीयम, फाइटोफ्थोरा, रेम्यूलिरिआ आदि जो मुख्यतया भूमि में मृतोपजीवी फफूंद के रूप में रहती हैं लेकिन उपयुक्त वातावरण मिलने पर धान, कपास, दलहनों, तिलहनों, सब्जी, फलों की फसलों में जड़ व कोलर सड़न, तना गलन व सड़न उकटा रोग, झुलसा, आर्द्रपतन, फल पिगलन जैसे रोगों को भी जन्म देती है तथा इन रोगों के प्रति रोगरोधी किस्मों तथा रासायनिक विधियों द्वारा रोग नियन्त्रण करना बहुत ही कठिन कार्य होता है। भूमि में कुछ मित्र फफूंदों व बेक्टिरिया व अन्य सूक्ष्म जीव भी पाये जाते हैं जिनमे यह क्षमता होती है कि वो उपापचयी क्रियाओं के दौरान ऐसे पदार्थ स्त्रावित करते हैं। जो परपोषी पौधे के कार्य में प्रतिरोध उत्पन्न करते हैं तथा हानिकारक फफूंदों को वृद्धि व रोग उत्पादन क्षमता पर विपरीत प्रभाव डालते हैं। ट्राइकोडरमा फफूंद उनमें से एक है तथा इसका कल्चर तैयार कर उपरोक्त रोगों की रोकथाम प्रभावकारी तरीके से की जा सकती है।

ट्राईकोडरमा संवर्धनः ट्राईकोडरमा की दो किस्में ट्राईकोडरमा विरडी (*Trichoderma viride*) एवम् टाइकोडरमा हार्जिनियम (*Trichoderma* *harzianum*) को यीस्ट, मोलानिसस संवर्धन माध्यम में उगाकर टेल्कम पाउडर के साथ 1 : 2 के अनुपात में मिलाकर वेटेबल पाउडर के रूप में कल्चर तैयार कर कम घनत्व वाली पोलीथीन थैलियों में भरकर पैकेट में उपलब्ध कराया जाता है।

पैकिंग: साधारणतया 100 ग्राम, 250 ग्राम, 500 ग्राम, एवम् 1.0 किलोग्राम में उपलब्ध है।

भण्डारण: इसका ठण्डे व हवादार स्थान पर 40 डिग्री सेल्सियस तापक्रम से नीचे भण्डारण करने पर 4 माह तक प्रभावकारी रहता है।

उपयोग विधि : इसको विभिन्न फसलों में बीज उपचार, पौध उपचार, पौधशाला उपचार व भूमि उपचार के रूप में उपयोग लिया जा सकता है (तालिका 5.3)।

तालिका 5.3. ट्राईकोडरमा की विभिन्न फसलों में प्रयोग की मात्रा एवम् तरीका

उपचार	फसल	मात्रा एवं तरीका
बीज उपचार	धान, कपास, दलहन तिलहन, सब्जियाँ, गन्ना आदि।	4–6 ग्राम प्रति कि.ग्रा. बीज की दर से ट्राइकोडरमा कल्चर लें व 4–5 मिली. पानी में लेप बनाकर बुवाई से पूर्व बीजोपचार करें।
पौध उपचार	धान व सब्जियाँ	कल्चर का 10 प्रतिशत घोल तैयार कर पौधों की जड़ों को 15 मिनट तक घोल में डुबोकर बोने के काम में लेवें।
पौधशाला उपचार	धान व सब्जियाँ	1.25 कि.ग्रा. ट्राइकोडरमा कल्चर को 50 ली. पानी में मिलाकर 400 वर्ग मीटर क्यारी में फव्वारे से सिंचाई करें या 2.25 कि.ग्रा. ट्राइकोडरमा को प्राकृतिक खाद में मिलाकर 400 वर्ग मीटर क्यारी में बुरक कर मिलाएँ।
मिट्टी उपचार	सभी फसलें	2.5 कि.ग्रा. ट्राइकोडरमा कल्चर को 50–60 कि.ग्रा. प्राकृतिक खाद में मिलाकर प्रति हेक्टेयर के हिसाब से बुरक कर अच्छी तरह खेत में मिलाएँ।

लाभ (Advantages)

i. जहाँ पर रोग क्षमता तथा रासायनिक नियंत्रण अप्रभावी हो जावें ऐसे में ट्राइकोडरमा द्वारा जैविक उपचार करना सम्भव होता है।

ii. इसके द्वारा भूमिगत हानिकारक फफूंद जनित रोगों जैसे जड़ व तना गलन/सड़न, उकटा, झुलसा, विल्ट, आर्द्रपतन, फल गलन आदि को दीर्घ अवधि तक असरदार तरीके से नियत्रंण करना सम्भव है।

iii. यह एक वातावरण में प्रदूषण रहित तथा पशुओं एवं मनुष्यों के लिए सुरक्षित जैविक फफूंदनाशी है।

iv. यह एक कम खर्चीला व लाभकारी रोग नियंत्रण तरीका है।

v. इसका प्राकृतिक खादों के साथ मिलाकर भी उपचार किया जा सकता है।

सावधानियाँ (Precautions)

i. ट्राइकोडरमा के उपयोग से पहले अथवा बाद में कोई रासायनिक कीटनाशक/फफूंदनाशक का प्रयोग न करें।

ii. मिट्टी उपचार में ट्राइकोडरमा का उपयोग दोपहर बाद करें तथा तुरन्त मिट्टी में मिला दें। तेज धूप से बचावें।

5.1.2.3 विषाणु पीड़कनाशी (Viral Pesticides)

बेकुलोवायरस (Baculoviruses) आमतौर पर कीटनाशकों के रूप में प्रयोग किये जाते हैं ये बेकुलोवायरस केवल संधिपाद (Anthropods) के लिए रोगजनक है व मनुष्यों, पर्यावरण सहित गैर लक्ष्य जीवों के लिए अत्यधिक सुरक्षित माने जाते हैं। इन विषाणुओं का उपयोग सभी प्रमुख खाद्य व रेशेदार फसलों के कीटों के नियन्त्रण के लिए किया जा सकता है। बेकुलोवायरस दो प्रकार के होते हैं एक ग्रेनुलोसीस वायरस (Granulosis Virus) जिसमें वायरस के कण एकल रूप में बन्द रहते हैं व दूसरा न्यूक्लियर पोलीहिड्रोसिस वायरस (Nuclear Polyhedrosis Virus)। भारत में न्यूक्लियर पोलीहिड्रोसिस वायरस (NPV) बहुत महत्त्वपूर्ण है। यह हेलियोथिस आर्मिजेरा (Heliothis armigera) व हेलियोथिस स्पोडोप्टेरा (Heliothis spodoptera), जिनका प्रकोप कपास, मक्का, चना, मूंगफली व तम्बाकु इत्यादि में बहुत सामान्य है, के नियन्त्रण के लिए हेलिओथिस NPV व स्पोडोप्टेरा लिटुरा NPV बहुत ही प्रभावी सिद्ध हुए हैं। इसके 140 से 250 ग्राम प्रति हेक्टेयर प्रयोग में लाते है। सेन्डोजस कम्पनी द्वारा जो एनपीवी वेटेबल पाउडर बनाया जाता है उसमें हेलियोथिस एनपीवी प्रतिग्राम 4.0 मिलीयन पॉलीहीड्रल इन्क्लूजन बॉडिज (PIB) होते है। काईलो इन्फुसकेटेलस जीवी (chilo infuscatellus GV) जो ग्रेनुलोसीस वाईरस समूह में आता है बहुत ही लक्ष्य आधारित है, गन्ना छेदक के नियन्त्रण में बहुत प्रभावी है।

बीटी व वाईरल निर्मित कीटनाशकों के साथ समस्या यह कि इनकी प्रगति सर्वांगी (systemic) प्रकृति होती है जो कम स्थाई (persistant) होती है तथा सम्पर्क से कार्य नहीं करती है। किन्तु फिर भी यह बहुत ही लक्ष्य आधारित, जैव निम्नीकरण तथा सस्ती होती है व वातावरण को भी सुरक्षित रखती है।

न्यूक्लियर पोलीहिड्रोसिस वायरस (NPV) विषाणु मुख्यतया प्रोटीन के बने होते हैं जिनमें डीएनए की बनी संरचना होती है। जब हानिकारक कीट की लट इस विषाणु को खाती है तो यह इसकी आहार नाल में चला जाता है जहाँ उदर के मध्य के भाग में क्षारीय माध्यम से इसका प्रोटीन का आवरण नष्ट हो जाता है एवम् वायरस की संरचनाएँ मुक्त हो जाती है जो कि विभिन्न अंगों की कोशिकाओं

में पहुँचकर बहुत तेजी से गुणन करती हैं। शुरू में गिडार खाना कम कर देती है एवम् 4–8 दिन में मर जाती हैं। मरी हुई गिडार प्रायः उल्टी लटकी हुई पायी जाती है। इन गिडारों का रंग प्राय हल्का पीला होता है एवम् फूली हुई होती है जिन्हें जरा सा हिलाने पर द्रव बाहर निकलता है।

सावधानियाँ (Precautions)

- एन.पी.वी घोल का छिड़काव सांयकाल के समय करना चाहिए क्योंकि दिन में सूर्य के प्रकाश में पराबैंगनी विकिरणों के द्वारा इसका तेजी से विखण्डन होता है एवम् प्रमाणिकता नष्ट हो जाती है।
- एन.पी.वी. के छिड़काव के अच्छे परिणाम हेतु जब कीट प्रारम्भिक अवस्था में हो तब ही छिड़काव ज्यादा प्रभावकारी होता है।
- यह विषाणु तब ही प्रभावकारी होता है जब लट द्वारा इसे खा लिया जावे, अतः छिड़काव फसल की पूर्ण सतह पर होना चाहिए।
- घोल बनाते समय खारे पानी का प्रयोग नहीं करना चाहिए क्योंकि खारे पानी में मौजूद कार्बोनेट्स, बाईकार्बोनेट्स इसको अप्रभावी कर देते हैं।
- फसल की सतह पर छिड़काव के बाद द्रव के पौधे की पत्तियों पर रूकने हेतु टीपोल 0.1 या साबुन के घोल का प्रयोग करें।
- इसका भण्डारण गहरे भूरे रंग की बोतल में ठंडे एवम् अंधेरे स्थान पर करें।
- जहाँ तक सम्भव हो ताजा एन.पी.वी का ही प्रयोग करें।

5.1.3 वानस्पतिक पीड़कनाशी (Botanical Pesticides)

कीट नियन्त्रण के लिए नीम (*Azadirachta indica*), सीताफल (*Annova squamosa*), करंज (*Pongamia glabra*), स्वीट घास (*Acorus calamus*), दिल (*Anethum graveolens*) महुआ (*Madhula longifoila*) आदि पेड़ पौधों से बनाये गये पीड़कनाशी का प्रयोग होता है। सभी वानस्पतिक कीटनाशकों में नीम सबसे प्रभावी जैव कीटनाशक पाया गया है क्योंकि इसमें एजाडारेक्टीन जैसे कई रसायन पाये जाते हैं जो कई महत्त्वपूर्ण कीटों की प्रजनन व पाचन क्रिया को प्रभावित कर उनका नियन्त्रण करते हैं। नीम आधारित पीड़कनाशक विभिन्न फसलों में लगभग 200 कीटों व सूत्रकृमि के प्रबन्धन में काफी प्रभावी पाया गया है। नीम पीड़कनाशी टिड्डी (grass hoppers), पर्णी पौध फुदका (leaf/plant hoppers), एफिड्स (aphids), जैसिड्स (jassids), मोथ इल्ली (moth catterpillar) के नियन्त्रण में बहुत प्रभावी पाया गया है। नीम आधारित फॉर्मूलेशन बनाने की सुगम विधियाँ नीचे दी गई है –

5.1.3.1 नीम सूत्रीकरण (Neem Formulations)

i. **नीम पत्ती का घोलः** 10–12 किलो नीम की पत्तियों को 200 लीटर पानी में 4 दिन तक भिगायें। पानी हरा पीला होने पर इसे छानकर एक एकड़ की फसल पर कीटों के नियंत्रण हेतु छिड़काव करें अथवा 5 किलो नीम की बारीक काटी हुई पत्तियाँ व 5 किलो नीम गिरी चूर्ण दोनों को 10 लीटर पानी में मिलाकर छानें व 100 लीटर पानी में मिला दें। 100 लीटर घोल में 200 ग्राम कपड़े धोने वाले साबुन को 200 मिली. पानी में घोलकर मिला देते हैं। इस तैयार घोल को एक एकड़ की फसल पर कीट नियन्त्रण हेतु छिड़काव करें।

ii. **नीम तेलः** नीम का तेल बाजार में सस्ता मिलता है। इसको 30 मिली (3%) या 50 मिली (5%) एक लीटर पानी में डालते हैं। इसके बाद इसमें एक मिली टीपोल मिलाकर उपयोग में लाते हैं। नीम बीज गिरी रस 2.5–5.0 लीटर प्रति हेक्टेयर धान के भूरा पृष्ठ फुदका के नियत्रंण हेतु प्रयोग करते हैं। धान में गंधी बग की रोकथाम हेतु नीम तेल 3 प्रतिशत उपयुक्त पाया गया है।

iii. **नीम की निंबोलीः** नीम निंबोली 2 किलो को 10 लीटर पानी में डालकर 4–6 दिन रखें। जब निंबोली जम जाये तो बीच बीच में लकड़ी से हिलायें और घोल को छानकर 200 लीटर पानी में मिलाकर फसलों में छिड़काव करें अथवा 50 ग्राम चूर्ण एक लीटर पानी में (5%) घोलकर 12 घंटे तक रखें तथा लकड़ी से हिलाकर घोल को महीन कपड़े से छान लेते हैं। एक लीटर मात्रा में एक मिली टाईट्रान एक्स–100 मिलाते हैं। इसके बाद इसे कीड़ों को मारने के लिए छिड़काव करते हैं।

iv. **नीम की खली** : जमीन में दीमक तथा सफेद लट एवं अन्य कीटों की इल्लियों तथा प्यूपा को नष्ट करने तथा भूमि जनित रोग विल्ट आदि के रोकथाम के लिए इसका प्रयोग किया जा सकता है। 6–8 क्विंटल नीम की खली को कूटकर बारीक करें व प्रति एकड़ अन्तिम जुताई के समय खेत में मिलायें।

जैव कीट नियन्त्रण के लाभ (Advantages of Biological Control Methods)

i. प्रयोग किये जाने वाले जैविक कारक विषैले नहीं होते हैं तथा मानव पशु व पर्यावरण को कोई हानि नहीं पहुँचाते हैं।

ii. जैविक नियन्त्रण का प्रभाव स्थायी होता है अर्थात् एक बार प्रयोग करने के बाद प्रकृति में इनका गुणन अपने आप चलता रहता है।

iii. रासायनिक नियन्त्रण की तरह इसमें मित्र कीटों को कोई हानि नहीं पहुँचती है।

iv. कुछ जैविक कारक जैसे परजीवी/परभक्षी को किसान कम खर्चे में अपने स्तर पर तैयार कर प्रयोग कर सकता है।

v. जैविक कारकों के प्रयोग के बाद फसल की कटाई के लिए कोई प्रतीक्षा अवधि नहीं होती है।

vi. किसान को जीवाणु की तैयारी के अलावा साधारणतया किसी विशेष उपचार प्रक्रिया के लिए विशेष उपकरणों/संसाधनों की आवश्यकता नहीं होती है।

vii. कीट के प्रचलित होने तक व प्रकृति में सर्वनाश होने तक जैविक कारक प्रकृति में जीवित रहते हैं।

5.1.4 जैविक पीड़कनाशी व समन्वित पीड़क प्रबन्धन (Biopesticides and IPM)

विभिन्न फसलों में कीट व व्याधि नियन्त्रण के लिए प्रयोग की जाने वाली पीड़कनाशी एवम् समन्वित पीड़क प्रबन्धन उत्पाद तालिका 5.4 में दर्शाया गया है।

तालिका 5.4. विभिन्न फसलों के लिए जैविक पीड़कनाशी एवम् समन्वित पीड़क प्रबन्धन उत्पाद।

फसल	कीट व बीमारियाँ	पीड़कनाशी व आईपीएम उत्पाद
कपास	• बॉलवर्म (कपास की सूंडी),	• ट्रेप्स, ल्यूरस, बीटी, एनपीवी, ट्राइकोग्रामा
	• सफेद मक्खी, जैसीड्स, थ्रिप्स	• नीम घोल 1500 पीपीएम
	• माईट्स	• क्राईसोपरेला, वर्टीसीलियम, बेइलुवेरीया
	• उखटा (विल्ट), पत्ती धब्बा	• ट्राइकोडर्मा, स्यूडोमोनाज
धान	• पीला तथा छेदक, लीफ फोल्डर फुदका (होपर्स)	• ट्रेप्स, ल्यूस, बीटी, ट्राइकोग्रामा
	• आवरण अंगमारी, पत्ती धब्बा	• नीम घोल 1500 पीपीएम, बेइलुवेरीया
चना, अरहर,	• फली छेदक, कटवर्म	• ट्रेप्स, ल्यूरस, बीटी, एनपीवी, ट्राईकोग्रामा
मूंग, उड़द	• उखटा रोग (विल्ट)	• ट्राईकोग्रामा, स्यूडोमोनाज
गन्ना	• छेदक	• ट्राइकोग्रामा
सोयाबीन	• इल्लीया (केटरपीलर्स)	• ट्रेप्स, ल्यूरस, बीटी, एनपीवी, ट्राईकोग्रामा

फसल	कीट व बीमारियाँ	पीड़कनाशी व आईपीएम उत्पाद
सरसो,राई	• मोयला (एफीड्स)	• नीम घोल 1500 पीपीएम, क्राइसोपरला
	• सफेद रोली, पत्ती धब्बा	• ट्राइकोडर्मा, स्यूडोमोनाज
आलू	• अगेती अंगमारी (अरली ब्लाईट)	• ट्राकोडर्मा, स्यूडोमोनाज
	• पछेती अंगमारी (लेट ब्लाईट)	

5.1.5 अन्य पीड़क नियन्त्रण सूत्रीकरण (Other Pest Control Formulations)

कई जैविक किसानों व गैर सरकारी संगठनों ने कई प्रगतिशील सूत्रण (formulations) विकसित किये हैं जो विभिन्न पीड़कों के नियन्त्रण में प्रभावी पाये गये हैं। हालाँकि इनमें से कुछ ही सूत्रीकरण वैज्ञानिक मान्यता प्राप्त है किन्तु किसानों द्वारा उनकी व्यापक मान्यता/स्वीकार्यता उनकी उपयोगिता सिद्ध करने के लिए पर्याप्त है। किसान जैविक खेती में इन सूत्रीकरणों का उपयोग कर सकते हैं क्योंकि वे अपने खेत पर बिना किसी बाजारू सामग्री के तैयार किये जा सकते हैं। कुछ लोकप्रिय सूत्रों को नीचे दर्शाया गया है।

i. **गोमूत्र (Cow Urine):** गोमूत्र को पानी के साथ 1 : 20 के अनुपात में मिलाकर छिड़काव करने से न केवल कीट व बीमारियों का प्रभावी प्रबन्धन होता है बल्कि फसल विकास को भी बढ़ावा देता है। इसका छिड़काव बुवाई के 15–20 दिन बाद प्रत्येक 10 दिन के अन्तराल पर करने से फसलों में रोग व कीटों के प्रति प्रतिरोधी क्षमता विकसित होती है जिससे कीट व्याधि प्रकोप की सम्भावनाएँ कम रहती है।

ii. **किण्वित दही का पानी (Fermented Curd Water) :** मध्य भारत के कुछ भागों में सफेद मक्खी, एफिड्स, जेसिड्स इत्यादि के प्रबन्धन के लिए किण्वित दही पानी (खमीरीकृत दही या छाछ) का उपयोग किया जाता है।

iii. **दशपर्णी अर्क (Dashparni Extract):** इसको बनाने के लिए नीम पत्ते 5.0 किग्रा, निर्गुन्डी के पत्ते 2.0 किग्रा, गिलोय पत्ते 2.0 किग्रा, सीताफल पत्ते 2.0 किग्रा, करंज पत्ते 2.0 किग्रा, अरण्डी के पत्ते 2.0 किग्रा, कनेर पत्ते 2.0 किग्रा, केलोट्रोपीस (आक) के पत्ते 2.0 किग्रा, हरीमिर्च पेस्ट 2 किग्रा, लहसुन पेस्ट 250 ग्राम, गाय गोबर 3.0 किग्रा, गोमूत्र 5.0 लीटर को 200 लीटर पानी में 2 माह के लिए रखते हैं। इनको नियमित रूप से दिन में तीन बार हिलायें, फिर इसको पीसकर निचोड़कर छान लें। यह अर्क एक एकड़ के लिए पर्याप्त है। इस अर्क को 6 माह तक संग्रहित किया जा सकता है।

iv. **नीम गाय मूत्र अर्क (Neem Cow Urine Extract):** 5 किग्रा नीम पत्ती को पानी में पीस लें व उसमें 5 लीटर गोमूत्र व 2.0 किग्रा गाय का गोबर डालें। फिर 24 घंटे किण्वन कर छान ले व इसे 100 लीटर पानी में घोल लें। यह घोल पर्ण छिड़काव के रूप में एक एकड़ के लिए पर्याप्त है। यह रस चूसने वाले कीटों व मिलीबग के नियन्त्रण के लिए प्रभावी है।

v. **पत्तियों का मिश्रित अर्क (Mixed Leaves Extract):** इसके लिए 10 लीटर गोमूत्र में 3 किग्रा नीम की पत्तियाँ पीस लें। अलग से 2.0 किग्रा, सीताफल के पत्ते, 2.0 किग्रा पपीता के पत्ते, 2.0 किग्रा अनार के पत्ते, 2.0 किग्रा अमरूद के पत्तों को पानी में पीस लें। दोनों को मिलाएँ व कुछ अन्तराल पर पाँच बार उबालें। जब तक कि यह घोल आधा न हो जाए। फिर इसे 24 घंटे तक रखें व निचोड़ कर अर्क निकाल लें। यह अर्क रस चूसने वाले कीट, फली व फल छेदक कीटों के नियन्त्रण के लिए उपयोगी है। इसके 2–2.5 लीटर अर्क को 100 लीटर पानी में मिलाकर एक एकड़ में छिड़काव करें। इसे 6 माह के लिए बोतलों में संग्रहीत किया जा सकता है।

vi. **मिर्च–लहसुन अर्क (Chilli-Garlic Extract):** इसको बनाने के लिए 10 लीटर गोमूत्र में आईपोमिया (बेशरम) की पत्तियाँ 1.0 किग्रा, 500 ग्राम तेज मिर्च, 500 ग्राम लहसुन व 5 किग्रा नीम पत्तियों को बाँट लें। इस घोल को 5 बार अच्छी तरह उबालें कि यह आधा रह जाय। फिर इसे निचोड़कर अर्क निकालें व अच्छी तरह छानकर काँच या प्लास्टिक को बोतलों में भर कर संग्रहीत करें। यह अर्क पत्ती रोलर, तना, फल व पत्ती छेदक कीटों के नियन्त्रण में उपयोगी है। इसके छिड़काव के लिए 2–3 लीटर अर्क को 100 लीटर पानी में घोलकर एक एकड़ के लिए प्रयोग करें।

vii. **व्यापक स्पेक्ट्रम सूत्रीकरण–1 (Broad Spectrum Formulation-1)**– एक ताम्बे के बर्तन में 10 लीटर गोमूत्र के साथ पीसे हुए 3.0 किग्रा ताजा नीम के पत्ते व 1.0 किग्रा नीम बीज की गिरी का चूर्ण मिलाएँ। इस घोल को बर्तन में अच्छी तरह बन्द कर (seal) 10 दिन तक किण्वन (fermentation) के लिए छोड़ दें। अलग से एक बर्तन में एक लीटर पानी में 500 ग्राम हरी मिर्च पीसकर डालें व दूसरे बर्तन में 250 ग्राम लहसुन को पीसकर रात भर रखें। अगले दिन अच्छी तरह उबले हुए मिर्च व लहसुन के घोल को पहले वाले घोल में मिलाकर छान लें। यह एक व्यापक स्पेक्ट्रम कीटनाशक है जो विभिन प्रकार के कीट नियन्त्रण में प्रयोग की जा सकती है। इसके लिए करीबन 2 लीटर घोल (अर्क) को 100 लीटर पानी में घोलकर छिड़काव करें।

viii. **व्यापक स्पेक्ट्रम सूत्रीकरण–2 (Broad Spectrum Formulation–2):** इसको बनाने के लिए पाँच किग्रा नीम बीज की गिरी

चूर्ण, एक किलो करंज बीज चूर्ण, पांच किग्रा आईपोमिया (बेशरम) की पीसी हुई पत्तियों व पाँच किग्रा नीम की पीसी हुई पत्तियों को एक ड्रम में लेवें। इसमें 10–12 लीटर गोमूत्र मिलायें व ड्रम को पानी मिलाकर 150 लीटर तक भर दें व इस ड्रम को 8–10 दिन के लिए किण्वन के लिए पूरी तरह बन्द कर दें। इसके बाद इसे खोलकर सामग्री को अच्छी तरह मिलावें। इससे जो अर्क प्राप्त होगा वह एक अच्छे कीटनाशक व वृद्धिवर्धक के रूप में काम करेगा। 150 लीटर से प्राप्त अर्क एक एकड़ के लिए पर्याप्त है। इसके अर्क (distillate) को कुछ महीनों तक बिना इसके गुण खोये रखा जा सकता है।

5.2 व्यावहारिक विधियाँ (Behavioural Methods)

5.2.1 गंधपाश (Pheromone Traps)

फिरोमोन ट्रेप फसलों को क्षति पहुँचाने वाले कीट के नर पतंगों को फंसाने के लिए प्रयोग किया जाता है। यह ट्रेप प्लास्टिक का बना होता है जिसमें कीप के आकार के मुख्य भाग पर लगे ढकन के मध्य में मादा कीट की गंधयुक्त ल्यूर (lure) लगाया जाता है जो नर पतंगों को आकर्षित करता है। कीप के निचले भाग पर पॉलीथीन की थैली लगाई जाती है जिसमें नर पतंगे फंस जाते हैं। थैली के निचले मुख पर रबर बैण्ड हटाकर फंसे पतंगों को निकाल कर मार दिया जाता है। ल्यूर विभिन्न प्रकार के नर कीटों को आकर्षित करने लिए अलग–अलग गंध का बना होता है (चित्र 5.2)। चने की फली छेदक कीट, तम्बाकू कीट, भिंडी का चित्तीदार कीट, कपास का गुलाबी लट, धान का तना छेदक, बैंगन का फल व कंलकी छेदक, फल की मक्खी कीटों के प्रौढ़ आदि को पकड़ने के लिए ल्यूर उपलब्ध हैं।

चित्र 5.2 गंधपाश (Pheromone Traps)

प्रयोग विधि : फिरोमोन ट्रेप को फसल की ऊँचाई से लगभग 2.0 फीट ऊपर रखते हुए लकड़ी के गडे हुए डण्डे में ट्रेप के हत्थे को बाँध देते हैं। ल्यूर को बन्द थैली से निकालकर ट्रेप के ढक्कन में बने स्थान पर लगाया जाता है। इसके बाद ल्यूर को 25 दिन बाद पुनः बदल देते हैं। हानिकारक पतंगों की उपस्थिति का पता करने के लिए 5–6 ट्रेप तथा अधिक से अधिक संख्या में नर कीट पतंगों को पकड़ने के लिए 15–20 ट्रेप प्रति हैक्टेयर की दर से लगाये जाते हैं। फिरोमोन ट्रेप जिनके साथ लिंग आकर्षक (7z, 11z, 7,11) हेक्जाडीकेन्डीनल औसतन 103 नर पतंगों को प्रति दिन करीब 6 दिन तक पकड़ सकता है।

5.2.2. फेयरोमोन्स (Fairomones)

ये वाष्पशील यौगिक पदार्थ होते हैं जो व्यावहारिक प्रतिक्रिया ग्रहण करने वाले के अनुरूप बनाते हैं। फेयरोमोन्स या तो मेजबान पौधे (host plants) द्वारा या मेजबान कीटों (host insects) द्वारा रिलीज किये जाते हैं। पहला (former) कीटों और प्राकृतिक शत्रुओं द्वारा उनके आवासों (habitats) का पता लगाने के लिए व बाद वाला शिकार खोजने व परजीवीकरण शिकार (parasitisation) के लिए उपयोग किया जाता है। मेजबान पौधों से फेयरोमोन्स को प्रभावी रूप से बड़े पैमाने पर कीट प्रजातियों को पकड़ने के साथ निगरानी के लिए इस्तेमाल किया जा सकता है शिकारियों की क्षमता का उपयोग करने के लिए व क्षमता बढ़ाने के लिए फेयरोमोन्स यौगिक पदार्थों का परभक्षी क्राईसोपरला कारनिआ (*Chrysoperla carnea*) और अण्ड परजीवी ट्राईकोग्रामा किलोनिस (*Trichogramma chilonis*) के लिए सफलतापूर्वक प्रदर्शन किया गया है।

5.3. शस्य विधियाँ (Cultural Methods)

उन्नत शस्य विधियों का मुख्य उदेश्य वातावरण की परिस्थितियों के अनुसार उनमें हेरफेर कर पौधों को कीट व बीमारियों से बचाया जा सकें। कीट व बीमारियों के नियन्त्रण के लिए महत्त्वपूर्ण शस्य क्रियाएँ इस प्रकार हैं –

5.3.1 फसल किस्म का चयन (Selection of Crop Varieties)

प्रायः यह देखा गया है कि उच्च उपज क्षमता व गुणवत्ता वाली वाली किस्में बीमारियों व कीटों के प्रति प्रतिरोधक/सहिष्णुता क्षमता कम या नहीं के बराबर होती है इसीलिए अनुसंधान कर विभिन्न फसलों की कई उन्नत किस्में विकसित की गई है जो कीट व बीमारियों के प्रति प्रतिरोधक क्षमता रखती है। ये प्रतिरोधी किस्में जैविक खेती के लिए बहुत महत्त्वपूर्ण हैं क्योंकि जैविक खेती में कीटनाशक रसायनों का प्रयोग वर्जित है। लेकिन किसी भी परिस्थिति में जैविक खेती प्रणाली में आनुवांशिक रूप से संशोधित बीटी किस्मों का उपयोग नहीं किया जा सकता है। यह पाया है कि गेहूँ की ठोस तने वाले किस्में खोखले तने वाली किस्मों की तुलना में तना मक्खी (sawfly) के प्रति अधिक प्रतिरोधी होती है। इसी तरह कुछ किस्में शीर्ष अंगमारी जैसी बीमारियों से बच सकती है। लेकिन फिर भी यह पाया

हैं कि कुछ शस्य कारक जैसे बुवाई का समय, पोषक तत्त्वों की उपलब्धता, पौधों की आकृति, विकास की क्षमता, फसलों/किस्मों के परिपक्वता में अन्तर जैसे कारक कीट विकास, प्रजनन व मेजबान की प्राथमिकता को प्रभावित कर सकते हैं। उदाहरण के लिए जल्दी पकने वाली फसल किस्में देरी से पकने वाली किस्मों की तुलना में टिड्डी से कम प्रभावित होती हैं।

5.3.2 बीज गुणवत्ता (Seed Quality)

उच्च गुणवत्ता वाले बीज का उपयोग बीमारियों की रोकथाम के लिए बहुत महत्त्वपूर्ण है। बीज कंड (smut), अरगट पिंड (ergot bodies) व अन्य बीमारी जीवाणुओं से मुक्त होना चाहिए। कुछ ही बीमारियाँ बीज जनित होती है बाकी ज्यादातर मिट्टी, पौधों व हवा से फैलती है। कई फसलों जैसे सनई, राई व दालों जैसी फसलों के बीज में दरारें होने से मिट्टी जनित रोगों के सूक्ष्म रोगाणु के प्रवेश बिन्दु के रूप में काम कर सकती है। अतः स्वस्थ, बोल्ड बीज की ही बुआई करें।

5.3.3 जुताई/कर्षण क्रियाएँ (Tillage Operations)

कीट व बीमारियों के नियन्त्रण में जुताई एवं कर्षण क्रियाओं की अहम भूमिका है। जुताई कीट एवम् रोगाणुओं के फैलने के लिए प्रतिकूल परिस्थितियाँ उत्पन्न करते हैं। गर्मी की जुताई से कई हानिकारक कीटों के लाखों अण्डें, इल्ली, प्यूपा व बीमारियों के कीटाणु भूमि की सतह पर आ जाते हैं जहाँ वे चिड़ियों द्वारा खा लिये जाते हैं या कड़ी सूर्य की गर्मी से नष्ट हो जाते हैं। जुताई ऊपरी सतह पर आये कीटों को भूखे रहने में मदद कर सकती है तथा वयस्कों को मिट्टी में अण्डे देने से रोकती है। इसी प्रकार फसलों के कुछ हानिकारक फफूंद तथा जीवाणु भी नष्ट हो जाते हैं। अतः रबी फसल की कटाई के तुरन्त बाद गर्मी की जुताई करें।

5.3.4 बुवाई का समय (Sowing Time)

फसलों की बुवाई का समय इस प्रकार निश्चित किया जाय कि पौधों के विकास का अति संवेदनशील समय कीट बीमारियों के जीवन चक्र के अनुकूल नहीं हो जैसे जल्दी बुवाई करने से अनाज वाली फसलों को टिड्डी, एफिड्स, तना मक्खी, इत्यादि से, गेहूँ व जौ का मिज (midge) व पीला बौना वायरस (yellow dwarf virus) बीमारियों से व मटर को पाउडरी मिल्ड्यू से हो रही क्षति को कम किया जा सकता है। इसी तरह देरी से बुवाई करने से गेहूँ की फसल को स्ट्रेक मोजेक वायरस (streak mosaic virus) से, व अनाज वाली फसलों को वायर वर्मस व कटवर्म से, जौ को थ्रीप्स से होने वाले नुकसान को कम किया जा सकता है। यदि मक्का को देरी से बोई जाय तो तना छेदक से बचाया जा सकता है क्योंकि ट्राईकोग्रामा परभक्षी इस कीट की आबादी को कम रखने में सक्षम है। बुवाई के समय में हेरफेर करने से फसल की उत्पादकता भी कम हो सकती है अतः सीमित बदलाव करना ही उचित रहता है।

5.3.5 बीज बुवाई की गहराई (Depth of Seeding)

फसलों की बुवाई उचित गहराई पर करना भी महत्त्वपूर्ण है। ठंडे मौसम में यदि दलहनी व अन्य छोटे बीजों वाली फसलों को अधिक गहराई पर बोया जये तो अंकुरण अंगमारी (seedling blight), आर्द्रपतन (damping off) बीमारियों के होने का अंदेशा रहता है। अलग अलग फसलों के लिए निर्धारित उचित गहराई पर ही फसलों की बुवाई करनी चाहिए। बुवाई के समय यदि मिट्टी ढीली है तो पाटा लगाकर मिट्टी को सख्त करें ताकि मिट्टी में स्थिति नमी ऊपर आकर अंकुरण में मदद कर सके। ज्यादातर फसलों में जब मिट्टी गर्म हो तभी बुवाई करनी चाहिए। ठंडी जमीन में अनअकुंरित बीज पर कटवर्म इत्यादि कीटों का भी प्रकोप हो जाता है जिससे अंकुरण प्रभावित होता है।

5.3.6 पौधों की संख्या (Plant Population)

प्रति इकाई क्षेत्र में पौधों की संख्या फसल के आसपास की जलवायु को प्रभावित करती है। आवश्यकता से अधिक पौधे होने पर आर्द्रता बढ़ती है जो कीट व बीमारियों को फैलाने के लिए बहुत ही अनुकूल है। इसलिए यह आवश्यक है कि विभिन्न फसलों में सिफारिश के अनुसार पौधों की संख्या रखें ताकि कीटों व बीमारियों के गुणन व संक्रमण से फसलों को बचाया जा सके।

5.3.7 फसल चक्र (Crop Rotation)

उचित फसल चक्र अपनाकर कीट व बीमारियों की समस्याओं से काफी हद तक फसलों को बचाया जा सकता है। जैसे मूंगफली के बाद मक्का बोई जाय तो सफेद लट के प्रकोप से बचा जा सकता है। इसी तरह अरहर व चने की फसल को उखटा रोग व सूत्रकृमि के प्रकोप से बचाने के लिए गैर दलहनी फसलों की बुवाई करें। फ्लीआ बीटल (flea beetle), बटर फ्लाई (butter fly), गेहूँ मिज, गेहूँ तना मेगोट, गेहूँ तना सॉफ्लाई के नियन्त्रण के लिए विभिन्न प्रकार के फसल चक्र बहुत प्रभावी सिद्ध हुए हैं। फसल चक्र से मृदा तथा पौधों को ठूंठ जनित बीमारियों से बचाया जा सकता हैं। फसल चक्र से बचाव कई कारकों पर निर्भर करता है जैसे रोगजनक का बिना मेजबान के व अन्य रोग जनक, मेजबान पर जीवित रहने की क्षमता। जिन रोगजनकों की मेजबान शृंखला विस्तृत होती है उन कीट, बीमारियों का नियन्त्रण फसल चक्र से करना कठिन होता है।

5.3.8 अन्तर्शस्यावर्तन (Intercropping)

विविध फसल ज्यामिति के साथ अन्तर्शस्यावर्तन एकल फसल प्रणाली की तुलना में कीटों के संक्रमण को सीमित करता है। विविध शस्यावर्तन न केवल वयस्कों को अण्डे देने में बाधित करता है बल्कि वाष्पशील एलीलो रसायन (allelo chemical) भी स्रावित करता है जिसके प्रभाव से एक विशेष प्रकार के कीट के गुणन के लिए उपयुक्त सूक्ष्म जलवायु नहीं मिलती है। उदाहरण के लिए गाजर या टमाटर के

साथ गोभी के अन्तर्शस्यावर्तन करने से डायमंड बैक मोथ कीट का प्रभावी ढंग से नियन्त्रण किया जा सकता है।

5.3.9 पाश फसलें (Trap Crops)

यह अधिकांश कीट समस्याओं को कम करने का एक प्रभावी तरीका है। पाश फसलों का अर्न्तफसल या बोर्डर फसल के रूप में उगाना एक महत्त्वपूर्ण फसल प्रणाली है। मुख्य फसल की तुलना में पाश फसल कीट के लिए विशेष रूप से आकर्षक होनी चाहिए। पाश फसल या तो कीट को मुख्य फसल तक पहुँचने से रोकता है या उसे उस क्षेत्र के एक निश्चित हिस्से तक सीमित करके सुरक्षा प्रदान करता है जहाँ वे कम खर्च में नष्ट किये जा सकते हैं। पत्तागोभी के साथ सरसों की बुवाई डायमण्ड बेकमोथ कीट, एफिड्स व लीफ वेबर कीटों के नियन्त्रण में प्रभावी पाया गया है। गैंदा फूल कपास की सूंडी के नियन्त्रण में प्रभावी ट्रेप फसल हैं। इसके अलावा यह वयस्कों को भी इसके पत्तों पर अण्डे देने के लिए आकर्षित करता है। सब्जियों की खेती में जहाँ फूलों की मक्खी एक बड़ी समस्या है वहाँ फलों की मक्खी को आकर्षित करने के लिए मक्का के पौधे एक पाश फसल हो सकते हैं।

5.3.10 ट्रेप पट्टी (Trap Strip)

एक फसली क्षेत्र के चारों और बाड़ के सहारे ट्रेप फसल की एक पट्टी कीटों को लुभाने में मदद करती है जहाँ उन्हें अधिक आसानी से नियन्त्रण किया जा सकता है। उदाहरण के लिए गेहूँ के खेत के चारों ओर ब्रोम घास लगाने से गेहूँ तना मक्खियों व उनके मूल परजीवियों को गेहूँ में तना मक्खियों व उनके मूल परजीवियों को गेहूँ की फसल से दूर रखा जा सकता है इसी तरह आलू की मुख्य फसल की बुवाई से बहुत पहले यदि आलू की एक पट्टी बॉर्डर पर लगाई जाय तो वह कोलो रेडो बीटल को आकर्षित करेगा व फिर इस पट्टी को वयस्क बीटल, अण्डे व लार्वा के साथ नष्ट किया जा सकता हैं। जिससे मुख्य फसल में कीट नियन्त्रित रहेगा। आमतौर पर ट्रेप पट्टी में शत्रु कीट का नियन्त्रण मोवर चलाकर या पट्टी की जुताई कर या एक स्वीकार्य जैविक उत्पाद जैसे कि बेसिलस थूरिनजीएन्सीस द्वारा नियन्त्रित किया जा सकता है। ट्रेप पट्टी फसल को कीटों से बचाने के लिए एक बाधा के रूप में कार्य कर सकते हैं।

5.3.11 जल प्रबन्धन (Water Management)

फसलों में सिंचाई करने पर मिट्टी में रहने वाले कीट या तो घुटन से नष्ट हो जाते हैं या फिर मिट्टी की सतह पर आ जाते हैं जो पक्षियों के शिकार हो जाते हैं। भूमि में जरूरत से ज्यादा नमी होने पर विभिन्न बीमारियों का भी प्रकोप देखा गया है जैसे कन्द बनते समय आलू की फसल की सिंचाई करने से स्केब (scab) बीमारी का प्रकोप हो जाता है। यह पाया है कि फलीदार फसलों की एन्थ्रेक्नोज

(anthracnose), आलू की अगेती अंगमारी (early blight) व चारकोल रोट (charcol rot) का कुंड विधि से सिंचाई करने से नियन्त्रण किया जा सकता है।

5.3.12 संतुलित पोषण (Balanced Nutrition)

फसल की गुणवत्तायुक्त उपज व नमी के उपयोग की दक्षता के लिए मिट्टी का संतुलित पोषण आवश्यक है। फसलों में पोषक तत्त्वों का प्रयोग मृदा परीक्षण पर आधारित होना चाहिए तथा साथ ही पौधो में कमी की पहचान के लिए उत्तक परीक्षण होना चाहिए। मिट्टी में नत्रजन की अधिकता होने पर पौधों की बढ़वार अधिक होती है तथा पत्तियाँ भी मुलायम होती है जो पौधों को कीटों व रोगजनकों के लिए एक आदर्श वातावरण प्रदान करती है व प्रकोप बढ़ जाता है इसलिए आवश्यक है कि भूमि में नत्रजन के संतुलित प्रयोग पर ध्यान दिया जाय। इसके ठीक विपरीत मिट्टी में अपर्याप्त फॉस्फोरस की मात्रा से कुछ जड़ों के रोगों के नियन्त्रण में सहायक होते हैं। नत्रजन का निम्न स्तर कीटों के प्रकोप को कम कर सकता है। जस्ता या ताम्बे जैसे सूक्ष्म पोषक तत्त्वों की कमी से फसलों में रोग जैसे लक्षण हो सकते हैं। जबकि किसी एक सूक्ष्म तत्त्व की बहुत अधिक मात्रा में भी विषेला हो सकता है। जैविक खेती में सड़ा हुआ गोबर खाद कम्पोस्ट के प्रयोग से मिट्टी की गुणवत्ता में सुधार होता है व मिट्टी में सूक्ष्मजीवों की आबादी में वृद्धि होती है जो मिट्टी जनित पौधो के रोग जनकों के साथ प्रतिस्पर्धा करते हैं व नष्ट करने में सहायक होते हैं।

5.3.13 स्वच्छता (Sanitation)

फसलों में बीमारियों के नियन्त्रण के लिए रोगग्रस्त पौधों या पौधों के हिस्सों को खेत से हटाना आवश्यक है। पोधों या भूमि में संक्रमण करने वाले बीजाणु, जीवाणु से रोग को फैलने से रोकने के लिए रोगजनक को ले जाने वाले सभी साधनों जैसे बीज, पानी, पौधे के डंठल, ठूंठ, कच्चा गोबर खाद इत्यादि को देखा जाना चाहिए। कीटों का संक्रमण अक्सर उनके वेकल्पित मेजबान पौधों को नष्ट करके भी प्रभावी रूप से किया जा सकता है। गन्ने की फसल में संक्रमित नवीन पौधों व पौधों के ठूंठों को नष्ट करने से गन्ना छेदक के प्रकोप को काफी हद तक कम किया जा सकता है।

5.3.14 पूर्वानुमान (Forecasting)

जैविक खेती में विशेषतौर से उत्पादकों को विभिन्न कीटों व बीमारियों के संक्रमण की संभावनाओं/पूर्वानुमानों पर ध्यान देना चाहिए। इन पूर्वानुमानों के मानचित्र आमतौर पर प्रमुख कीटों व बीमारियों के लिए उपलब्ध होते हैं जैसे टिड्डी (grass hoppers), गेहूँ के मिज (midge) इत्यादि के। कृषि मौसम सम्बन्धी पूर्वानुमान तथा चेतावनियों पर ध्यान देकर समय पर आवश्यक कदम उठाकर कीट व बीमारियों के प्रकोप को नियन्त्रित किया जा सकता है।

5.3.15 पक्षी बसेरा (Bird Perches)

खेत में खपचियाँ लगाकर पक्षियों के लिए बसेरा तैयार किया जाता है। जिन पर शिकारी पक्षी शिकार की तलाश में आराम करती हैं व जैसे ही कीट की लटें व प्युपा दिखाई देते हैं वे तुरन्त लपक कर उनका शिकार कर लेते हैं जिससे कीटों के प्रकोप में कमी आती है। पक्षी बसेरा बनाने के लिए बाँस या पेड़ की शाखाओं से खपचियाँ बनाई जाती है व उनको खेत में नियमित अन्तराल पर रोप देते हैं। खेत में जीवित पक्षी खपचियाँ लगाने के लिए कांगनी (foxtail millet) लगाएँ क्योंकि ये पौधे शिकारी पक्षियों के बैठने के लिए आकर्षक पाए गये हैं व पक्षी इनके बीजों को भी खाते हैं। कपास के खेत में कपास की प्रत्येक 9–10 पंक्तियों के बाद एक पंक्ति कांगनी की लगायें। जो पक्षी इन पौधों पर बैठेंगे वे कपास की सूंडी व अन्य कीटों को खा जाते हैं जिससे इनका प्रकोप कम हो जाता है।

■■■■

6 जैविक खेती में खरपतवार प्रबन्धन (Weed Management in Organic Farming)

खरपतवार खनिज पोषक तत्त्वों, नमी, प्रकाश, स्थान आदि के लिए फसल के पौधों से प्रतिस्पर्धा करते हैं, जो फसल की वृद्धि व उपज पर प्रतिकूल प्रभाव डालते हैं। विभिन्न पीड़कों से फसलों की कुल हानि में से खरपतवारों से 45 प्रतिशत, कीटों से 30 प्रतिशत, बीमारियों से 20 प्रतिशत व अन्य से 5 प्रतिशत की होती है। खरपतवारों से होने वाली हानि विभिन्न फसलों में उनकी परिस्थितियों के अनुसार 35–90 प्रतिशत तक हो सकती है। उपलब्ध विभिन्न आँकड़ों के अनुसार औसतन हानि गेहूँ में 15–30, धान में 30–35 और मक्का ज्वार, दलहन व तिलहन फसलों में 18–85 प्रतिशत तक होती है। किन्तु किसान अपने खेत में विभिन्न तरह के खरपतवार नियन्त्रण के तरीक अपनाते हैं अतः हमारे देश में फसल की पैदावार में कुल मिलाकर 10 प्रतिशत कमी का अनुमान लगाया जाता है। इन आँकड़ों से यह प्रदर्शित होता है कि खरपतवार फसल पीड़कों में सबसे महंगी श्रेणी में आता है।

खरपतवार नियन्त्रण की दृष्टि से फसल के जीवन चक्र में खरपतवार फसल प्रतिस्पर्धा (weed crop competition) की क्रान्तिक अवस्था (critical stage) बहुत महत्त्वपूर्ण है। विभिन्न फसलों के लिए खरपतवार शस्य स्पर्धा की क्रान्तिक अवस्थाएँ अलग–अलग हैं। आमतौर पर 90–100 दिनों की अवधि वाली फसल में बुवाई के 30–35 दिनों बाद तक अच्छी उपज के लिए खरपतवार मुक्त रखना चाहिए। विभिन्न फसलों की खरपतवार फसल प्रतिस्पर्धा की क्रान्तिक अवस्था तालिका 6.1 में दर्शाई गई है।

तालिका 6.1. विभिन्न फसलों में खरतपवार फसल स्पर्धा की क्रान्तिक अवस्थाएँ

क्र.स.	फसल	क्रान्तिक अवस्थाएँ (दिन बुवाई के बाद)
1.	मक्का	15-45
2.	ज्वार	15-45

क्र.स.	फसल	क्रान्तिक अवस्थाएँ (दिन बुवाई के बाद)
3.	सरसों/राई	15-40
4.	सूरजमूखी	45-60
5.	सोयाबीन	20-45
6.	अरण्डी	30-40
7.	तिल	15-45
8.	कुसुम	40-50
9.	खरीफ दालें	15-30
10.	अरहर	15-60
11.	कपास	15-60
12.	मूंगफली	30-50
13.	गेहूँ	30-45
14.	चावल (सीधी बुवाई)	15-45
15.	चावल (प्रत्यारोपित)	30-45
16.	चना	30-60
17.	मटर	30-60
18.	गन्ना	30-120

जैविक कृषि में खरपतवार प्रबन्धन के लिए केवल गैर रासायनिक विधियाँ पारिस्थितिकी दृष्टिकोण (ecological approach) ही अपनाया जाता है। एक जैविक किसान जिसे खरपतवारों का अपने खेत में/फसल में नियन्त्रण करना है उसे निश्चित रूप से अपने खेत में उगने वाले खरपतवारों के प्रकार व उनकी वृद्धि की आदतों से भलीभाँति परिचित होना चाहिए ताकि यह निर्धारित किया जा सके कि उस फसल परिस्थिति में किन–किन खरपतवार नियन्त्रण विधियों का समायोजन किया जाय। जैविक खेती में प्रयोग की जाने वाली महत्त्वपूर्ण खरपतवार नियन्त्रण विधियों या खरपतवार प्रबन्धन प्रथाओं में सम्मलित हैं निवारक उपाय (preventive mesaures), उच्च फसल उत्पादन तरीके (good crop husbandry methods), भौतिक व यान्त्रिक तरीके (physical and mechanical methods) व जैविक विधियाँ (biological methods)। विभिन्न खरपतवार नियन्त्रण विधियों का संक्षिप्त विवरण नीचे दिया गया है –

6.1 खरपतवार निवारक उपाय (Weed Prevention Mesaures)

खरपतवार के निवारण में वे सभी उपाय शामिल है जो एक क्षेत्र में खरपतवारों के प्रवेश व स्थापना को बाधित करता है। दूसरे शब्दों में वे सभी उपाय या प्रथाएँ जो खरपतवारों की रोकथाम के लिए समस्या बनने को हतोत्साहित करने में मदद करती हैं। इस प्रकार किसी भौतिक या रासायनिक विधि को अपनाये बिना जिसका मुख्य उद्देश्य खरपतवारों में अंकुरण योग्य बीज बनने से रोकना है इसीलिए खरपतवार नियंत्रण योजना में निवारक उपायों का समावेश अन्य तरीकों से खरपतवारों का नियन्त्रण करने में किसानों के प्रयासों को कम करता है व खरपतवार प्रबन्धन में श्रम व लागत की बचत करता है। खरपतवार निवारक उपाय अनिष्टकारी खरपतवारों के विरूद्ध अत्यन्त महत्त्वपूर्ण हैं क्योंकि यदि ये खरपतवार एक बार फसल क्षेत्र या गैरफसली क्षेत्र में स्थापित हो जाये तो उनका नियन्त्रण व उन्मूलन करना अत्यन्त कठिन है। महत्त्वपूर्ण खरपतवार निवारक उपाय निम्न है –

i. खरपतवार के बीजों से मुक्त साफ फसल बीजों की बुवाई।

ii. जानवरों को खिलानें वाले भोज्य पदार्थों जैसे घास, दाने इत्यादि का खरपतवार बीज मुक्त होना।

iii. देशी खाद/कम्पोस्ट गड्ढे में बीजयुक्त खरपतवार डालने से बचें। हमेशा अच्छी विघटित सड़ी हुई गोबर खाद/कम्पोस्ट का प्रयोग करें।

iv. स्वच्छ खरपतवार बीज मुक्त कृषि यन्त्रों का उपयोग करें। इसके अलावा एक खेत से दूसरे खेत में कृषि यन्त्रों को ले जाने से पहले अच्छी तरह साफ करें।

v. फसल खेतों के आसपास के क्षेत्रों, सड़कों, रास्तों, सिंचाई नालियों व गैर फसली क्षेत्रों में खरपतवारों को फूल आने से पहले नष्ट करें।

vi. अंकुरित खरपतवारों से मुक्त रोप की रोपाई करें।

vii. अनिष्टकारी (obnoxious) खरपतवारों से ग्रसित क्षेत्र से जानवरों के प्रवेश को रोकना।

viii. रोड़, रास्ते, अनउपजाऊ, बंजर जमीन से फूल आने से पहले खरपतवारों को नष्ट करें।

ix. खरपतवार प्रभावित क्षेत्रों से मिट्टी को अन्य क्षेत्रों में स्थानान्तरित नहीं करना।

x. अजनबी खरपतवारों के प्रति जागरूक रहना। किसी भी अजनबी/असामान्य परदेशी दिखने वाले खरपतवार के लिए बार बार अपने खेत का निरीक्षण करें।

xi. खरपतवारों की पट्टी को गहरी जुताई कर फूल आने से पूर्व नष्ट कर दें या उन्हें जड़ सहित उखाड़ कर जला दें।

6.2 खरपतवार नियन्त्रण के तरीके (Weed Control Methods)

खरपतवार नियन्त्रण फसल में खरपतवार संक्रमण को इस हद तक सीमित करना कि आर्थिक रूप से सुदृढ़ फसल उत्पादन लिया जा सके। खरपतवार नियन्त्रण का उद्देश्य यह है कि बिनचाहे पौधों (खरपतवार) की बढ़वार को नियन्त्रित रखना, न कि इनको खेत में से बिल्कुल समाप्त करना। खरपतवारों के नियन्त्रण में यह प्रमुखता से ध्यान रखना होता है कि इस कार्य में कितना व्यय होगा व कितना शुद्ध लाभ मिलेगा। जैविक खेती में खरपतवार नियन्त्रण के लिए नियोजित तरीके निम्नलिखित हैं।

6.2.1 खरपतवार नियन्त्रण की शस्य विधियाँ (Good Crop Husbandry/Cultural Methods of Weed Control)

खरपतवार नियंत्रण में प्रयुक्त उन्नत शस्य क्रियाएँ विस्तार से नीचे दी गई हैं।

6.2.1.1 स्पर्धाशील फसलों व किस्मों का चयन (Selection of Competitive Crops and Varieties)

जिन खेतो में खरपतवारों का अधिक प्रकोप होता है उनमे अधिक बढवार वाली फसलें जैसे खरीफ में ज्वार, मक्का, चंवला, उड़द, मूंग, सोयाबीन, सनई आदि व रबी में गेहूँ, जौ, मटर इत्यादि स्पर्धाशील फसलें बोनी चाहिए। इसी तरह खरपतवारों से प्रभावित क्षेत्रों में स्पर्धाशील किस्में बोनी चाहिए जो प्रारम्भिक अवस्था में अच्छी बढ़वार कर सके। जैसे सोयाबीन जे.एस. 75–76, जे.एस. 205, गेहूँ डब्ल्यू.एच. 147, मटर की जवाहर मटर इत्यादि।

6.2.1.2 बुवाई की उचित विधियाँ (Proper Planting Methods)

जो बुवाई विधि मृदा की सतह को खुरदरी व सूखी छोड़ देती है व प्रारम्भिक खरपतवार वृद्धि को हतोत्साहित करती है वह उत्तम रहती है। उदाहरण के लिए बुवाई पूर्व सिंचाई के बाद तैयार किये गये खेत में गेंहूँ, जौ इत्यादि रबी फसलों की बुवाई। इस विधि में फसल के बीजों के ऊपर 3–5 सेन्टीमीटर मिट्टी की खुरदरी सूखी परत छोड़ देते हैं। मिट्टी की ऐसी स्थिति खरपतवार बीजों के अंकुरण को रोकती है व खरपतवार समस्या को फसल की प्रारम्भिक अवस्था में काफी हद तक कम कर देती है। इसी तरह वर्षा के मौसम में भी किसानों को अपने खेत की तैयारी पूरी कर कम से कम समय में अतिशीघ्र फसलों की बुवाई करनी चाहिए। सीधी बुवाई व न्यूनतम जुताई की विधियाँ खरपतवार की प्रारम्भिक समस्याओं को कम करने में काफी उपयोगी साबित हुई हैं। गर्मी में कुंड़ में फसलों की बुवाई करना खरपतवार नियंत्रण के लिए काफी उपयोगी सिद्ध हुई है।

6.2.1.3 बुवाई का उचित समय (Proper Planting Time)

विभिन्न फसलों को सिफारिश अनुसार उचित बुवाई समय की तुलना में कुछ पहले या बाद में किसी फसल विशेष की बुवाई करने से भी खरपतवार के संक्रमण को कम करने में मदद मिलती है। उदाहरण के लिए मक्का व कपास की बुवाई यदि मानसून वर्षा के 15–20 दिन पूर्व सिंचाई कर दें तो खरपतवार संक्रमण को काफी हद तक कम किया जा सकता है। इसी तरह रबी में भी यदि फसलों की उपयुक्त किस्मों की बुवाई कुछ देरी से की जाय तो खरपतवारों की समस्या में कमी आती है।

6.2.1.4 पौधों की उचित संख्या (Optimum Plant Stand)

विभिन्न फसलों में सिफारिश अनुसार पौधों की संख्या बनाये रखना न केवल उत्पादन की दृष्टि से आवश्यक है बल्कि खरपतवार संक्रमण को रोकने के लिए भी बहुत जरूरी है। खेत में पौधों की संख्या आवश्यकता से यदि कम है तो फसलों में खरपतवारों का संक्रमण काफी अधिक होता है जिसे बाद में नियन्त्रण करना काफी मुश्किल व मंहगा रहता है। इसलिए उचित पौधों की संख्या बनाये रखने के लिए उचित बीज दर, उचित किस्मों का चयन, बुवाई की सही विधि, कीट व बीमारियों से बीज का संरक्षण इत्यादि वांछित पौधों की संख्या प्राप्त करने के लिए बहुत ही महत्त्वपूर्ण है जिससे प्रारम्भिक अवस्था में ही फसल पौधे खरपतवारों की प्रतिस्पर्धा देने में सक्षम हो जाते हैं।

6.2.1.5 परिवेश को फसल के अनुकूल बनाना (Selective Crop Stimulation)

सामान्यत किसी भी परिवेश में फसलों की तुलना में खरपतवार अधिक वृद्धि करते हैं व फसलों के साथ वृद्धि कर अधिक क्षति पहुचाते हैं। अतः यह आवश्यक है कि खेत के परिवेश को फसल के अनुकूल व खरपतवारों के प्रतिकूल बनाया जाये जैसे सड़ी हुई गोबर खाद या कम्पोस्ट का प्रयोग करें जिसमें खरपतवार के बीज न हो, जीवाणु खाद जैसे दलहनी फसलों में राइजोबियम कल्चर व फॉस्फेट सोल्यूबलाईजींग बेक्टीरिया (PSB) व अन्य फसलों में एजेटोबेक्टर, एजोस्पीरिलम व पीएसबी का सिफारिश अनुसार प्रयोग इत्यादि। इसके अलावा यदि मिट्टी समस्याग्रस्त है व फसल के लिए अनुकूल नहीं है तो फसल के विकास को बढावा देने के लिए आवश्यक भूमि सुधारक जैसे जिप्सम, केल्सियम कार्बोनेट आदि का प्रयोग क्षारीय एवं लवणीय मृदाओं में करते हैं। इन मृदा सुधारकों के प्रयोग से मृदा की रासायनिक, भौतिक एवं जैविक दशाओं में फसल उगाने के लिए अनुकूल परिवर्तन हो जाता है जिससे फसलों की बढवार अच्छी होती है तथा खरपतवारों से स्पर्धा करने की क्षमता बढती है। लवणीय मृदाओं में वर्षा जल भरकर लवणों का निक्षालन कर भूमि का सुधार किया जा सकता है।

6.2.1.6 फसल चक्र (Crop Rotation)

फसल चक्र अपनाने से फसल से सम्बन्धित खरपतवार व फसल आधारित परजीवी खरपतवार नियन्त्रित करने में सफलता मिलती है। जैसे गेहूँ में गुलीडण्डा (canary grass) व जंगली जई (wild oat) के नियन्त्रण के लिए अगली सीजन में आलू, चना, बरसीम इत्यादि फसलें उगायें जिससे तीन वर्ष में इन खरपतवारों का पूर्ण रूप से नियन्त्रित किया जा सकता है। इसी तरह रिजके में परजीवी खरपतवार जैसे अमरबेल, ज्वार व बाजरे में स्ट्राईगा, सरसों व तम्बाकू में आग्या (orobanche) का उचित फसल चक्र अपनाकर सफल नियन्त्रण किया जा सकता है।

6.2.1.7. ग्रीष्मकाल में खेत रिक्त रखना (Summer Fallowing)

जिन खेतों में बहुवर्षीय खरपतवारों का बाहुल्य होता है उनमें ग्रीष्मकाल में फसल न उगायें। बहुवर्षीय खरपतवार जैसे मोथा, दूबघास, कांस आदि जिनमें भूमिगत तना व कंद होते हैं इनमें ये भोजन संचित रखते हैं तथा उपयुक्त परिवेश वातावरण मिलने पर वृद्धि करने लगते हैं। ग्रीष्मकाल में खेत रिक्त रखकर मिट्टी पलटने वाले हल से गहरी जुताई करने से भूमिगत खरपतवारों के वानस्पतिक भाग जैसे प्रसुप्त कलिकाएँ, कन्द, प्रकन्द उपर आ जाते हैं तथा गर्मियों में तापक्रम अधिक होने से सूख जाते हैं। एक या दो बार हेरो चलाने से दबे हुए शेष तने भी ऊपर आकर सूख जाते हैं। सघन कृषि में जहाँ एक वर्ष में 3 से 4 फसलें एक ही खेत में लेते हैं वहाँ बहुवर्षीय खरपतवार बहुतायत से हो जाते हैं। अतः ग्रीष्मकाल में इन खेतों को रिक्त रखकर बहुवर्षीय खरपतवारों का सफल नियन्त्रण कर सकते हैं। ग्रीष्मकालीन जुताई से भूमि में छिपे कीटों का भी नियन्त्रण हो जाता है जो एक अतिरिक्त लाभ है।

6.2.1.8 डोलियों व सिंचाई नालियों का क्षेत्र कम करना (Reduction in Area under Bunds and Channels)

किसान अपने खेत में तो खरपतवार नियन्त्रण करता है किन्तु खेत में डोलियों व सिंचाई नालियों पर उगे खरतपतवारों का पूरी तरह नियन्त्रण नहीं करता है जिससे खरपतवारों के बीज बन जाते हैं जो पूरे खेत में इसको फैला देते हैं अतः आवश्यक है कि डोलियों व नालियों का क्षेत्र कम से कम रखा जाएँ।

6.2.1.9 निर्मूल बीज क्यारी (Stale Seed Bed)

जिन खेतों में स्वाभाविक रूप से अधिक खरपतवार उगते हैं उन खेतों में बुवाई करने के पूर्व सिंचाई कर खरपतवारों को उगाएँ व उसे कम गहराई पर ब्लेड हैरो या बक्खर चलाकर निर्मूल (नष्ट) करने के बाद बुवाई करने की विधि को निर्मूल बीज क्यारी बनाना कहते हैं। यदि सिंचाई की सुविधा नहीं है तो उस दशा में खरीफ में जब मानसून पूर्व जो वर्षा होती है व उससे जो खरपतवार उग आते हैं उन्हे बक्खर या अन्य यन्त्र जो कम गहराई पर चले, चलाकर नष्ट करने के बाद

बुवाई करें। जुताई का जगह पेराक्वेट खरपतवारनाशी का प्रयोग कर भी खरपतवारों को नष्ट कर निर्मूल क्यारी तैयार की जा सकती है पर यह जैविक खेती में सम्भव नहीं है।

निर्मूल क्यारी बनाकर मक्का, ज्वार, सोयाबीन, धान इत्यादि खरीफ फसलों की बुवाई करने से निराई गुड़ाई पर कम खर्च होता है तथा खरपतरवार स्पर्धा भी कम होती है। रबी फसलों में निर्मूल बीज क्यारी बनाकर गेहूँ, जौ, चना, मटर आदि की बुवाई करने के बाद निराई की आवश्यकता नहीं होती है परन्तु खरपतवार जैसे गुलीडण्डा जिनके पूरे बीज एक साथ नहीं उगते हैं उस दशा में यह विधि इतनी कारगर नहीं होती है।

6.2.1.10 अन्तर्शस्यावर्तन (Intercropping)

जब दो या अधिक विभिन्न फसलें एक ही साथ एक खेत में बोते हैं जिसमें एक प्रमुख (आधार) फसल होती है जिसके पौधों की संख्या व कतारों में कोई विशेष परिवर्तन किये बिना अन्य फसलों को रिक्त स्थान में पृथक कतारों में बोते हैं जिसमें सहफसल की अतिरिक्त पौध संख्या उसी क्षेत्र में समाहित होती है। इससे सूर्य ऊर्जा व परिवेश के अन्य घटकों का अधिक उपयोग होता है तथा खरपतवारों को वृद्धि के लिए कम स्थान मिलता है जिससे खरपतवारों की वृद्धि काफी कम होती है व नियन्त्रण में रहते हैं। जैसे मक्का के साथ, उड़द, ज्वार के साथ मूंग को जोड़ों में लगाने से खरपतवार कम वृद्धि करते हैं व उपज भी अधिक होती है। इसी तरह अरहर व कपास की कतारों के बीच सोयाबीन, मूंगफली, मूंग, उड़द, आदि के बोने से खरपतवार नियन्त्रित होते हैं। इस विधि में यान्त्रिक खरपतवार नियन्त्रण (ट्रेक्टर द्वारा) में असुविधा होती है। अतः कुदाली या वील हो चलाकर ही खरपतवार नियन्त्रण करना पड़ता है।

6.2.1.11 मृदा सौरीयन (Soil Solarçation)

यह खरपतवारों के विनाश के लिए सौर ऊर्जा के उपयोग का एक प्रभावी तरीका है। इस विधि में खेत में सिंचाई कर उसे पारदर्शी प्लास्टिक शीट से ढ़क देते हैं जिससे मिट्टी का तापमान 5–10 डिग्री सेल्सीयस बढ़ जाता है। प्लास्टिक की शीटें मिट्टी से लम्बी तरंग विकिरण वापस लौटने से रोकती है व नमी वाष्पीकरण को भी बाधित कर ऊर्जा के नुकसान को भी रोकती है। इस विधि से खरपतवारों का नियन्त्रण काफी प्रभावी तरीके से विशेषतौर से खरीफ फसलों के लिए किया जा सकता है। किन्तु इस विधि में शुरूआती खर्च काफी अधिक होता हैं अतः उच्च मूल्य वाली फसलों में ही खरपतवार नियन्त्रण के लिए इसका उपयोग करना लाभदायक है।

6.2.2.12 मल्चिंग (Mulching)

मृदा की ऊपरी सतह को किसी पदार्थ की पतली परत से आच्छादित करने से खरपतवार नियन्त्रित हो जाते हैं। जैसे पुआल, भूसा, घास, पत्तियाँ, तना, धान के

छिलके, गन्ने के छिलके, लकड़ी का बुरादा आदि की पतली परत बनाने से खरपतवार के बीजों को प्रकाश न मिलनें से अंकुरित नहीं होते हैं व जो अंकुरित हो जाते हैं वे भी प्रकाश की अनुपस्थिति में प्रकाश संश्लेषण क्रिया नहीं कर पाते हैं जिससे वे मर जाते हैं। इन पदार्थों के आच्छादान से वाष्पोत्सर्जन भी रूक जाता है जिससे फसलों में पानी की मात्रा की बचत होती है। पंक्ति में बोई फसलों में खरपतवार नियन्त्रण के लिए इस विधि का प्रयोग किया जाता है।

मल्चिंग के लिए आजकल प्लास्टिक या पॉलीथीन शीट का भी प्रचलन बढ़ रहा है। प्लास्टिक मल्च फिल्म का रंग काला, पारदर्शी, दूधिया, नीला, लाल आदि हो सकता है। किन्तु आच्छादन के लिए ज्यादातर काली प्लास्टिक फिल्म का ही प्रयोग किया जाता है। प्लास्टिक मल्च फिल्म को पुनः उपयोग में लाया जा सकता है जबकि प्राकृतिक (जैविक) मल्च एक बार के प्रयोग के बाद सड़ गल जाती है। यह विधि थोड़ी मंहगी है अतः उच्च मूल्य वाली फसलों, सब्जियों व फलों की खेती के लिए उपयुक्त है। प्लास्टिक मल्च फिल्म को फसल उगने के बाद कतारों के बीच बिछा देते हैं या फसल बुवाई से पूर्व बिछाकर उपयुक्त दूरी पर छेद कर बुवाई करते हैं।

6.2.1.13 न्यनूतम जुताई (Minimum Tillage)

यह सर्वमान्य है कि जुताई का मुख्य उद्देश्य खरपतवारों का नियन्त्रण करना होता है किन्तु यदि खरपतवारों का नियन्त्रण किसी अन्य विधि से सफलतापूर्वक किया जा सके तो न्यूनतम जुताई या शून्य जुताई को अपनाया जा सकता है। न्यूनतम जुताई से भूमि में नीचे की सतह पर पड़े खरतपवार के बीज ऊपर नही आयेंगे तथा जिससे खरपतवारों का फसल में कम प्रकोप होगा।

6.2.1.14 उचित जल प्रबन्धन (Proper Water Management)

खरपतवारों की समस्या, फसलों की आवश्यकता तथा क्षेत्रीय परिस्थितियों के आधार पर जल प्रबन्धन करने से खरपतवार नियन्त्रण में सहायता मिलती है। वर्षा ऋतु में निरन्तर अधिक वर्षा होने से भारी मिट्टी वाले क्षेत्रों में पानी भर जाता है व खरपतवारों का नियन्त्रण करना बहुत कठिन हो जाता है। इस कारण कई क्षेत्रों में किसान खेतों के चारों और ऊँची मेड़ें बनाकर वर्षा पानी को खेत में भर देते हैं। जिससे खरपतवार मर जाते हैं व वर्षा समाप्त होने पर सितम्बर अन्त तक खेत से पानी निकाल कर उसमें शून्य भू परिष्करण की अवस्था में बुवाई कर देते हैं।

अनेक जलीय खरपतवार पानी में वृद्धि करते हैं व जल निकास करने से मर जाते हैं ठीक इसके विपरीत कुछ लौकिक खरपतवार (terrestrial weeds) खेत में जलभर जाने से मर जाते हैं। अतः दोनों तरह के खरपतवार नियन्त्रण करने के लिए धान में पानी भरकर रखते हैं जिससे लौकिक खरपतवार मर जाये व बाद में पानी निकाल देते हैं जिससे जलीय खरपतवार मर जाये इस प्रकार धान के खेत में फसल को कोई हानि पहुँचाएँ बिना खरपतवारों का नियन्त्रण किया जा सकता है।

6.2.2 खरपतवार नियन्त्रण की यान्त्रिक विधियाँ (Mechanical Methods of Weed Control)

वर्तमान में खरपतवार नियन्त्रण के लिए अनेक यन्त्रों का उपयोग किया जाता है जो सफल कृषि के लिए भी आवश्यक है। यथार्थ में खरपतवार नियन्त्रण में प्रयोग होने वाले यन्त्रों को प्रमुख रूप से दो भागों में बाँटा जा सकता है – (i) फसल बुवाई से पूर्व खरपतवार नियन्त्रण करने वाले यन्त्र व (ii) फसल बुवाई के बाद खरतपवार नियन्त्रण करने वाले यन्त्र।

6.2.2.1 फसल बुवाई से पूर्व खरपतवार नियन्त्रण करने वाले यंत्र (Implements Used for Weed Control Prior to Sowing)

फसल की बुवाई से पूर्व खेत में जो खरपतवार होते हैं उनका नियन्त्रण आवश्यक होता है अन्यथा बीज का अंकुरण व पौधे की उचित वृद्धि नहीं होगी। इसके लिए खेत की जुताई विभिन्न यन्त्रों जैसे **देशी हल, उन्नत लोहे के हल, बैलों या ट्रेक्टर से चलने वाले मिट्टी पलटने वाले हल, कल्टीवेटर, डिस्क हेरो** इत्यादि से की जाती है बहुवर्षीय खरपतवारों के नियन्त्रण हेतु बुवाई से पहले ट्रेक्टर चालित मिट्टी पलटने वाले हल (mould board plough) से गहरी जुताई ग्रीष्मकाल में करते हैं जिसको प्राथमिक जुताई (primary tillage) कहते हैं। इससे बहुवर्षीय खरपतवार जैसे दूबघास, मोथा, कांस इत्यादि को नियन्त्रित करते हैं। इससे भूमिगत वानस्पतिक भाग जैसे जड़, राईजोम, स्टोलन्स, ट्यूबर्स इत्यादि भूमि की सतह पर आ जाते हैं जो सूर्य की गर्मी से सूखकर नष्ट हो जाते हैं। इसके बाद द्वितीय जुताई (secondary tillage) करते हैं जिसमें कल्टीवेटर या हेरो चलाकर दबे हुए भूमिगत तनों के टुकडों को भूमि की सतह पर लाते हैं। मौसमी खरपतवारों के बीज जो सतह पर होते हैं वे भी मिट्टी पलटने वाले हल से जुताई करने पर अधिक गहराई में पहुँच जाते हैं जिससे उनका अंकुरण नहीं हो पाता है व कुछ ही बीज जो सतह पर रह जाते हैं अंकुरित हो पाते हैं।

यह सर्वविदित है कि किसी भी जुताई कार्यक्रम का प्राथमिक उद्देश्य खरपतवारों का नियन्त्रण करना होता है और यह भी सही है कि फसल की बुवाई के लिए खरपतवार मुक्त खेत का होना आवश्यक है किन्तु अत्यधिक जुताई करने से भूमि के नीचे की सतहों पर पड़े खरपतवारों के बीज सतह पर आ जाते हैं व समस्या को बढ़ा देते हैं। अतः जहाँ तक संभव हो यदि शून्य जुताई या न्यूनतम जुताई से फसल बुवाई की जा सके तो एक वर्षीय खरपतवारों की समस्या को काफी कम किया जा सकता है। इसके लिए रोटावेटर या रोटा सीडड्रील का उपयोग बहुत ही उपयुक्त पाया गया है।

6.2.2.2 फसल बुवाई के बाद खरपतवार नियन्त्रण वाले यंत्र (Implements Used for Weed Control after Sowing)

बुवाई के बाद खरपतवार नियन्त्रण हेतु हाथ से चलाने वाले सरल यंत्र जैसे खुरपी, कुदाली, व्हील हो, पावर वीडर व बैलों व ट्रेक्टर से चलने वाले कुल्फा, कल्टीवेटर,

देशी हल, खूंटीदार हेरो, रोटरी हो, कल्टीवेटर, पावर टीलर, मोवर आदि प्रमुख हैं (चित्र 6.1)। ये सभी यन्त्र एक वर्षीय खरपतवारों के नियन्त्रण के लिए काफी प्रभावी हैं। हाथ से निराई करने की तुलना में इन यंत्रों का प्रयोग समय, श्रम व धन की बचत करते हैं। हालांकि ये यंत्र फसल में कतारों के भीतर उगने वाले कुछ खरपतवारों को छोड़ सकते हैं जिनको बाद में हाथ से निराई कर निकाल सकते हैं।

कई बार खाली खेत फसलों, बगीचों, लॉन में सभी प्रकार की वनस्पति/खरपतवार आदि होते हैं जिनको मृदा सतह के बराबर हटाने के लिए एक विशेष यंत्र काम में लाते हैं जिसे मोवर (mower) कहते हैं। इस यंत्र में एक तेजधार का कटर होता है जो रोलर के सहारे घूमता है व जो पौधे इस कटर और एक स्थिर पट्टी के बीच आ जाते हैं वे मृदा सतह से कट जाते हैं। मोवर हस्तचालित, बैलों से चालित या शक्ति चालित होते हैं। ये मोवर केवल छोटे सीधे खड़े खरपतवारों को नियन्त्रण करने के लिए सामान्यतः बगीचों में, लॉन काटने में व खेल मैदानों में अधिक उपयोगी है। फसलों में जैसे कपास, गन्ना इत्यादि जहाँ कतार से कतार की दूरी ज्यादा हो प्रयोग किया जा सकता है।

चित्र 6.1 आमतौर पर प्रयुक्त होने वाले निराई गुड़ाई के औजार।

6.2.2.3 जलीय खरपतवार नियन्त्रण में यान्त्रिक विधियाँ (Mechanical Weed Control of Aquatic Weeds)

i. **ड्रेजिंग (Dredging):** इस विधि को जलीय खरपतवारों के नियंत्रण हेतु उपयोग में लाते हैं। इस विधि में यंत्र के द्वारा जलीय पौधे जड़ से उखड़ जाते हैं व कम गहराई के भूमिगत तने भी निकल जाते हैं।

ii. **चेनिंग (Chaining):** इस विधि से नहरों या छोटे ताल तलैयों के जलीय खरपतवार नियंत्रित किये जाते हैं। इसमें लौहे की एक भारी सांखल (chain) दो ट्रेक्टरों के द्वारा खरपतवारों के ऊपर पानी की सतह पर घुमाते हुए खींचते हैं। एक ट्रेक्टर नहर के एक किनारे पर तथा दूसरा दूसरे किनारे पर चलता है तथा दोनों ट्रेक्टर सांखल से बन्धे रहते हैं।

iii. **कटाई (Cutting):** जलीय पौधों को जल के अन्दर चलने वाले कटर से पानी में लगभग एक मीटर की गहराई तक खरपतवारों को काट सकते हैं। आजकल झीलों/तालाबों में खरपतवार नियन्त्रण के लिए बड़ी बड़ी खरपतवार कटाई मशीनें उपलब्ध हैं जिनसे करीब दो मीटर की गहराई तक आसानी से जलीय खरपतवारों का नियन्त्रण किया जा सकता है।

6.2.3 जैविक खरपतवार नियंत्रण (Biological Weed Control)

जैविक माध्यम जैसे जन्तु, कवक, जीवाणु या पौधों के द्वारा हानिकारक पौधों को नष्ट करने या बढ़वार कम करने की विधि को जैविक खरपतवार नियन्त्रण करना कहते हैं। जैविक माध्यम से फसलों में प्रायोगिक रूप से जन्तुओं द्वारा सभी खरपतवारों को नियन्त्रण करने में सफलता नहीं मिली है। वनों एवं जलाशयों में कुछ विशेष खरपतवारों के नियन्त्रण हेतु जैविक विधि अधिक सफल हुई है। फसलों में जैविक नियन्त्रण हेतु केवल स्पर्धा वाली फसलें ही अधिक सफल हैं। जैविक खरपतवार नियन्त्रण पर देश विदेश में कई तरह के अनुसंधान हुए परन्तु सफलतापूर्वक नियन्त्रण बहुत कम खरपतवारों का ही हो पाया है। जैविक खरपतवार नियन्त्रण का मुख्य उद्देश्य खरपतवारों का उन्मूलन नहीं है, बल्कि खरपतवारों को आर्थिक स्तर से नीचे रखना है।

6.2.3.1 सफल बायोएजेन्ट का मानदंड (Critaria of a Successful Bio-agent)

एक सफल बायोएजेन्ट निम्न मानदंडो को पूरा करना चाहिए –

i. **हानिकारक अतिथेय वरणात्मक (Host Specificity):** जैविक खरपतवार नियन्त्रण में उपयोग बायोएजेन्ट ऐसा हो जो लक्षित खरपतवार को ही प्रभावित करे तथा अन्य उपयोगी पोधों व फसलों को हानि न पहुँचाए। अतः कोई भी कीड़े या रोग उत्पन्न करने वाले कवक (fungi), बैक्टीरिया (bacteria) या विषाणु (virus) जब खरपतवार नियन्त्रण के लिए छोड़े जाएँ व उनके नियन्त्रण हो जाने के बाद भूख से पीड़ित होकर भी निराहार (starvation) रहकर मरना पसंद करे पर दूसरे उपयोगी पौधों को प्रभावित न करे। इन जीवों का छोड़ने से पहले प्रयोगशाला में निराहार रहकर मरने (starvation test) का परीक्षण लेना आवश्यक है।

ii. **बायोएजेन्ट की मजबूती/सहनशक्ति (Bio-agent Hardiness):** बायोएजेन्ट जो खरपतवार नियन्त्रण के लिए छोड़े जाते हैं उन जीवों में उस पारिस्थितिकी तन्त्र को सहन करने की शक्ति होनी चाहिए अन्यथा प्रतिकूल तापमान, प्रकाश, हवा, आर्द्रता इत्यादि के होने से उनकी वृद्धि रूक जायेगी व मर जायेंगे। इसके अलावा बायो एजेन्ट में अल्प या दीर्घ अवधि के लिए भोजन की कमी होने पर जीवित रहने की क्षमता भी होनी चाहिए।

iii. **खरपतवार को खाने का स्वभाव (Feeding Habit)** : जैव माध्यमों में खरपतवार को शीघ्रता से खाने की क्षमता होनी चाहिए ताकि कम संख्या में भी अधिक से अधिक खरपतवारों को नष्ट कर सके। पुष्पों व फलों को खाने वाले कीट पत्तियाँ खाने वाले कीटों की तुलना में खरपतवार नियन्त्रण में अधिक सक्षम होते हैं। अतः इन जीवों के खाने के स्वभाव पर खरपतवार नियन्त्रण की सफलता आधारित रहती है। जो जीव पौधों को शीघ्रता से विकृत कर नष्ट कर देते हैं वे अच्छे जैविक माध्यम माने जाते हैं।

iv. **गुणन में आसानी (Ease of Multiplication):** खरपतवारनाशी जीवों में शीघ्र ही अपनी संतति को अधिक संख्या में बढाने की क्षमता हो जो लक्षित खरपतवार को शीघ्रता से नियन्त्रित कर सके। प्रयोगशाला में भी इन जीवों की वृद्धि क्षमता अधिक हो ताकि वे अधिक मात्रा में उत्पन्न किये जा सके व लक्षित क्षेत्र में पर्याप्त मात्रा में छोड़े जा सके। लेकिन मछली की किस्म ग्रासकार्प जो जलीय खरपतवारों का नियन्त्रण करने में सक्षम हैं अधिक संतति वृद्धि दर अवांछनीय है क्योंकि उनकी अत्यधिक आबादी खेती की गई मछलियों (cultivated fish) से प्रतिस्पर्धा कर नुकसान पहुँचा सकती है।

v. **एक से अधिक खरपतवारों को नियन्त्रण करने की क्षमता (Potential to Control More than One Weed):** जैविक माध्यम (bio-agent) को विकसित करने में काफी अधिक खर्च होता है अतः ऐसे जैविक माध्यम आर्थिक रूप से अधिक लाभकारी होंगे जो एक से अधिक खरपतवारों को नियन्त्रण कर सके। अलग–अलग खरपतवारों के लिए अलग अलग जैविक माध्यम छोड़ना संभव नहीं होता है।

vi. **परजीवी व शिकारी कीटों से रक्षात्मक क्षमता (Protective Mechanism against Parasites and Predators):** खरपतवार नियन्त्रण में सक्षम कीट परजीवियों (parasites) एवम् शिकारी कीटों (predators) से प्रभावित न हो। यदि इन कीटों से बायोएजेन्ट की संख्या कम हो जाएगी तो उनकी खरपतवार नियन्त्रण क्षमता भी कम हो जाएगी। अतः ऐसे बायो–एजेन्ट्स विकसित करना आवश्यक है जो परजीवी व शिकारी कीटों से प्रभावित न हो।

6.2.3.2 जैविक खरपतवार नियन्त्रण के उपयोगी जैविक माध्यम (Useful bio-agents for Biological Weed Control)

जैविक खरपतवार नियन्त्रण के जैविक माध्यम निम्न प्रकार हैं –

i. **कीट (Insects) :** यह खरपतवारों के जैविक नियन्त्रण के लिए अक्सर इस्तेमाल किया जाने वाला सबसे महत्त्वपूर्ण जैव एजेन्ट है। जिन कीटों का जैविक नियन्त्रण के लिए चयन किया जाता है वे अतिथेय वरणात्मक (host specific) होते हैं व एक जाति का कीट केवल एक जाति के खरपतवार को ही नष्ट करने में उपयोग किया जाता है।

ii. **पौधे रोगाणु (Plants Pathogen) :** कई फफूंद/कवक विशिष्ट खरपतवार प्रजातियों पर संक्रमण कर उन्हें नुकसान पहुँचाते हैं किन्तु फफूंद द्वारा सफल व्यावहारिक खरपतवार नियन्त्रण के उदाहरण बहुत कम हैं।

iii. **मछलियाँ (Fish):** मछली की दो जातियाँ कॉमन कार्प (common carp) एवं चाईनीज ग्रास कार्प (*Chenoaryngdon idella* var.) प्रमुख रूप से जलीय खरपतवार के लिए उपयोगी हैं किन्तु भारत में ग्रास कार्प (grass carp) को जलाशयों में खरपतवार नियन्त्रण के उद्देश्य से उपयुक्त पाया गया है। यह मछली उन जलाशयों में नहीं छोड़ी जाती है जहाँ सिंघाड़े की खेती की जाती है।

iv. **स्पर्धाई पौधे (Competitive Plants):** खरपतवारों से स्पर्धा करने वाले पौधों को भी नियन्त्रण के लिए प्रयोग करते हैं। ये पौधे खरपतवारों पर विषाक्त रसायन (allelopathic effects) छोड़कर उनको बढ़ने से रोकते हैं। इस तरह के पौधों का उपयोग खरपतवार नियन्त्रण में किया जाता है जैसे गाजर घास (*Parthenium hysterophorus*) को नियंत्रण/विस्थापित करने के लिए हजारी फूल (marigold) व केसिया (*Cassia tora*) का प्रयोग किया जाता है।

6.2.3.3 विभिन्न देशों में खरपतवार नियन्त्रण के लिए उपयोगी जैविक माध्यम के उदाहरण तालिका 6.2 में दिये गये हैं।

तालिका 6.2. खरपतवार नियन्त्रण में उपयोगी विभिन्न जैविक माध्यम।

क्रं.स.	खरपतवार का नाम	सफल जैव माध्यम	स्थान	जैव माध्यम का प्रकार
1.	लेन्टाना (*Lantana camara* L.)	क्रोसीडोसेमा लेन्टाना (*Crocidosema lantana*)	हवाई	एक मोथ (कीट)
2.	नागफनी (*Opuntia* spp)	केक्टोब्लास्टीस केक्टोरम (*Cactoblastus cactorum*)	आस्ट्रेलिया	एक कीट

क्र.स.	खरपतवार का नाम	सफल जैव माध्यम	स्थान	जैव माध्यम का प्रकार
3.	एलीगेटर खरपतवार (*Alternanthera philoxeroids* Mart.) Grisebes	एगासाइड्स हाईग्रोफाइला (*Agasides hygrophylla*)	फ्लोरिडा (USA)	एक फ्लीआ बिटल
4.	जलकुम्भी (*Eichhornia crassipes* Mart) Solms.	राइजोक्टोनिया सोलानी (*Rhçoctonia solani* Kuehn.)	अमेरिका (USA)	एक कवक
5.	ओरोबेन्की (*Orobanche cernua* Loefl.)	स्केलेरोटीनिआ स्पे. (*Sclerotinia* spp.)	अमेरिका (USA)	कवक
6.	गोखरू (*Tribulus terrestris* L.)	माइक्रोलेरीनस लेरीयनी, मोइक्रोलेरीनस लिपरीफोरमिस (*Microlarinus lareynii, M. lypriformis*)	अमेरिका (USA)	बीज का घुन
7.	बडीगोखरू, आधाशीशी (*Xanthium strumarium*)	नूप्सेरहा वेक्साटोर (*Nupserha vexator*)	–	भृंग
8.	गाजर घास / चटक चांदनी (*Parthenium hysterophorus* L.)	जाईगोग्रामा बाईकोलेरेटा (*Zygogramma bicolorata* Pallister)	–	मेक्सीकन भृंग
9.	हाईड्रीला (*Hydrilla verticillata* L.f) Royle	हाईड्रेलिआ पाकीस्टानी (*Hydrellia pakistanae*)	अमेरिका (USA)	तना मक्खी
10.	मोथा (*Cyperus rotundus* L.)	बेक्टरा वेरूटाना (*Bactra verutana* Zeller)	भारत, अमेरिका व पाकिस्तान	तना छेदक मोथ

जैविक खरपतवार नियन्त्रण के लाभ व हानियाँ

लाभ (Advantages)

i. जैविक नियन्त्रण पर्यावरण के अनुकूल है क्योंकि इसमें कोई पर्यावरण प्रदूषण नहीं होता है।

ii. यह तरीका लम्बे समय में किफायती है, हालांकि प्रारंभिक लागत अधिक है।

iii. यह जैव खरपतवारनाशी को छोड़कर आत्म स्थायी (self perpetuating) एवं आत्मनिर्भर (self sustaining) है जबकि जैव खरपतवारनाशी को दोहराना पड़ता है।

iv. यह जैव विविधता को बनाये रखता है क्योंकि 100 प्रतिशत खरतपतवार नियन्त्रण शायद ही किसी जैव माध्यम के उपयोग से संभव है।

v. दुर्गम जंगलों में भी खरपतवार को नियन्त्रण करना बहुत ही प्रभावी है जो कि साधारणतया मुश्किल काम है।

हानियाँ (Disadvantages)

i. जैविक विधि से खरपतवार नियन्त्रण की प्रारम्भिक लागत अधिक होती है।

ii. जैव माध्यमों की छंटनी व पहचान यदि ठीक नहीं की गई तो उपयोगी फसलों को भी नुकसान होने की संभावना रहती है।

iii. फसलों में इनका बहुत सीमित उपयोग या अपनाया जाता है।

iv. प्रारम्भ में खरपतवार नियन्त्रण की गति बहुत धीमी होती है।

v. इस विधि से खरपतवार का उन्मूलन संभव नहीं है।

vi. किसी विशेष देश या पर्यावरण परिस्थितियों में जैव माध्यम खरपतवारों के नियन्त्रण के लिए यह बहुत प्रभावी है किन्तु प्रतिकूल मौसम के कारण अन्य वातावरण में काम करने में विफल हो सकते हैं।

vii. कई मामलों में जैव माध्यम की सक्रिय अवधि छोटी/संकरी होती है।

6.2.3.5 जैविक खरपतवार नियन्त्रण को प्रभावित करने वाले कारक (Factors Affecting Biological Weed Control)

i. **शत्रु माध्यम की पसन्द (Choice of Enemy Agent):** सफल जैविक नियन्त्रण में एक प्रमुख कारण है अच्छे शत्रु माध्यम का समावेश होना।

ii. **खरपतवार की आक्रामकता (Aggressiveness of Weed) :** किसी भी खरपतवार की प्रतिस्पर्धा क्षमता या आक्रामकता उस स्थान की जलवायु, मृदा की स्थिति, पौधों का प्रजातियों से कम स्पर्धा व उस पर हमला करने वाले शत्रुओं की अनुपस्थिति से प्रभावित होती है। कीट के आक्रमण का मेजबान खरपतवार पर कितना प्रभाव पड़ेगा यह मुख्य रूप से निर्भर करता है खरपतवार का कीटों व रोग जनकों द्वारा उत्तक विनाश का सामना करने की क्षमता, अपने को ठीक करने की अन्तर्निहित क्षमता तथा जैव कीटों से अधिक रफ्तार से गुणन की क्षमता आदि।

iii. **जलवायु परिस्थितियाँ (Climatic Conditions):** मेजबान खरपतवार की प्रतिस्पर्धा क्षमता व कीटों की अनुकूलन क्षमता जलवायु द्वारा प्रभावित होती है। एक शत्रु माध्यम कीट की जलवायु की चरम स्थितियों से बचने व खरपतवार के ठीक होने से पहले संख्या में गुणन की क्षमता उसके प्रभावी होने के लिए महत्त्वपूर्ण है।

iv. **पौध प्रजातियों की प्रतिस्पर्धा (Competition of Plant Species):** उस वातावरण में उपस्थिति अन्य पौध प्रजातियों का शत्रु कीट से प्रभावित कमजोर खरपतवार प्रजाति व वनस्पति के प्रतिस्थापन क्षमता का प्रकृति पर जैविक नियन्त्रण का स्तर निर्भर करेगा।

6.2.4. जैव शाकनाशियों का खरपतवार नियन्त्रण में उपयोग (Use of Bio-herbicides in Weed Control)

जैव शाकनाशी, जैव माध्यमों से भिन्न, ऐसे शाकनाशी रसायन हैं जो सूक्ष्म जीवाणु द्वारा निस्तार किये जाते हैं। वर्तमान में इन जीवों में मौटेतौर पर कवक (fungi) एवं जीवाणु (bacteria) सम्मलित हैं व इसी वजह से कई बार इनको कवक शाकनाशी (myco–herbicides) भी कहा जाता है। जैव शाकनाशी लक्ष्य खरपतवारों के नियन्त्रण के लिए अन्य शाकनाशियों की ही तरह फसल में हर बार छिड़का जाता है। जैव शाकनाशी केवल समवर्ती खरपतवारों पर ही सक्रिय रहता है व बाद में कीट जैव माध्यम के विपरीत बिना किसी जीवन चक्र के स्थायीकरण के समाप्त हो जाते हैं। फिर भी कुछ परिस्थितियों में रोगजनक 3–4 वर्षों तक सक्रिय रह सकते हैं। जैसे मृदा जनित रोग जनक फाईटोप्थोरा पल्मीवोरा *(Phytopthara palmivora)* जो लेटेक्स प्लान्ट या स्टेन्गलर वाईन व नीम्बू के बगीचों में मोरीनियां *(Morrenia odorata)* को नियन्त्रण करता है।

6.2.4.1 जैव शाकनाशी के लक्षण (Characteristics of Bio-herbicides)

i. जैव शाकनाशी रोगजनक ज्यादातर कवक के जीवित तत्त्व/इनोकुलम (living entities or inoculum) है।

ii. रोगजनक बड़े पैमाने कृत्रिम माध्यम (artificial media) इन विट्रो (in–vitro) संवर्धन में सक्षम हैं।

iii. ये लक्षित खरपतवारों के लिए सीधे प्रयोग किये जाते हैं।

iv. ये व्यावसायिक रूप से तैयार किये जाते हैं व अन्य शाकनाशियों की ही तरह प्रयोग किये जाते हैं।

6.2.4.2 जैव शाकनाशी की कार्य विधि एवम् प्रमुख शाकनाशी (Mode of Action of Bio-herbicides and Important Bio herbicides)

जैव शाकनाशी का फैलाव वर्षा, हवा, कीट, मेजबान पौधों के भागों के सम्पर्क, प्रत्यक्ष वनस्पति विकास व विस्फोटक बीज निर्वहन द्वारा होता है। जैव शाकनाशी का संक्रमण सीधे मेजबान (खरपतवार) की अति संवेदनशील या प्राकृतिक छिद्रों या कटे हुए भागों से होता है जो एन्जाईम्स द्वारा पौधों की कोशिकाओं का विघटन या नष्ट करते हैं। वे विषाक्त (toxins) पदार्थो का निर्माण करते हैं जो हार्मोन्स की प्रणाली को बाधित करते हैं, खाद्य पदार्थों व खनिजों के स्थानान्तरण में बाधा डालते हैं व शारीरिक प्रक्रियाओं की खराबी को दूर करते हैं जिससे या तो खरपतवार पौधे पूर्णरूप से नष्ट हो जाते हैं या वे इतने कमजोर हो जाते हैं कि फसल पौधों से प्रतिस्पर्धा नहीं कर सकते हैं ।

विश्व में प्रयोग की जाने वाली वाणिज्यिक शाकनाशियों में डी–वाइन (De vine), कोलिगो (Collego), बायोमल (Biomal), वेल्गो (Velgo), बाईपोलेरिस (Biplolaris) व लूबाओं (Lubao) प्रमुख हैं जिनको विभिन्न फसलों में खरतपवार विशेष के नियन्त्रण के लिए प्रयोग की जाती है। अभी इनका प्रयोग बड़े स्तर पर नहीं हो रहा है।

जैव शाकनाशियों के लाभ व हानियाँ

लाभ (Advantages)

i. जैव शाकनाशी में खरपतवार लक्षित उच्च श्रेणी की विशिष्टता होती है।
ii. मनुष्यों व पशुओं के स्वास्थ्य पर कोई बुरा प्रभाव नहीं पड़ता है।
iii. कोई पर्यावरण प्रदूषण नहीं।
iv. गैर फसली पड़त क्षेत्रों में बहुवर्षीय, परजीवी व आक्रामक खरपतवारों का प्रभावी नियन्त्रण।
v. खरपतवारों में शाकनाशी प्रतिरोधक क्षमता का विकास नहीं होता है।

हानियाँ (Disadvantages)

i. यह खरपतवार नियन्त्रण की एक धीमी प्रक्रिया है।
ii. एक ही फसल में विभिन्न खरपतवारों को नियन्त्रण करने के लिए कई जैव शाकनाशियों की आवश्यकता होती है।
iii. स्थान विशेष की पर्यावरण व पारिस्थितिकी तंत्र जैव शाकनाशी के प्रभाव की स्थिरता को काफी हद तक प्रभावित करते हैं।

iv. शाकनाशियों की तुलना में इनका भंडारण जीवन (self life) काफी कम होता है।

v. इनकी उत्पादन/गुणन लागत (multiplication cost) काफी अधिक होती है।

vi. जैव शाकनाशी की पर्यावरण संरक्षण एजेन्सी के साथ पंजीकरण की आवश्यकता होती है जिसमें लम्बा समय लगता है।

vii. जैव शाकनाशी खरपतवारों के विकास होने पर ही प्रभावी होते हैं जिससे प्रारम्भिक खरपतवार प्रतिस्पर्धा फसल को नुकसान पहुँचा सकती है।

6.2.5. समन्वित खरपतवार प्रबन्धन (Integrated Weed Management)

यह महसूस किया गया है कि सतत् कृषि के लिए समन्वित खरपतवार प्रबन्धन की अवधारणा को विकसित करना व उनका अभ्यास करना चाहिए जो कि परम्परागत खरपतवार नियन्त्रण के दृष्टिकोण से भिन्न है। खरपतवार नियन्त्रण का मुख्य उद्देश्य खेत में उगे खरपतवारों का भौतिक या रासायनिक विधियों द्वारा नियन्त्रण करना है जबकि समन्वित खरपतवार प्रबन्धन एक ऐसी प्रणाली या दृष्टिकोण है जिसके द्वारा खरतपतवारों के आक्रमण को कम करने के लिए एक से अधिक खरपतवार नियन्त्रण विधियों का आवश्यकतानुसार एकीकृत कर प्रयोग में लाते हैं जिससे फसलों को एक लम्बी अवधि तक लाभ मिलता है। इसमें खरपतवारों के प्रभावी नियन्त्रण के साथ–साथ खरपतवार बीज उत्पादन के तन्त्र को भी तोड़ा जा सकता है। हालांकि समन्वित खरपतवार प्रबन्धन आवश्यक रूप से खरपतवार नियंत्रण के प्रत्यक्ष एवं अप्रत्यक्ष तरीकों का एक संयोजन है किन्तु इसका अर्थ यह भी नहीं है कि खरतपवार नियन्त्रण के सभी तरीकों का एक साथ समन्वयन करना आवश्यक है। समन्वित खरपतवार प्रबन्धन में एक विशिष्ट फसल–खरपतवार परिस्थितियों में उनकी उपयोगिता, संगतता व व्यवहार्यता के आधार पर एक से अधिक खरतपवार नियन्त्रण के तरीकों का एकीकरण किया जाता है। इसलिए समन्वित खरपतवार प्रबन्धन एक स्थान से दूसरे स्थान पर, एक फसल से दूसरी फसल में, मौसम अनुसार यहाँ तक की मिट्टी के प्रकार पर आधारित होता है। जैविक खेती में समन्वित खरपतवार प्रबन्धन में किसी भी शाकनाशी को शामिल नहीं किया जाता है। खरतपवार नियन्त्रण के विभिन्न तरीकों को एकीकृत करते हुए निम्नलिखित बातों को ध्यान में रखा जाना चाहिए।

i. समन्वित खरपतवार प्रबन्धन के लिए चुने गये तरीके परस्पर एक दूसरे के अनुकूल होने चाहिए और फसल में मौजूद खरपतवारों की विविधता व परिस्थितियों से भी मेल खाते हों।

ii. समन्वित प्रणाली फसल वृद्धि विकास के अनुकूल होनी चाहिए।

iii. निश्चित फसल प्रणाली व परिस्थिति में लम्बी अवधि के लिए प्रभावी खरपतवार नियन्त्रण होना चाहिए।

6.2.5.1 समन्वित खरपतवार प्रबन्धन के सिद्धान्त (Principles of IWM)

i. फसल व खरपतवार में जैविक भिन्नता के आधार पर फसल के व्यवहार में इस तरह हेरफेर करना कि बाद में प्रतिस्पर्धात्मक लाभ फसल को मिले।

ii. खरपतवारों के रक्षात्मक तन्त्र को तोड़ने या बाधित करने के तरीके अपनाने चाहिए।

iii. बहुवर्षीय व परजीवी खरपतवारों के स्थापित होने से बचने के लिए उन्नत फसल कृषि पद्धतियों या शस्य क्रियाओं का समावेश किया जाना चाहिए।

iv. समन्वित खरपतवार प्रबन्धन में सम्मिलित सभी तरीके वातावरण अनुकूल होने चाहिए।

6.2.5.2 समन्वित खरतपवार प्रबन्धन के घटक (Components of IWM)

समन्वित खरपतवार प्रबन्धन के घटकों में निवारक उपाय, फसल उत्पादन की उन्नत शस्य क्रियाएँ/विधियाँ, यांत्रिक तरीके व जैविक विधियाँ सम्मिलित हैं। ये समन्वित खरपतवार के व्यापक घटक हैं। हालाँकि हमें इन विधियों का स्थान विशेष की जलवायु, मिट्टी, फसल, खरपतवार संक्रमण की प्रकृति, खरपतवार फसल की प्रतिस्पर्धा की महत्त्वपूर्ण अवधि, आदानों की उपलब्धता व किसान के सामाजिक व आर्थिक परिस्थितियों पर विचार करते हुए इन तरीकों का एक व्यावहारिक एकीकरण तैयार करने की आवश्यकता होती है। खरपतवार से प्रतिस्पर्धा योग्य फसल किस्म, गर्मीयों की जुताई, बुवाई पूर्व खेत की तैयारी, निर्मूल बीज क्यारी (stale seed bed) तैयार करना, हस्त चालित निराई गुड़ाई उपकरणो का प्रयोग, यांत्रिक तरीके से निराई (पशु या ऊर्जा चालित यन्त्रों का प्रयोग), फसल पद्धति में परिवर्तन, उन्नत सस्य क्रियाएँ जैसे उन्नत किस्में, बेहतर फसल प्रबन्धन तकनीकों (बीजारोपण विधि, इष्टतम पौधों की संख्या, पानी के इष्टतम उपयोग तरीके, जैव कारकों का उपयोग, मल्चिंग, मिट्टी सौरकरण, आदि) के सम्भावित एकीकरण कर समन्वित खरपतवार प्रबन्धन मॉडल तैयार किया जा सकता है। इस तरह एकीकरण से खरपतवार नियन्त्रण सफलतापूर्वक किया जा सकता है।

लाभ (Advantages)

i. यह पर्यावरण के अनुकूल है।

ii. यह पद्धति विशेष रूप से उच्च फसल सघनता के तहत बहुत उपयोगी है व अधिक शुद्ध आय भी प्रदान करेगी।

iii. यह पूरे फार्म के लिए विकसित की जाती है जिससे खेत के आसपास पड़त भूमि से होने वाले खरपतवारों के संभावित फैलाव को रोकता है।

iv. यह एक कृषि पारिस्थितिकी तन्त्र विशेष में खरपतवार वनस्पतियों में परिवर्तन, बहुवर्षीय खरपतवारों के प्रसारण आदि की संभावनाओं को कम या समाप्त कर सकता है।

हानियाँ (Disadvantages)

i. यह स्थान या फसल या फसल प्रणाली विशिष्ट है।

ii. यह एक अवधारणा है व खरपतवार नियन्त्रण की कोई विधि नहीं है।

iii. खरपतवार नियन्त्रण के विभिन्न तरीकों के एकीकरण से कुल लागत बढ़ सकती है।

iv. परिस्थिति विशेष के लिए बनाई गई समन्वित खरपतवार प्रबन्धन प्रणाली स्थायी रूप से अपनाई जा सके यह आवश्यक नहीं है।

■■■■

7 जैविक प्रमाणीकरण प्रक्रिया (Organic Certification Process)

जैविक खेती प्रमाणन प्रक्रिया आधारित है जो इसको अन्य टिकाऊ कृषि प्रणालियों से अलग करता है। जैविक खेती उत्पाद को देश विदेश के बाजार में बेचने के लिए एक निश्चित प्रमाणीकरण प्रक्रिया को अपनाना आवश्यक है। किसी भी उत्पाद को जैविक लेबल (label) प्राप्त करने के लिए वर्तमान में उन्हे तीसरे पक्ष के संगठन द्वारा प्रमाणित किया जाता है जिससे यह निश्चित किया जा सके कि यह उत्पाद विशिष्ट प्रमाणन मानकों के अनुरूप पैदा किया गया हैं। विश्व में कई मान्यता प्राप्त (accredited) एजेन्सियों/गैर सरकारी संगठनों व मान्यता प्राप्त राज्य सरकारों द्वारा जैविक खेती का प्रमाणीकरण किया जाता है। जैविक प्रमाणीकरण एक प्रक्रिया आधारित प्रणाली है जिसमें किसी तरह के कृषि उत्पादन प्रसंस्करण, पैकेजिंग, परिवहन तथा वितरण प्रणाली का प्रमाणीकरण किया जाता है। इसके निर्धारण के लिए विभिन्न देशों में अपने–अपने मानक हैं।

7.1 जैविक प्रमाणीकरण (Organic Certification)

जैविक प्रमाणीकरण प्रक्रिया में जैविक खाद्य उत्पादकों, प्रसंस्करण इकाईयों तथा जैविक कृषि उत्पादन क्रियाकलापों को एक निश्चित कार्यक्रम के तहत निश्चित मानकों के आधार पर उत्पाद का प्रमाणीकरण किया जाता है। इस प्रक्रिया के तहत कोई भी व्यवसाय जैसे फसल उत्पादन, बीज उत्पादन, खाद्य प्रसंस्करण तथा रेस्तरां इत्यादि जो जैविक खाद्य उत्पादन व उसके विपणन से जुड़ा हो, का प्रमाणीकरण किया जा सकता हैं। आवश्यकताएँ देश विदेश में बदलती रहती है पर आमतौर पर फसल उत्पादन, भण्डारण, प्रसंस्करण, पैकेजिंग तथा परिवहन इसके प्रमुख अंग हैं। इस प्रक्रिया की मुख्य आवश्यकताएँ निम्न हैं।

i. संश्लेषित रासायनिक आदानों जैसे उर्वरक, कीटनाशक, प्रतिजैविक (antibiotic), खाद्य योजक (food additives) तथा आनुवंशिक संशोधित जीवों आदि का प्रयोग वर्जित।

ii. लम्बे समय से रसायन मुक्त खेतों का उपयोग (अक्सर तीन वर्ष या अधिक)।

iii. उत्पादन व बिक्री प्रक्रियाओं का विस्तृत लिखित प्रलेखन (records)।

iv. गैरजैविक व जैविक उत्पादन के भौतिक पृथक्करण को शक्ति से बनाए रखना।

v. समय समय पर निरीक्षण कर जैविक मानकों का पालन सुनिश्चित करना।

कुछ देशों में सरकार की देखरेख में पूरी प्रमाणीकरण प्रक्रिया की जाती है। और **"जैविक शब्द"** का व्यावसायिक प्रयोग कानूनी प्रक्रियाओं के अधीन नियन्त्रित है। इसके अतिरिक्त सभी प्रमाणित जैविक उत्पादकों को सामान्य खाद्य सुरक्षा कानून तथा अन्य ऐसे वांछित नियमन प्रक्रियाओं जो अप्रमाणीकृत उत्पादों के लिए आवश्यक है की भी पूर्णरूपेण अनुपालना आवश्यक है।

7.2 प्रमाणीकरण का उद्देश्य (Purpose of Certification)

जैविक प्रमाणीकरण दुनिया भर में जैविक खाद्यों की बढ़ती माँग को संबोधित करता है। इसका मुख्य उद्देश्य उत्पादन की गुणवत्ता सुनिश्चित करना तथा धोखाधड़ी को रोकना है। जैविक उत्पादकों के लिए जहाँ प्रमाणीकरण अनुमोदित उत्पादनों व विपणनकर्त्ताओं की पहचान करता है वहीं उपभोक्ताओं को उत्पाद की गुणवत्ता की गारण्टी देता है। जैविक प्रमाणीकरण उत्पाद की विशिष्ट जैविक गुणवत्ता का वैसा ही आश्वासन है जैसा कि अन्य प्रमाणीकरण जैसे **"कम वसायुक्त"**, **"100 प्रतिशत गेहूँ उत्पाद"** या **"रासायनिक योजकों से मुक्त"** इत्यादि प्रदान करते हैं।

प्रमाणीकरण अनिवार्य रूप से उपभोक्ताओं को जैविक उत्पादों की बिक्री को विनियमित और सुविधाजनक बनाने के उद्देश्य से है। विभिन्न प्रमाणीकरण संस्थाओं के अपने अलग अलग सेवा चिन्ह (logo) हैं और इन चिन्हों के उत्पाद पैकेटों पर प्रयोग से उन उत्पादों की गुण विश्वसनीयता बढ़ती है और उनकी बिक्री सुगम हो जाती है। सामान्यतः प्रमाणीकरण संस्थाएँ उस देश में प्रचलित व स्वीकृत जैविक कार्यक्रम तथा जैविक मानकों के अनुसार प्रमाणीकरण का कार्य करती है।

7.3 प्रमाणीकरण प्रक्रिया (Certification Process)

7.3.1 एकल या थर्ड पार्टी प्रमाणीकरण (Third Party Certification)

एकल प्रमाणीकरण में स्वयं उत्पादक के रूप में रजिस्ट्रेशन किया जाता है इसमें फार्म या कृषि उत्पाद का प्रमाणीकरण किसी भी मान्यता प्राप्त प्रमाणीकरण संस्थान द्वारा देश या विदेश के जैविक मानकों के अनुरूप किया जाता है। किसी भी खेत या फार्म को प्रमाणीकरण करने के लिए किसान को एक निश्चित प्रक्रिया के तहत सारे क्रियाकलाप नियन्त्रित करने होते हैं तथा सभी क्रियाकलापों का लेखा–जोखा रखना होता है। प्रमाणीकरण प्रक्रिया के प्रमुख घटक इस प्रकार हैं।

i. **मानकों का ज्ञान (Study of Standards):** जैविक मानकों का अध्ययन करें जो जैविक खेती के हर पहलू जैसे भण्डारण, प्रसंस्करण, परिवहन, ब्रिकी के लिए स्वीकार्य हैं अथवा नहीं।

ii. **अनुपालना (Compliance)** : सभी प्रक्रियाओं के प्रचालन में मानकों व दिशा निर्देशों की पूर्ण रूप से अनुपालना करनी होती है इसमें सभी उपकरणों व भण्डारण स्थलों की सफाई व उनकी देखभाल, निश्चित स्त्रोतों से आदानों का क्रय, केवल अनुमत आदानों का उपयोग इत्यादि शामिल हैं। जैविक उत्पादन इकाइयों को गैर जैविक से अलग रखना तथा प्रतिबन्धित आदानों के पूर्ण निषेध की पालना आवश्यक है।

iii. **प्रक्रिया प्रलेखन (Documentation):** सभी क्रिया कलापों व प्रक्रियाओं का स्वीकृत रूप में प्रलेखन प्रमाणीकरण की सबसे महत्त्वपूर्ण प्रक्रिया है। इस प्रक्रिया में उत्पादन इकाई या फार्म का कई वर्ष पूर्व का इतिहास व वर्तमान के क्रिया कलापों का विवरण जिसमें आमतौर पर मिट्टी व पानी के परीक्षण परिणाम शामिल हैं।

iv. **योजना (Planning)** : प्रत्येक वर्ष के लिए एक वार्षिक उत्पादन योजना प्रस्तुत की जाती है जिसमें बीज से लेकर बिक्री तक सब कुछ शामिल हो जैसे बीज के स्त्रोत, खेत व फसल की स्थिति, जैविक खादों का प्रयोग, कीट नियन्त्रण गतिविधियाँ, फसल कटाई विधि, भंडारण इत्यादि। फिर वर्ष भर के क्रिया कलापों का उसी योजना के अनुरूप चलाये जाते हैं।

v. **निरीक्षण (Inspection):** प्रत्येक उत्पादन इकाई का वर्ष में कम से कम एक बार आवश्यक रूप से निरीक्षण किया जाता है जिसमे सभी अभिलेखों व उत्पादन योजनाओं की जाँच की जाती है व उत्पादकों एवम् उनके कार्यकर्त्ताओं से मौखिक साक्षात्कार कर मानकों की अनुपालना सुनिश्चित की जाती है।

vi. **प्रमाणीकरण शुल्क (Certification Fee)** : उत्पादकों को पूरी प्रमाणीकरण प्रक्रिया के लिए प्रमाणीकरण संस्था को वांछित शुल्क देना होता है। पूर्ण शुल्क के भुगतान तथा सफल निरीक्षण के बाद ही प्रमाणीकरण प्रदान किया जाता है।

vii. **अभिलेख रखना (Record Keeping)** : आदानों के क्रय से लेकर उत्पादन, प्रसंस्करण व विपणन तक पूरी प्रणाली का रिकार्ड रखा जाता है। यह रिकार्ड प्रमाणीकरण प्रक्रिया का प्रमुख आधार है तथा विपणन पश्चात् भी उस उत्पाद का उत्पादन विवरण जानने में सहायक होते हैं। प्रमाणीकरण संस्थाएँ समय समय पर निरीक्षण करती है इसके अलावा अल्प सूचना या बिना सूचना के आकस्मिक निरीक्षण भी किया जाता है। आवश्यकता पड़ने पर मिट्टी, पानी, फसल या उत्पादों के नमूनों की जांच भी कराई जाती है।

किसी भी फार्म पर जब पहली बार खेत प्रमाणीकरण प्रक्रिया अपनाई जाती है तो यह सुनिश्चित किया जाता है कि उस फार्म की मिट्टी प्रमाणीकृत किये जाने से पूर्व निषिद्ध रसायनों के अवशिष्ट से मुक्त हो। इसके लिए पारम्परिक खेत को जैविक खेती प्रारम्भ करने से पूर्व अक्सर तीन वर्ष का समय रूपान्तरण अवधि का रखा जाता है इस दौरान सभी मानकों की पूर्ण अनुपालना आवश्यक है। ऐसे फार्म जहाँ कई वर्षो से प्रतिबन्धित आदानों का उपयोग नहीं किया गया है वहाँ प्रमाणीकरण संस्था चाहे तो रूपान्तरण अवधि घटा सकती है।

इसके अलावा अन्य प्रक्रियाओं जैसे प्रसंस्करण, भंडारण तथा परिवहन का भी प्रमाणीकरण इसी प्रकार किया जा सकता है। प्रसंस्करण में उपकरणों की शुद्धता, कच्चे माल का स्त्रोत तथा प्रक्रिया में प्रयोग किये जाने वाले तत्त्वों या योजकों का उपयोग मानकों के अनुरूप होता है। भण्डारण में यह सुनिश्चित किया जाता है कि जैविक उत्पाद अन्य उत्पादों के साथ मिलने न पाये व उनकी सुरक्षा केवल अनुमति प्राप्त पदार्थों के प्रयोग से हो व किसी भी स्तर पर जैविक उत्पाद प्रतिबन्धित रसायनों के सम्पर्क में न आये। इसी तरह किसी रेस्तरां को भी प्रमाणीकरण से पहले उसका निरीक्षण कर यह सुनिश्चित किया जाता हैं कि उसके आपूर्तिकर्त्ताओं को प्रमाणित जैविक के रूप में सत्यापित किया जाता है।

7.3.1.1 उत्पाद पर प्रमाणीकरण लेबल (चिन्ह) लगाना (Certifcation and Product Labelling)

आज के उपभोक्ता बाजार में किसी खाद्य उत्पाद पर **"जैविक"** लेबल (चिन्ह) (mark) लग जाने से उसकी विपणन सुगम व उच्च मूल्यों पर किया जा सकता है। प्रमाणीकरण का उद्देश्य उपभोक्ता को जैविक लेबल शब्द के दुरूपयोग से बचाना है व शुद्ध जैविक उत्पादों का विपणन आसान बनाना है। अनेक उत्पादों में प्रमाणीकरण के बावजूद जैविक लेबलिंग को आमतौर पर स्पष्टीकरण की आवश्यकता होती है। कई देशों में जैविक नियम निम्न तीन स्तर के जैविक उत्पाद परिभाषित करते हैं।

i. **पूर्ण जैविक** : ऐसे उत्पाद जो पूरी तरह से प्रमाणित जैविक अवयवों व विधियों के साथ 100 प्रतिशत पैदा किये गये हैं।

ii. **पूर्ण जैविक**: ऐसे उत्पाद जिनमें 95 प्रतिशत जैविक अवयवों का प्रयोग किया गया है। उपरोक्त दोनों उत्पाद (i व ii) जैविक लेबल प्रदर्शित कर सकते हैं।

iii. **जैविक अवयवों से निर्मित** : ऐसे उत्पाद जिनका 70% से अधिक **"जैविक अवयवों के साथ बनाया"** लेबल किया जा सकता है।

ऐसे उत्पाद जिनमें जैविक अवयव अंश 70% से कम हो जैविक के रूप में नहीं बेचे जा सकते हैं। इन परिस्थितियों में उत्पाद पैकेट पर कौनसा जैविक घटक कितनी मात्रा में प्रयोग किया गया है का विवरण तो दे सकते हैं पर जैविक लेबल नहीं लगा सकते।

प्रमाणीकृत जैविक उत्पादों पर जैविक लेबल के साथ साथ प्रमाणीकरण संस्था का लोगो या चिन्ह लगा सकते हैं।

7.3.1.2 जैविक प्रमाणीकरण चिन्ह (लोगो) (Organic Certification Mark/Logo)

जैविक लोगो (Organic Logo): जैविक उत्पादन हेतु राष्ट्रीय मानकों (NSOP) के अनुपालना के आधार पर एक ट्रेड मार्क "India Organic" प्रदान किया गया है। उत्पाद की विशुद्धता तथा उत्पत्ति को संप्रेषित करते हुए इस ट्रेडमार्क का स्वामित्व भारत सरकार के पास रहेगा। केवल ऐसे निर्यातकों, निर्माताओं तथा प्रसंस्करणकर्त्ताओं जिनके उत्पाद मान्यता प्राप्त निरीक्षण एवं प्रमाणन एजेन्सियों द्वारा विधिवत प्रमाणित हैं उन्हीं को इस लोगो का उपयोग करने के लिए लाइसेन्स दिया जाएगा तथा इसको विनियमों के एक समूह द्वारा नियन्त्रित किया जाएगा।

Organic logos of some of the countires are given below:

European Union

United States of America

Multinational Corporation

Canada

Japan

Australia

India

चित्र 7.1 कुछ महत्त्वपूर्ण देशों के जैविक लोगो।

7.3.1.3 जैविक लोगो की अवधारणा व रंग विनिर्देश (Concept and Colour Specification of Organic Logo)

भारतीय जैविक लोगो बल और ऊर्जा को नीली व भूरी तरंगों द्वारा प्रस्तुत लौकिक और पृथ्वी बलों के लय को दर्शाता है। भारतीय जैविक लोगो प्रकृति के सार का गुणगान करता है। ये बल पृथ्वी पर्यावरण के अनुरूप काम करते हैं और इस ताल को हरे पौधे के विकास द्वारा प्रबलित व समर्थित किया जाता है। लोगों की अवधारणा में प्रयुक्त रंगों का विशेष महत्त्व है। नीला रंग ब्रह्माण्डिय बल सार्वभौमिक शुद्धता का प्रतीक है। मिट्टी की समृद्धि जैविक खेती में प्राकृतिक सामग्री से पोषित पृथ्वी बल सुनहरे भूरे रंग का प्रतीक है व हरे रंग का पौधा रसायनों से अछूता प्रकृति और प्राकृतिक उत्पादों के रंग को प्रदर्शित करता है। नीली पृष्ठभूमि पृथ्वी के पर्यावरण का प्रतीक है जो जीवन को खिलने के लिए अनुकूल है व हानिकारक रसायनों एवम् प्रदूषण मुक्त है। भारत ऑर्गेनिक की सतह पर उकेरा गया केरीयर "**ऑर्गेनिक**" के रूप में प्रमाणित करता है और निशान के सभी केरीयर भारतीय सम्बन्ध स्थापित करता है। भारतीय ऑर्गेनिक लोगो हमारे पर्यावरण के सभी तत्त्वों को बड़ी खूबसूरती से संश्लेषित करते हुए राष्ट्रीय जैविक मानकों के पूर्ण पालन का भी संचार करता है (चित्र 7.2)।

"India Organic" में निम्न लिखित रूप से सूचीबद्ध रंग विनिर्दिष्टता का समावेश होना अनिवार्य है।

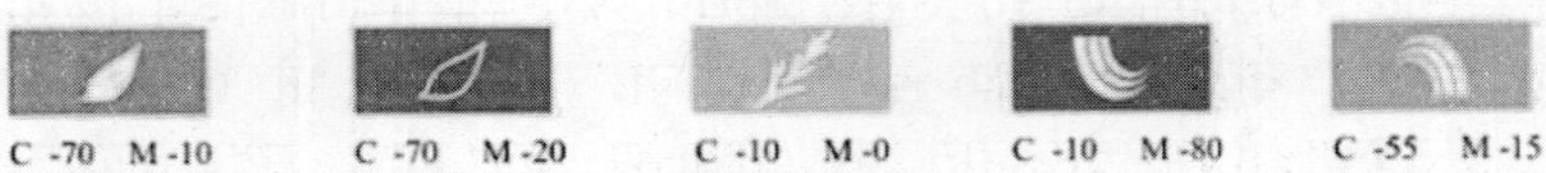

DESIGN OF AGMARK INDIA ORGANIC INSIGNIA

AGMARK

C.A. NO.:

Name of the Commodity ....

चित्र 7.2. जैविक लोगो की अवधारणा व रंग विनिर्देश

7.3.1.4 प्रमाणीकरण प्रक्रिया संक्षिप्त में (Certification Procedure in Brief)

i. प्रार्थी द्वारा प्रमाणीकरण संस्था का चुनाव।

ii. प्रमाणीकरण संस्था को निर्धारित प्रारूप में पंजीकरण के लिए प्रार्थना पत्र।

iii. प्रमाणीकरण संस्था द्वारा प्रार्थना पत्र की छंटनी करना व आवश्यक हो तो विस्तृत जानकारी माँगी जा सकती है।

iv. प्रमाणीकरण लागत का अनुमान जिसमें प्रमाणीकरण शुल्क, निरीक्षण लागत, यात्रा लागत, रिपोर्टिंग लागत सम्मिलित है प्रार्थी को स्वीकृति के लिए भेजा जाता है।

v. उत्पादक व प्रमाणीकरण संस्था के बीच अनुबन्ध पर हस्ताक्षर।

vi. प्रमाणीकरण संस्था उत्पादक से फसल उत्पादन व उसका प्रसंस्करण सम्बन्धि कार्य योजना माँगती है तथा साथ ही उसे जैविक खेती के मानक उपलब्ध करवाती है।

vii. प्रमाणीकरण संस्था उत्पादक से प्रमाणीकरण लागत का 50 प्रतिशत अग्रिम की माँग करती है जिसे उत्पादक को कार्य शुरू होने से पहले जमा करवानी होती है।

viii. निरीक्षण का कार्यक्रम तैयार करना।

ix. साधारणतया एक या उससे अधिक अवसरों पर निरीक्षण किया जाता है किन्तु यदि आवश्यक हो तो बिना सूचना के भी निरीक्षण किया जा सकता है। संदेह होने पर निरीक्षण दल पौधों, मृदा, आदानों, उत्पाद आदि का नमूना प्रयोगशाला जाँच के लिए ले सकता है।

x. निरीक्षण रिपोर्ट प्रमाणीकरण समिति को प्रस्तुत की जाती है।

xi. प्रमाणीकरण संस्था बाकी शुल्क जमा कराने को कहती है।

xii. अंत में प्रमाणीकरण स्वीकृत हो जाता है।

xiii. उत्पादक अपने उत्पाद को प्रमाणीकरण चिन्ह (India Organic Logo) के साथ विपणन के लिए जारी करता है।

7.3.2. उत्पादक समूह प्रमाणीकरण प्रणाली (Grower Group Certification System)

उत्पादक समूह प्रमाणीकरण एक समूह आधारित प्रमाणीकरण है जिसमें कई उत्पादकों या किसानों का सामूहिक रूप से रजिस्ट्रेशन किया जाता है इसमें कुछ उत्पादकों का लगातार चुनाव कर उनके फार्म का निरीक्षण व रिकार्ड्स की जांच की जाती है जिसके आधार पर एक समूह के सभी उत्पादकों या किसानों का प्रमाणीकरण कर दिया जाता है। छोटे व मझले किसानों के लिए यह तरीका सरल

एवम् फायदेमन्द है। समूह प्रमाणीकरण आन्तरिक गुणवत्ता प्रणाली के दृष्टिकोण पर आधारित होता है जिसमें आन्तरिक नियन्त्रण प्रणाली (internal control system) लागू करना, आन्तरिक मानक (internal standards) एवं जोखिम मूल्यांकन (risk assessment) शामिल है।

जैविक खेती अभियान तब तक सफल नहीं होगा जब तक यह छोटे किसानों तक न पहुँचे। पूर्व में जैविक मानक व प्रमाणीकरण प्रक्रिया केवल एकल किसान या किसान विशेष के लिए बनाया गया, बाद में छोटे किसान समूह प्रमाणीकरण की संभावना महसूस हुई व समूह आधारित प्रमाणीकरण की शुरूआत हुई जो कि आज भारतीय किसान समुदाय में सबसे अधिक प्रचलित व स्वीकार्य है। किसान समूह प्रमाणीकरण के निम्नलिखित फायदे हैं।

i. इसमें प्रति हेक्टेयर प्रमाणीकरण लागत एकल प्रमाणीकरण की तुलना में काफी कम होती है।

ii. समूह प्रमाणीकरण में सभी का हित समान होने से व उनको एक साथ सरकारी विकास योजनाओं में सम्मिलित करना आसान हो जाता है।

iii. इससे किसान को व्यापारी से समूह में सौदेबाजी करने में मदद मिलती है।

iv. इससे जैविक उत्पाद पूरे समूह का एक साथ ट्रांसपोर्ट किया जाता है जिससे ट्रांसपोर्ट लागत में बचत होती है।

v. राष्ट्रीय एवम् अन्तर्राष्ट्रीय व्यापारियों को जिंस विशेष (particular commodity) थोक मात्रा में मिल जाती है।

vi. यह खरीददारों व प्रसंस्करण इकाईयों को जिंस की नियमित आपूर्ति सुनिश्चित करती है।

vii. यह आदान पूर्तिकर्त्ताओं को भी समूह सदस्यों के बीच बाजार प्रदान करता है।

viii. यह किसानों को ज्ञान/सूचना प्रसारण में मदद करता है।

ix. इससे कई जाति व धर्मों के व्यक्ति सम्मिलित होते हैं जिससे एक सामाजिक सामन्जस्य स्थापित होता है।

x. उत्पादक एक समूह में होते हैं जिससे प्रमाणीकरण संस्था को भी सरलता से व्यापार उपलब्ध हो जाता है।

xi. समूह के सदस्यों को आवश्यकता अनुसार विभिन्न विषयों पर प्रशिक्षण दिया जा सकता है व प्रदर्शन व ट्यूर में सम्मिलित किया जा सकता है।

xii. सभी समूह के सदस्यों को बीज, आदानों, मृदा उर्वरकता, कीट एवं व्याधि नियन्त्रण, प्रसंस्करण व विपणन संबन्धित विषयों पर सलाह दी जा सकती है।

7.3.3 सहभागी प्रमाणीकरण या सहभागी गारण्टी प्रणाली (Participatory Certification or Participatory Guarantee System)

उपभोक्ता की संतुष्टि तथा उत्पादकों की विश्वसनीयता बनाये रखने के लिए खाद्य वस्तुओं का जैविक प्रमाणीकरण आवश्यक था इसके लिए कई अन्तर्राष्ट्रीय संस्थाओं ने अपने मानक बनाकर जैविक कृषि फार्मों का प्रमाणीकरण किया जिसे नाम दिया **"थर्ड पार्टी प्रमाणीकरण"** भारत में भी अपने मानक विकसित कर एपीडा ने इस प्रक्रिया को प्रोत्साहित किया। अत्यधिक प्रयासों के बाद भी इसमे प्रक्रिया की जटिलता, बाह्य हस्तक्षेप तथा महँगी होने की वजह से वांछित परिणाम नहीं आ सके। इन सब कठिनाईयों को ध्यान में रखते हुए **"उत्पादक समूह प्रमाणीकरण प्रणाली"** तथा आन्तरिक नियंत्रण प्रणाली विकसित हुई। किन्तु व्यक्तिगत लघु किसानों के लिए यह प्रक्रिया भी जटिल ही है तथा किसानों व प्रोत्साहक संस्थाओं के बीच यह अधिक लोकप्रिय नहीं हो सकी व बहुत कम किसानों को इसके तहत लाया जा सका।

उपरोक्त सभी बिन्दुओं के मध्य नजर सहभागी गारण्टी प्रणाली (PGS) विकसित हुई। सहभागी गारण्टी प्रणाली जो स्थानीय केन्द्रित गुणवता आश्वासन प्रणाली है। इसमें उत्पादकों की सक्रिय भागीदारी, विश्वास, सामाजिक नेटवर्क व ज्ञान के आदान–प्रदान के आधार पर प्रमाणित किया जाता हैं (IFOAM की परिभाषा के अनुसार)।

7.3.3.1 सहभागी गारण्टी प्रणाली (PGS) की प्रक्रिया

i. स्थानीय जैविक खाद्य समिति समूह का संघटन जिसमें कम से कम पाँच किसानों का एक स्थानीय समूह बनता है व प्रत्येक किसान लिखकर इस जैविक खाद्य समिति की सदस्यता के लिए आवेदन करता है। जैविक खाद्य उत्पादन के सरलीकृत मानकों को अच्छी तरह पढ़कर/समझकर संकल्प पत्र पर हस्ताक्षर करता है।

ii. जैविक खाद्य समिति के अन्य सदस्य प्रार्थी किसान के फार्म का निरीक्षण करते हैं। निरीक्षण के समय कम से कम तीन सदस्य किसान मौजूद रहने चाहिए। निरीक्षण समूह यह सुनिश्चित करता है कि प्रार्थी किसान सजीव खाद्य सम्बन्धी नियमों तथा प्रक्रियाओं को पूरी तरह समझता है तथा उसका फार्म हर तरह से नियमों के अनुकूल है। निरीक्षण दल सम्बन्धित फार्म पर अपनी रिपोर्ट बनाता है तथा उस पर हस्ताक्षर करता है। यह समूह आवश्यक समझे तो किसी बाहरी जानकार सहायक को भी बुला सकता है।

iii. निरीक्षण दल यह भी सुनिश्चित करेगा कि कौन–कौनसे किसान वर्तमान में जैविक खाद्य समिति में शामिल किये जायेंगे। निरीक्षण दल

द्वारा प्रस्तुत रिपोर्ट को सभी सदस्य एक साथ पढ़ते हैं तथा अपनी सहमति देते हैं। यह रिपोर्ट बाद में क्षेत्रीय परिषद् को भेजी जाती है।

iv. क्षेत्रीय परिषद् द्वारा स्थानीय समूहों की जानकारी संपादित कर उसका ब्यौरा राष्ट्रीय स्तर के डेटाबेस पर प्रकाशित किया जाएगा। क्षेत्रीय परिषद् प्रत्येक सदस्य फार्म को प्रमाण पत्र जारी करेगी। हर प्रमाणित फार्म को एक पंजीकृत नम्बर दिया जाता है जिसे विक्रय वस्तु की हरेक पैकिंग पर अंकित करना अनिवार्य होता है। इसके आधार पर किसान सम्मिलित रूप से अथवा व्यक्तिगत स्तर पर विक्रय का अधिकार प्राप्त कर लेता है।

v. क्षेत्रीय परिषद् उपरोक्त सम्पूर्ण जानकारी राष्ट्रीय समन्वय समिति को भेज देगी। राष्ट्रीय समन्वय समिति जानकारी के प्रसार का कार्य करेगी व समय–समय पर खाद्य वस्तु का रासायनिक विश्लेषण करायेगी। पंजीकृत/मान्यता प्राप्त सभी फार्मों की जानकारी तथा वैधता एक इन्टरेक्टिव मोबाईल फोन के एसएमएस द्वारा प्राप्त करने का प्रबन्ध करेगी। तथा यह भी प्रबन्ध करेगी कि भारत के सभी किसानों तथा फार्मों की जानकारी इन्टरनेट पर भी उपलब्ध हो।

7.3.3.2 सहभागी गारण्टी प्रणाली में जैविक प्रमाणीकरण के लिए स्थानीय समूह गठन प्रक्रिया (Procedure to Formulate Local Group Under PGS for Organic Certification)

i. कोई भी किसान जैविक किसानों का स्थानीय समूह बनाने की पहल कर सकता है। सहभागी गारण्टी प्रणाली मौजूदा समूहों जैसे ग्राम स्तरीय संगठन, किसान संग, स्वयं सहायता समूह, स्वयं सेवी संस्था इत्यादि को स्थानीय समूह बनाने की पहल करने अथवा स्वयं को स्थानीय सदस्य के रूप में प्रस्तुत करने की अनुमति देता है।

ii. स्थानीय समूह में कम से कम पांच सदस्य होना आवश्यक है। प्रत्येक सदस्य एक दूसरे को व एक दूसरे के फार्म को भलीभाँति जानता हो। इस समूह का विस्तार स्वयंसेवी संस्थाओं, उपभोक्ता संघों आदि से सदस्य लेकर भी किया जा सकता है जो कि स्थानीय समूह को मूल्यांकन रिपोर्ट बनाने, लेखे रखने, निरीक्षण तालिका को व्यवस्थित करने, क्षेत्रीय परिषद् से पत्राचार करने, रिकॉर्ड रखने आदि में सहायता कर सकते हैं।

iii. जब एक स्थानीय समूह का गठन हो जाये या कोई मान्य समूह स्वयं की इच्छा से उपलब्ध हो तब इसके पत्र व्यवहार का पता मय टेलीफोन नम्बर के अवश्य होना चाहिए। रजिस्टर में सभी सदस्यों के नाम व पते स्पष्ट रूप से लिखे होने चाहिए।

iv. इसके बाद सबसे महत्त्वपूर्ण है सूचनाओं का सत्यापन। इसका सबसे अच्छा तरीका है कि समूह के एक या अन्य सदस्य को स्थानीय स्वयं सेवी संस्था जो कि उनके लिए क्षेत्रीय परिषद् में शामिल हो को जानते हों।

v. स्थानीय समूह यह सुनिश्चित करेगा कि प्रत्येक सदस्य जैविक किसान की शपथ ले तथा सभी प्रपत्रों का अध्ययन करे। ये सभी प्रपत्र क्षेत्रीय भाषा में उपलब्ध हो इसकी जिम्मेदारी क्षेत्रीय सचिवालय द्वारा वहन की जाए।

vi. अगला चरण व्यक्तिगत खेत का मूल्यांकन करना, जिसमें स्थानीय समूह के कम से कम तीन सदस्य अवश्य हो। यह समान स्तरीय मूल्यांकन पीजीएस मूल्यांकन प्रपत्र द्वारा किया जावे। वे या तो इस प्रपत्र द्वारा या सीधे ही कम्प्यूटर में सूचनाएँ अंकित कर लें। मूल्यांकन रिपोर्ट के अन्त में निष्कर्ष के नीचे कम से कम दो सदस्यों के हस्ताक्षर अवश्य हों। यदि लिखना मुश्किल हो तो इसे विडियो द्वारा रिकॉर्ड कर सीडी बना देनी चाहिए।

vii. स्थानीय समूह इसके बाद भी मूल्यांकन रिपोर्ट का अलग अलग सांराश बनायेंगा जिसके साथ यह प्रमाणित होगा कि सदस्य किसान जैविक है व उनके नाम पते के साथ क्षेत्रीय परिषद् को भेज देंगे।

7.3.3.3 स्थानीय समूह की कार्यप्रणाली (Working System of Local Group)

पीजीएस स्थानीय समूह को यह अनुमति देता है कि स्थानीय समूह अपने नियम /तरीके बनाएँ जिससे उनका कार्य चल सके। ये सभी नियम तरीके पहली सभा में ही तय कर रजिस्टर में लिख देने चाहिए ताकि समय–समय पर बनने वाले नये सदस्यों के काम आ सके। स्थानीय समूह अन्य मूल्यांकन समूहों के साथ कार्य करने के तरीके भी बना सकता है।

इस बात की सदैव अनुशंसा की जाती है कि प्रत्येक सभा औपचारिक रूप से संचालित कर इसकी कार्यवाही लिखी जाये। जिन व्यक्तियों पर इस सभा के आदेशों की पालना की देखरेख की जिम्मेदारी दी वे समय समय पर इन दस्तावेजों की देखते रहें और सुनिश्चित करें कि उनका ठीक तरह से रखरखाव किया जा रहा है।

7.4 विश्व स्तर पर प्रमाणीकरण परिदृश्य (Certification Scenario Around the World)

कई देशों में जैविक मानकों का निर्धारण एवम् उनका संचालन सरकारी संस्थाओं द्वारा किया जाता है। संयुक्त राज्य अमेरिका, यूरोपीय संग तथा जापान में **"जैविक"** शब्द कानूनी रूप से सुरक्षित है तथा राष्ट्रीय कार्यक्रम के अन्तर्गत

प्रमाणीकृत उत्पादों पर ही प्रयोग किया जा सकता है। खाद्य उत्पाद पर **जैविक** शब्द डालना वर्तमान उपभोक्ता बाजार में एक मूल्यवान लाभ है किन्तु यह गारण्टी नहीं देता है कि उत्पादन वैध रूप से जैविक है, जब तक कि प्रमाणीकरण संस्था द्वारा प्रमाणित न हो। प्रमाणन का उद्देश्य उपभोक्ता को जैविक शब्द के दुरूपयोग से बचाना है व जैविक खेती को आसान बनाना है। ऐसे देशों में जहाँ जैविक नियमाधीन नहीं है वहाँ कुछ देशों में तो दिशा निर्देश हैं किन्तु कुछ में नहीं भी हैं। इन देशों में प्रमाणीकरण का कार्य गैर सरकारी या निजी संस्थाओं द्वारा अपने कार्यक्रम व मानकों के अन्तर्गत किया जाता है।

विश्वस्तरीय बाजार को सुविधाजनक बनाने के लिए विभिन्न देशों के बीच सामंजस्य बिठाने के लिए अन्तर्राष्ट्रीय स्तर पर बातचीत जारी है व कुछ समझौते तो पहले से ही हो रखे हैं। अन्तर्राष्ट्रीय प्रमाणीकरण निकाय जिसमें जैविक कृषि आंदोलन के अन्तर्राष्ट्रीय संग (IFOAM) के सदस्य भी शामिल हैं सामंजस्य के प्रयास कर रहे हैं। विभिन्न देशों के बीच जहाँ निर्यात के लिए औपचारिक समझौते नहीं हैं वहाँ अक्सर जैविक उत्पाद प्रायः आयात करने वाले देश की एजेन्सियों द्वारा प्रमाणित किया जाता है जो इसी उद्देश्य की पूर्ति के लिए स्थायी रूप से विदेशों में अपने कार्यालय स्थापित रखते हैं।

संयुक्त राज्य अमेरिका में अक्टूबर, 2002 में राष्ट्रीय जैविक कार्यक्रम को संघीय कानून के रूप में लागू किया गया। इस कार्यक्रम के अन्तर्गत "**जैविक**" शब्द का प्रयोग प्रतिबंधित है व केवल प्रमाणीकृत जैविक पदार्थों पर ही लगाया जा सकता है (एक वर्ष में 5,000 डॉलर से कम उत्पादन करने वाले किसान इस नियन्त्रण से मुक्त हैं परन्तु उन्हें भी जैविक मानकों की अनुपालना आवश्यक है)। प्रमाणीकरण का कार्य अमेरिकी कृषि विभाग द्वारा अनुमोदित सरकारी, गैर सरकारी व निजी संस्थाओं द्वारा किया जाता है ।

जापान में **"जापानी कृषि मानक"** अप्रेल, 2001 में कानून के रूप में लागू किया गया इन नियमों को सन् 2005 में वापस संशोधित किया गया व प्रमाणीकरण संस्थाएँ इन्ही नियमों के तहत कार्य करती है।

यूरोपीय संघ के सभी देश यूरोपीय संघ द्वारा जारी नियमों व मानकों के अधीन प्रमाणीकरण कार्य करते हैं। कनाड़ा में हालाँकि जैविक मानक जारी किये हैं परन्तु वे केवल अभी दिशा–निर्देश के रूप में हैं। प्रमाणीकरण का कार्य निजी संस्थाओं द्वारा किया जाता है। कनाड़ा के क्यूबेक राज्य में स्थानीय सरकार प्रमाणीकरण प्रक्रिया की देखरेख करती है।

ऑस्ट्रेलिया में यद्यपि स्थानीय मानक नहीं हैं फिर भी प्रमाणीकरण प्रक्रिया का संचालन **"ऑस्ट्रेलियन संगरोध"** व निरीक्षण सेवा संस्था द्वारा किया जाता है व प्रमुखतया निर्यात पर केन्द्रित है। आन्तरिक बाजार हेतु कोई निश्चित प्रक्रिया नहीं है व निर्यात प्रक्रिया का भी आंतरिक प्रक्रिया के रूप में उपयोग किया जाता है। ऑस्ट्रेलियन संगरोध व निरीक्षण सेवा संस्था ही प्रमाणीकरण नियन्त्रण का कार्य करती है।

चीन में **"चीन हरित खाद्य विकास केन्द्र"** दो मानकों पर आधारित प्रमाणीकरण प्रक्रिया चलाता है। "AA" मानक पूर्ण जैविक तथा "A" मानकों के अधीन कुछ रसायनों का प्रयोग किया जा सकता है।

7.5 भारत में जैविक प्रमाणीकरण तंत्र (Organic Certification System in India)

भारत में कृषि और प्रसंस्कृत खाद्य उत्पाद निर्यात विकास प्राधिकरण (APEDA) जैविक उत्पादन के लिए राष्ट्रीय मानकों के अनुसार जैविक उत्पादों के प्रमाणन को नियंत्रित करता है। भारत में निर्यात हेतु वाणिज्य मंत्रालय द्वारा **"राष्ट्रीय जैविक उत्पादन कार्यक्रम"** (NPOP) द्वारा प्रमाणीकरण प्रक्रिया का संचालन किया जाता है। स्थानीय बाजार हेतु वाणिज्य मंत्रालय द्वारा प्रचलित कार्यक्रम को कृषि उत्पाद (वर्गीकरण व चिन्हीकरण) के नियमों के अन्तर्गत अधिसूचित किया गया है। भारत के राष्ट्रीय जैविक उत्पादन कार्यक्रम को यूरोपीय संघ व स्विट्जरलेण्ड ने अपने देश के मानकों के बराबर मान्यता दी है। इसी तरह संयुक्त राज्य अमेरिका कृषि विभाग (USDA) ने "राष्ट्रीय जैविक उत्पादन कार्यक्रम" (NPOP) से मान्यता प्राप्त अनुरूपता मूल्यांकन प्रक्रियाओं को संयुक्त राज्य अमेरिका के बराबर मान्यता प्रदान की है।

इन मान्यताओं के साथ भारतीय जैविक उत्पादों को भारत के मान्यता प्राप्त प्रमाणन निकायों द्वारा विधिवत प्रमाणित किये जाते हैं। मार्च, 2000 में वाणिज्य मंत्रालय ने जैविक उत्पादों के लिए राष्ट्रीय मानकों को स्थापित करने के लिए **"राष्ट्रीय जैविक उत्पादन कार्यक्रम"** (NPOP) प्रारम्भ किया जिसके तहत जैविक उत्पाद के लिए राष्ट्रीय मानक (national standards) तय किये गये ताकि जैविक उत्पादों के ऊपर "**इंडिया ऑरगेनिक**" लोगो (चिन्ह) लगाकर बेचा जा सके। ये तय करते हैं कि ये विनिमय (regulations) जैविक उत्पादों के निर्यात, आयात व स्थानीय व्यापार के लिए प्रावधान करते हैं। वर्तमान में जैविक उत्पादों का निर्यात ही सरकारी नियमों के अन्तर्गत आता है। इस प्रकार एक कृषि उत्पाद को जैविक उत्पाद के रूप में तभी निर्यात किया जा सकता है जब वह एपेडा द्वारा मान्यता प्राप्त प्रमाणित संस्था द्वारा प्रमाणित हो। जैविक कृषि उत्पाद के अलावा जैविक पशु उत्पाद, प्रसंस्कृत उत्पाद, वानिकी व जंगल उत्पाद को भी मान्यता प्राप्त उत्पादों की श्रेणी में रखा गया है।

7.5.1 राष्ट्रीय जैविक उत्पाद कार्यक्रम (National Programme on Organic Production)

जैविक कृषि व गुणवत्तायुक्त उत्पाद के विकास पर ध्यान केन्द्रित करने के लिए वाणिज्य मन्त्रालय, भारत सरकार ने सन् 2000 में राष्ट्रीय जैविक उत्पादन कार्यक्रम की शुरूआत की जिसकी औपचारिक अधिसूचना अक्टुबर, 2001 विदेशी व्यापार एवं विकास अधिनियम (FTDR) के तहत जारी की गई। राष्ट्रीय जैविक उत्पादन

कार्यक्रम एक राष्ट्रीय नीति तथा कार्यक्रम के अर्न्तगत जैविक उत्पादों हेतु राष्ट्रीय मानकों के निर्धारण तथा प्रमाणीकरण कार्य को संस्थागत रूप से उपलब्ध कराता है। जैविक उत्पादन कार्यक्रम के लक्ष्यों में, अन्य बातों के साथ साथ निम्नलिखित शामिल हैं।

i. अनुमोदित मापदण्डों के अनुसार जैविक खेती तथा उत्पादों हेतु प्रमाणीकरण कार्यक्रम को उपलब्ध कराना।

ii. प्रमाणीकरण कार्यक्रम को प्रत्यायित (accredit) करना।

iii. जैविक उत्पादों हेतु मानकों की अनुपालना में जैविक उत्पादों के प्रमाणीकरण को सुगम बनाना।

iv. जैविक खेती एवं जैविक प्रसंस्करण के विकास को बढावा देना।

7.5.1.1 कार्यक्षेत्र (Scope)

राष्ट्रीय जैविक उत्पादन कार्यक्रम में अन्य बातों के साथ निम्न को सम्मिलित किया गया है।

i. जैविक उत्पादन विकास तथा प्रमाणीकरण हेतु नीतियाँ।

ii. जैविक उत्पादों तथा प्रक्रियाओं हेतु राष्ट्रीय मानक।

iii. निरीक्षण एवम् प्रमाणीकरण संस्थाओं द्वारा प्रचलित किये जाने वाले कार्यों का प्रत्यायन (accreditation)

iv. जैविक उत्पादों का प्रमाणीकरण।

7.5.1.2 संरचना (Operational Structure)

राष्ट्रीय जैविक उत्पादन कार्यक्रम (NPOP) की प्रचालनात्मक संरचना का चित्र 7.3 में दर्शाया गया है। इस कार्यक्रम को भारत सरकार के वाणिज्य मंत्रालय के माध्यम से विकसित तथा क्रियान्वित किया जा रहा है। राष्ट्रीय जैविक कार्यक्रम हेतु संचालन समिति कार्य कर रही है जिसके सदस्यों का चयन वाणिज्य मन्त्रालय, कृषि मंत्रालय वस्तु बोर्ड तथा जैविक आन्दोलन के साथ जुड़े हुए अन्य सरकारी एवं निजी संगठनों से किया गया गया है। प्रासंगिक मुद्दों के विषय में राष्ट्रीय जैविक उत्पादन कार्यक्रम हेतु संचालन समिति को परामर्श देने के लिए यथा आवश्यकतानुसार उप समितियों की नियुक्ति की जाती है। राष्ट्रीय जैविक उत्पादन कार्यक्रम हेतु संचालन समिति एक राष्ट्रीय प्रत्यायन नीति तथा कार्यक्रम को प्रतिपादित करेगी और जैविक उत्पादों हेतु राष्ट्रीय मानकों को तैयार करेगी जिसमें जैविक उत्पादन तथा प्रक्रियाओं के लिए मानक भी सम्मिलित होगें। राष्ट्रीय प्रत्यायन नीति तथा कार्यक्रम को राष्ट्रीय प्रत्यायन संस्था द्वारा संचालित किया जायेगा जो कि प्रत्यायन कार्यक्रमों तथा प्रचालनों हेतु समग्र नीति उद्देश्यों को परिभाषित करेगी। राष्ट्रीय जैविक उत्पादन कार्यक्रम हेतु समिति जब भी उचित समझे प्रत्यायन पद्धतियों में संशोधन कर सकती है। राष्ट्रीय प्रत्यायन नीति तथा

कार्यक्रम सावधिक आन्तरिक समीक्षा के अधीन है, जिसको तकनीकी समिति द्वारा संचालित किया जायेगा। जो इस प्रकार के संशोधनों के सम्बन्ध में राष्ट्रीय जैविक उत्पादन कार्यक्रम हेतु संचालन समिति को परामर्श देगी।

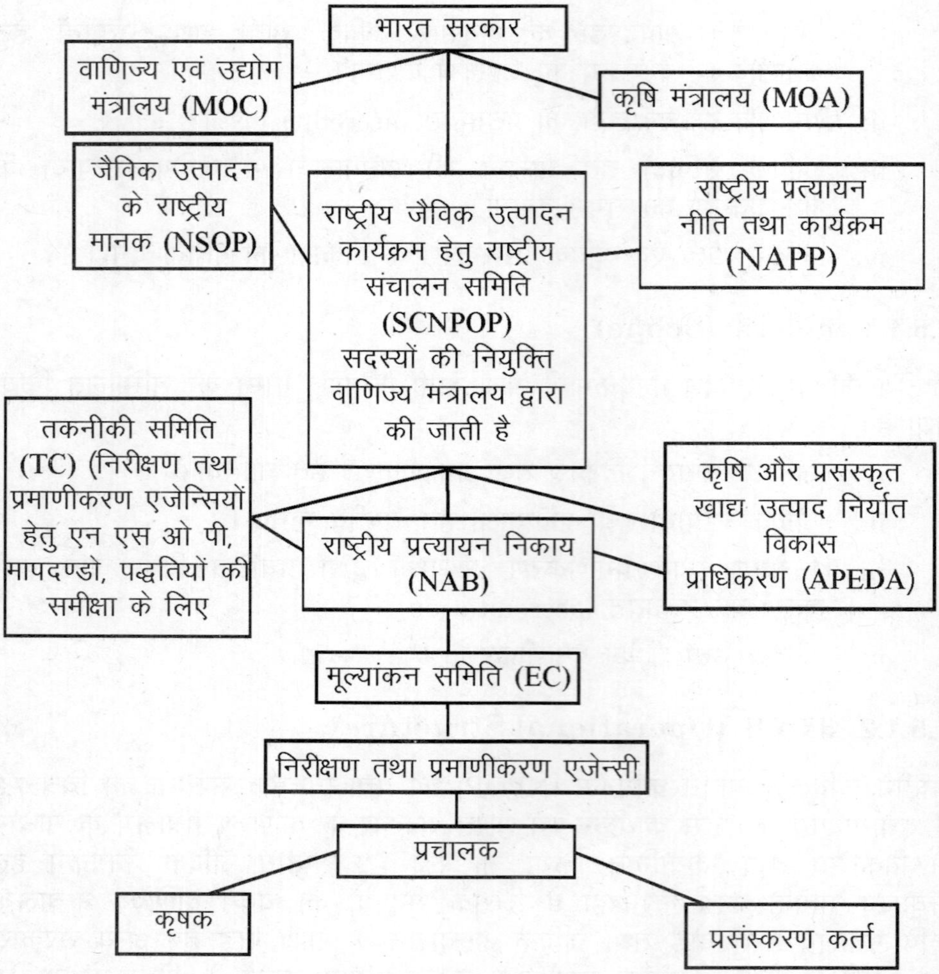

चित्र 7.3. राष्ट्रीय जैविक उत्पादन कार्यक्रम (NPOP) की प्रचलनात्मक संरचना।

7.5.1.3 मूल्यांकन समिति (Evaluation Committee)

एक मूल्यांकन समिति प्रमाणीकरण कार्यक्रमों को क्रियान्वित करने वाली योग्य निरीक्षण तथा प्रमाणीकरण संस्थाओं का मूल्यांकन करेगी। राष्ट्रीय प्रत्यायन निकाय इस मूल्यांकन समिति को नियुक्त करेगा। मूल्यांकन समिति के सदस्य वस्तु बोर्ड, कृषि मंत्रालय और एक्सपोर्ट इन्सपेक्शन काउंसिल (EIC) या इनवॉयरमेन्टल इम्पेक्ट एसेसमेन्ट (EIA) से लिए गये सदस्य होंगे।

7.5.1.4 प्रत्यायित निरीक्षण तथा प्रमाणीकरण संस्था (Accredited Inspection and Certification Agency)

मूल्यांकन अभिकरण की सिफारिशों के आधार पर प्रत्यायन निकाय द्वारा योग्य निरीक्षण तथा प्रमाणीकरण संस्थाओं का प्रत्यायन किया जायेगा। इन संस्थाओं को प्रचालन पद्धतियों व राष्ट्रीय जैविक उत्पादन के राष्ट्रीय मानकों (NPOP) और अन्तर्राष्ट्रीय मानकों की अच्छी जानकारी होनी चाहिये। उनके कार्यक्रम कम से कम एक वर्ष से चल रहे हों तथा वे इसकी पुष्टि में दस्तावेज प्रस्तुत कर सके।

7.5.1.5 निरीक्षकगण (Inspectors)

प्रत्यायन निरीक्षण प्रमाणीकरण संस्थाओं द्वारा नियुक्त निरीक्षकगण विनिर्दिष्ट प्रारूप के अनुसार प्रचालकों के द्वारा तैयार किये गये प्रलेख तथा सावधिक स्थल निरीक्षण के माध्यम से प्रचालकों के निरीक्षण संपादित करेंगे। मानकों तथा कार्यक्रमों की अनुपालन के आधार पर प्रत्यापित निरीक्षण तथा प्रमाणीकरण संस्थाएँ उत्पादों तथा प्रचालनों की जैविक अवस्था के अनुरूप उनका प्रमाणीकरण करेगी और या प्रमाणीकरण हेतु वांछित क्रिया विधि की सिफारिश करेगी।

7.5.1.6 राष्ट्रीय प्रत्यायन निकाय (National Accreditation Body)

राष्ट्रीय संचालन समिति ही राष्ट्रीय प्रत्यायन निकाय का कार्य करेगी। राष्ट्रीय प्रत्यायन निकाय में कृषि मंत्रालय, वाणिज्य मंत्रालय एवम् वस्तु बोर्ड के सदस्य होंगे। निकाय के अध्यक्ष राष्ट्रीय संचालन समिति के अध्यक्ष होंगे। राष्ट्रीय प्रत्यायन निकाय के कार्यों में निम्नलिखित प्रमुख हैं।

i. प्रमाणीकरण कार्यक्रमों के मूल्यांकन तथा प्रत्यायन पद्धतियों को तैयार करना।

ii. कार्यक्रमों को क्रियान्वन करने वाली संस्थाओं के मूल्यांकन हेतु पद्धतियों को सूत्रबद्ध करना।

iii. निरीक्षण एवम् प्रमाणीकरण संस्थाओं का प्रत्यायन करना।

■■■■

8 जैविक फसल उत्पादन हेतु राष्ट्रीय मानक (National Standards for Organic Crop Production)

राष्ट्रीय जैविक फसल उत्पादन कार्यक्रम के अंतर्गत निम्नानुसार राष्ट्रीय मानक निर्धारित किये गये है जिनका जैविक प्रमाणीकरण में अपनाना नितान्त आवश्यक है।

8.1 फसल उत्पादन (Crop Production)

8.1.1 फसलों एवम् प्रजातियों का चयन (Choice of Crops and Varieties)

सभी चयनित फसल प्रजातियों के बीज एवं कंद इत्यादि प्रमाणित जैविक कृषि उत्पाद होने चाहिए। चयनित प्रजातियाँ स्थानीय पर्यावरणीय परिस्थितियों के अनुकूल हो और कीट व रोग प्रतिरोधी हो। यदि प्रमाणित जैविक कृषि बीज व कंद इत्यादि उपलब्ध न हो तो बिना रसायन उपचार के अन्य बीज व कंद भी प्रयोग किये जा सकते हैं। परिवर्तित आनुवंशिकी वाले बीजों, कंदों, परागकण तथा ट्रांसजैनिक पौधों का प्रयोग वर्जित है।

मानक (Standards)

i. यदि जैविक बीज, कंद या रोप उपलब्ध हो तो उनका प्रयोग किया जायेगा। प्रमाणीकरण कार्यक्रम प्रमाणित जैविक बीज तथा अन्य वनस्पति सामग्री की आवश्यकता हेतु समय सीमाओं को निर्धारित करेगा।

ii. यदि प्रमाणित जैविक बीज तथा कंद इत्यादि उपलब्ध न हो तो बिना रासायनिक उपचार पारम्परिक बीजों का प्रयोग किया जायेगा।

iii. परिवर्तित आनुवंशिकी से तैयार किये गये बीजों, पराग, पराजीन पौधों अथवा वनस्पति सामग्री का प्रयोग वर्जित है।

8.1.2 रूपान्तरण अवधि (Conversion Period)

वार्षिक रूप से उगाये जाने वाले पौधे उत्पादों के लिए बदलाव समय, उस विशिष्ट फसल की बुवाई से 24 महीने पूर्व शुरू होना चाहिए। अन्य लम्बी अवधि की फसलों एवम् बागवानी पौधों के लिए बदलाव समय जैविक प्रबन्धन शुरू करने की तिथि से 36 महीने पूर्व से शुरू होना चाहिए। पूर्व में की जाने वाली खेती पद्धति एवम् स्थानीय आवश्यकताओं के मद्देनजर प्रमाणीकरण संस्था इस अवधि को घटाने या बढ़ाने की अनुशंसा कर सकती है।

मानक (Standards)

i. यदि बीज बोने से कम से कम दो वर्षों अथवा घासस्थली को छोड़कर अन्य बारहमासी फसलों के मामले में, उत्पादों की पहली उपज से कम से कम तीन वर्षों की रूपान्तरण अवधि के दौरान यदि राष्ट्रीय मानक आवश्यकताओं को पूरा कर दिया गया हो तो वनस्पति उत्पादों को जैविक प्रमाणित किया जा सकता है। प्रत्यायित निरीक्षण तथा प्रमाणीकरण संस्था भूमि के पिछले प्रयोग की स्थिति को ध्यान में रखते हुए कुछ मामलों (यथा दो वर्ष अथवा इससे अधिक समय के लिए खाली उपयोग) में रूपान्तरण अवधि को बढ़ाने अथवा कम करने का निर्णय कर सकती है। परन्तु इस अवधि का बारह महीनों के बराबर अथवा इससे अधिक होना अनिवार्य है।

ii. भूमि के पिछले उपयोग तथा पर्यावरणीय दशाओं आदि पर निर्भर करते हुए प्रमाणीकरण कार्यक्रम द्वारा रूपान्तरण अवधि को बढ़ाया जा सकता है।

iii. प्रमाणीकरण कार्यक्रम फार्म की रूपान्तण अवधि के दौरान वनस्पति उत्पादों को रूपान्तरण की प्रक्रियाधीन जैविक खेती की उपज अथवा इससे मिलते जुलते विवरण के रूप में बेचे जाने की अनुमति प्रदान कर सकता है।

iv. चारे के लिए उपादानों की गणना करने हेतु, जैविक प्रबन्धन के प्रथम वर्ष के दौरान फार्म पर पैदा किये गये चारे को जैविक के रूप में वर्गीकृत किया जा सकता है। इसका तात्पर्य केवल ऐसे पशुओं के चारे से है जिनका फार्म यूनिट के भीतर ही पालन–पोषण किया जा रहा हो परन्तु ऐसे चारे को जैविक के रूप में बेचा अथवा विपणन नहीं किया जा सकता है। राष्ट्रीय मानकों के अनुसरण में फार्मों पर पैदा किये गये चारे को पारम्परिक रूप से उगाये को आयातित किये गये चारे की तुलना में वरीयता दी जायेगी।

8.1.3 फसल उत्पादन में विविधता (Diversity in Crop Production)

फसल उत्पादन में एवम् उस क्षेत्र विशेष में पौध विविधता बनाये रखने के लिए यह जरूरी है कि विभिन्न दलहनी फसलों के फसल चक्र अपनाये जायें और आस पास की अन्य खुली भूमि पर विभिन्न प्रकार की स्थानीय पौध प्रजातियाँ उगाई जाएँ। इन प्रक्रियाओं से न केवल भूमि की स्वस्थता एवं उर्वरा शक्ति में सुधार होगा बल्कि विभिन्न कीट पतंगों, खरपतवारों एवं बीमारियों के प्रकोप को भी नियन्त्रित करने में मदद मिलेगी।

मानक (Standards)

i. जहाँ भी उचित हो, प्रमाणीकरण कार्यक्रम यह सुनिश्चित करेगा कि एक निश्चित समय अथवा स्थान पर पर्याप्त विविधता को एक ऐसे ढ़ंग से विकसित किया जाये जिसमें कीटों, रोगों तथा खरपतवारों के प्रकोप से बचाव करते हुए मृदा की उर्वरता, जीवाणु गतिविधि तथा सामान्य मृदा स्वास्थ्य को बनाये रखा जाये तथा उसमें वृद्धि की जाये। ऋतु फसलों में इसे सामान्य रूप से, फसल परिवर्तन माध्यम से हासिल किया जाता है।

8.1.4. उर्वरण नीति (Fertilization Policy)

जैविक कृषि फार्म पर ही उत्पादित पौधे एवं पशु अवशिष्ट का स्थान खाद प्रबन्धन में सर्वोपरि है। खाद प्रबन्धन में जिन बातों पर विशेष ध्यान दिया जाना है उनमें प्रमुख हैं – पौध पोषणों के क्षरण को रोकना, भारी धातु अवयवों को न जमा होने देना तथा मृदा पीएच को मान्य स्तर पर बनाये रखना। जहाँ तक सम्भव हो उसी फार्म पर उत्पादित जैविक अवशेष खादों का ही प्रयोग करना चाहिए। दूसरे स्थान से लाये हुए जैविक खादों का प्रयोग केवल पूरक खादों के रूप में ही करना चाहिए। जैविक खादों के अधिक उपयोग से बचना चाहिए। मानव मल युक्त खाद का प्रयोग उन फसलों में जिनके उत्पादों का प्रयोग मानवों के लिए निश्चित हो, में नहीं करना चाहिए। ऐसी खाद का प्रयोग जैविक पशुओं के आहार वाली फसलों में किया जा सकता है।

पोषण की कमी की स्थिति में कुछ खनिज उत्पादों का पूरक खाद के रूप में प्रयोग किया जा सकता है। ध्यान रहे ये उत्पाद अपने प्राकृतिक रूप में ही होने चाहिए। ऐसे खनिज उत्पाद जिनमें भारी धातु अवशिष्ट होने की सम्भावना हो, उनके प्रयोग से बचना चाहिए।

जैव उर्वरक या जीवाणु खाद सभी फसलों व सभी पर्यावरणीय परिस्थितियों में सुरक्षित रूप से प्रयोग किये जा सकते हैं।

मानक (Standards)

i. जीवाणु, वनस्पति अथवा पशु मूल की जैविक खाद को उर्वरण कार्यक्रम का आधार बनाया जाना चाहिए।

ii. प्रमाणीकरण कार्यक्रम स्थानीय दशाओं तथा फसलों की विशिष्ट प्रकृति को ध्यान में रखते हुए फार्म के बाहर से लाई जाने वाली जीवाणु, वनस्पति अथवा पशु मूल की जैविक सामग्री की कुल मात्रा की सीमाओं को निर्धारित करेगा।

iii. प्रमाणीकरण कार्यक्रम ऐसे नियन्त्रण मानकों को निर्धारित करेगा जहाँ पशु चरागाहों से आवश्यकता से अधिक मात्रा में खाद प्राप्त होने का जोखिम हो और प्रदूषण का खतरा हो।

iv. आयातित सामग्री (गमलों के लिए कम्पोस्ट सहित) का प्रयोग निश्चित सीमाओं के अनुसार ही होना चाहिए।

v. मनुष्यों द्वारा उपयोग की जाने वाली साग–सब्जियों के लिए मानव अवशिष्ट (मल तथा मूत्र) के युक्त खाद का प्रयोग नहीं किया जायेगा।

vi. खनिज उर्वरकों का कार्बन आधारित सामग्रियों के साथ केवल एक सम्पूरक के रूप में प्रयोग किया जायेगा। प्रयोग की अनुमति केवल उसी स्थिति में दी जायेगी जबकि अन्य उर्वरता प्रबन्धन पद्धतियों द्वारा उन तत्त्वों की पूर्ति न हो सके।

vii. खनिज उर्वरकों को उनके प्राकृतिक स्वरूप में ही प्रयोग किया जायेगा और रासायनिक शोधन के द्वारा उनको अधिक विलयशील नहीं बनाया जायेगा। प्रमाणीकरण कार्यक्रम अपवादिक स्थितियों में इनकी अनुमति तभी प्रदान कर सकता है जहाँ पर ऐसा करना औचित्यपूर्ण सिद्ध हो। इन अपवादों में नत्रजन से युक्त खनिज उर्वरकों को शामिल नहीं किया जायेगा।

viii. प्रमाणीकरण कार्यक्रम खनिज पोटेशियम, मैग्नीशियम उर्वरकों, सूक्ष्म मात्रिक तत्वों, जैविक खाद तथा अन्य उर्वरकों जिनमें भारी धातु अंश तथा अवांछित पदार्थ यथा क्षारीय धातु पिण्ड, रॉक फास्फेट इत्यादि के प्रयोग को नियन्त्रित करेगा।

ix. चिलीयन नत्रजन तथा यूरिया सहित सभी कृत्रिम नत्रजन युक्त उर्वरकों का प्रयोग निषिद्ध है।

8.1.5 कीट, रोग तथा बढवार नियन्त्रकों सहित खरपतवार प्रबन्धन (Pest, Disesae and Weed Management including Growth Regulators)

खरपतवार, कीट व रोगों की रोकथाम विभिन्न कृषि तकनीकों जैसे उपयुक्त फसल चक्र, हरी खाद का प्रयोग, समन्वित एवं संतुलित मात्रा में खादों का प्रयोग, जल्दी

बुवाई, सही ढंग से भूमि की तैयारी, मल्चिंग एवम् विभिन्न कीटों के जीवन विकास चक्र में व्यवधान इत्यादि के सम्मिलित प्रयोग से की जा सकती है।

स्थानीय रूप में वनस्पति एवम् पशु स्त्रोतों से तैयार किए गए कीटनाशकों एवं सूक्ष्म जीव कीटनाशकों का प्रयोग किया जा सकता है। खरपतवार को जलाकर एवं कीट बीमारियों का विभिन्न भौतिक तरीकों से भी नियंत्रण किया जा सकता है। संश्लेषित रसायनों जैसे रासायनिक कीटनाशक, फफूंदीनाशक, खरपतवारनाशक, वृद्धि उत्प्रेरक हारमोन्स तथा रासायनिक रंगों (dyes) का प्रयोग सर्वथा वर्जित है। परिवर्तित आनुवांशिक के जीवों व उनके उत्पादों का प्रयोग भी वर्जित है।

मानक (Standards)

i. स्थानीय पौधों, पशुओं तथा सूक्ष्म जीवों की मदद से फार्म पर तैयार किए गए उत्पादों को कीट, रोगों तथा खरपतवार प्रबंधन हेतु अधिकाधिक प्रयुक्त किया जाना चाहिए। यदि इससे पारिस्थितिकी अथवा जैविक उत्पादों की गुणवत्ता खराब होने की संभावना हो तो जैविक कृषि में अतिरिक्त आदान मूल्यांकन पद्धति तथा अन्य प्रासंगिक मापदंडों के आधार पर यह निर्णय लिया जाएगा कि वह उत्पाद स्वीकार्य है अथवा नहीं। ब्रांडधारी उत्पादों का सदैव मूल्यांकन किया जाना चाहिए।

ii. कीट, रोग तथा खरपतवार प्रबंधन हेतु ऊष्मिक खरपतवार नियंत्रण तथा भौतिक विधियों का प्रयोग किया जा सकता है।

iii. कीटों तथा रोगों का सामना करने हेतु मृदाओं के ऊष्मिक जीवाणु नाशक को केवल उन्हीं परिस्थितियों के लिए सीमित रखा गया है जिनमें मृदा का समुचित आवर्तन अथवा पुनर्नवीकरण करना संभव नहीं हो। ऐसा करने की अनुमति प्रमाणीकरण कार्यक्रम द्वारा प्रत्येक मामले पर पृथक रूप से विचार कर प्रदान की जाती है।

iv. पारंपरिक कृषि प्रणालियों के सभी उपकरणों को जैविक तरीके से प्रबन्धित भू भागों पर प्रयुक्त किए जाने से पहले अच्छी तरह से साफ तथा अवशेषों से मुक्त किया जाएगा।

v. कृत्रिम शाकनाशकों, फफूँदनाशकों, कृमिनाशकों तथा अन्य कीटनाशकों का प्रयोग वर्जित है। वनस्पति कीट तथा रोग हेतु अनुमत उत्पादों का ही प्रयोग किया जायेगा।

vi. कृत्रिम वृद्धि विनियामकों तथा कृत्रिम रंगों का प्रयोग वर्जित है।

vii. परिवर्तित आनुवांशिकी से निर्मित जीवों तथा उत्पादों का प्रयोग वर्जित है।

viii. प्रत्यायित प्रमाणीकरण कार्यक्रम यह सुनिश्चित करेंगे कि कीटों, परजीवियों तथा संक्रामक एजेंटों के संचरण की रोकथाम करने हेतु सभी उपायों को लागू किया जाये।

8.1.6 संदूषण नियन्त्रण (Contamination Control)

जैविक कृषि प्रबंधन में पूरे प्रयास किए जाने चाहिए कि उत्पादन के किसी भी स्तर पर फार्म के अंदर एवं बाहर के उपादानों का किसी भी रूप में कोई मिश्रण ना हो सके।

मानक (Standards)

i. संदूषण का संदेह होने की स्थिति में प्रमाणीकरण कार्यक्रम को संदूषण स्तर की जाँच हेतु प्रासंगिक उत्पादों को प्रयोगशाला परीक्षण हेतु भेजा जाना चाहिए।

ii. संरक्षित संरचना, आवरण प्लास्टिक, घासपात, कच्ची ऊन, कृमि जाल तथा साइलों संरक्षण हेतू केवल पॉलिथीन तथा पॉलीप्रोपाइलीन अथवा अन्य पोलीकार्बेनट्स पर आधारित उत्पादों का प्रयोग करने की अनुमति दी गई है। उपयोग के पश्चात् इनको मृदा से अलग हटा देना होगा और कृषि भूमि पर इनको जलाया नहीं जाएगा। पोलीक्लोराइड आधारित उत्पादों का प्रयोग वर्जित किया गया है।

8.1.7 मृदा तथा जल संरक्षण (Soil and Water Conservation)

भू एवं जल संसाधनों का उपयोग सही एवम् टिकाऊ ढंग से होना चाहिए तथा प्रयास किए जाने चाहिए कि उनके दोहन से किसी भी प्रकार का क्षरण, लवणीकरण, जल का अत्याधिक दोहन तथा भू–जल में किसी भी प्रकार का प्रदूषण न हो सके। आग लगाकर जमीन साफ करने के तरीके को कम से कम प्रयोग करना चाहिए। जंगल काट कर खेती की जगह बनाना सर्वथा वर्जित प्रक्रिया है।

मानक (Standards)

i. जैविक पदार्थ जैसे खरपतवार, घासफूस इत्यादि को जलाने के माध्यम से भू–भाग को साफ करने को न्यूनतम रखा जाना चाहिए।

ii. आदिम जंगल को साफ करना वर्जित है।

iii. क्षरण की रोकथाम हेतु उपयुक्त उपायों को लागू किया जाना चाहिए।

iv. जल संसाधनों का अत्यधिक शोषण तथा अवक्षय की अनुमति प्रदान नहीं की जाएगी।

v. प्रमाणीकरण कार्यक्रम को ऐसी समुचित संग्रहण दरों का निर्धारण करना चाहिए जिनके परिणाम स्वरूप भूमिगत तथा पृष्ठ जल का क्षरण तथा प्रदूषण रोका जा सके।

vi. मृदा तथा जल के खारेपन की रोकथाम हेतु समुचित उपायों को लागू किया जाए।

8.2 प्राकृतिक जंगल उत्पाद तथा शहद का संग्रहण (Collection of Non Cultivated Material of Plant Origin and Honey)

शहद एवं अन्य वानस्पतिक उत्पादों को इकट्ठा करना – प्राकृतिक जंगल व अन्य गैर कृषि भूमि से किए गए उत्पादों को जैविक कृषि उत्पाद के रूप में प्रमाणित किया जा सकता है जब वे एक स्थाई एवं टिकाऊ प्राकृतिक वातावरण से इकट्ठा किए गए हों और उतनी ही मात्रा में इकट्ठा किए गए हो जितनी उस प्राकृतिक अवस्था में बिना पर्यावरण को असंतुलित किए व बिना विभिन्न प्रजातियों की जीवन क्षमता को प्रभावित किये संभव हों। वह स्थान से यह प्राकृतिक उत्पाद इकट्ठा किए गए हो वह स्थान, अन्य कृषि भूमि, मानव बस्ती, प्रदूषण स्त्रोतों इत्यादि से उचित दूरी पर होना चाहिए और उसके आसपास के क्षेत्र में किसी भी प्रकार के प्रतिबंधित रसायन का प्रयोग नहीं होना चाहिए।

मानक (Standards)

i. वन्य फसल उत्पादों को केवल तभी जैविक प्रमाणित किया जाना चाहिए जब उन्हें एक स्वस्थ तथा पोषणीय विकासमान वातावरण से इकट्ठा किया गया हो। उत्पादों की कटाई अथवा संग्रहण को पर्यावरण प्रणाली की पोषणीय पैदावार से अधिक नहीं होने देना चाहिए तथा वनस्पति अथवा पशु प्रजातियों के अस्तित्व के लिए खतरा उत्पन्न नहीं होना चाहिए।

ii. उत्पादों को केवल तभी जैविक प्रमाणित किया जाएगा जब उन्हें स्पष्ट रूप से परिभाषित एक ऐसे संग्रहण क्षेत्र से प्राप्त किया गया है, जिसका वर्जित तत्त्वों के साथ कोई संपर्क नहीं हुआ है, तथा जो निरीक्षण के अधीन है।

iii. संग्रहण क्षेत्र पारंपरिक कृषि क्षेत्र, प्रदूषण तथा संदूषण से समुचित दूरी पर स्थित हो।

iv. उत्पादों की कटाई अथवा संग्रहण को संचालित करने वाले चालक को स्पष्ट रूप से निर्धारित किया जाएगा तथा वह प्रश्नाधीन संग्रहण क्षेत्र के साथ परिचित हो।

8.3 खाद्य प्रसंस्करण तथा संचालन (Food Processing and Handling)

तोड़कर इकट्ठा करते समय भंडारण में तथा प्रसंस्करण में इस बात का पूर्ण ध्यान रखना चाहिए कि जैविक कृषि उत्पाद अन्य उत्पादों के साथ न मिल सके। प्रमाणीकरण कार्यक्रम के अंतर्गत वांछित सफाई (decontamination) तथा सभी

उपकरणों के निष्कीटन के लिए मानक निर्धारित कर प्रक्रिया को नियमित किया जा सकता है।

मानक (Standards)

i. जैविक उत्पादों को गैर जैविक उत्पादों के साथ मिश्रण से बचाया जाना चाहिए।

ii. संपूर्ण प्रक्रिया के दौरान सभी उत्पादों को समुचित रूप से अभि–निर्धारित किया जाएगा।

iii. प्रमाणीकरण कार्यक्रम प्रदूषकों तथा संदूषकों की रोकथाम तथा नियंत्रण हेतु मानकों को निर्धारित करेगा।

iv. जैविक तथा गैर–जैविक उत्पादों को एक साथ भंडारित अथवा परिवहित नहीं किया जाएगा। केवल उस स्थिति को छोड़कर जब कि उनकी लेबलिंग की गई हो तथा भौतिक रूप से पृथक करके रखा गया हो।

v. प्रमाणीकरण कार्यक्रम उन सभी सुविधाओं को विसंदूषित, स्वच्छ अथवा विसंक्रमित करने हेतु अनुमत अथवा संस्तुत साधनों तथा उपायों को विनियमित करेगा जिनमें जैविक उत्पादों को रखा, हैंडिल, संसाधित अथवा भंडारित किया गया हो।

vi. परिवेशी तापमान पर भंडारण के साथ–साथ भंडारण को निम्नलिखित विशेषताओं की अनुमति प्रदान की गई है।

- नियंत्रित वातावरण।
- वातानुकूलन।
- प्रशीतन।
- शुष्कन।
- आर्द्रता नियन्त्रण।

पकाने हेतु इथाईलीन गैस का प्रयोग करने की अनुमति दी गई है।

8.3.1 कीट तथा रोग नियंत्रण (Pest and Disease Control)

मानक (Standards)

i. कीट प्रबंधन तथा नियंत्रण हेतु निम्नलिखित उपायों का प्राथमिकता के क्रम में प्रयोग किया जाना चाहिए।

- निवारक विधियाँ यथा अधिवास तथा सुविधाओं तक पहुँच में व्यवधान, उन्मूलन।

- यांत्रिक, भौतिक तथा जैविक विधियाँ।
- राष्ट्रीय मानकों के परिशिष्टों में अन्तर्विष्ट कीटनाशक पदार्थ।
- फंदों में प्रयोग किये जाने वाले अन्य पदार्थ।
- प्रदीपन (गामा प्रकाश) निषिद्ध है।

ii. जैविक उत्पादों तथा निषिद्ध पदार्थों (यथा कीटनाशकों) के मध्य कभी भी प्रत्यक्ष अथवा अप्रत्यक्ष संपर्क नहीं होगा। संदेह की स्थिति में यह सुनिश्चित किया जाएगा कि जैविक उत्पादों में कोई भी अवशिष्ट मौजूद ना हो।

iii. स्थाई अथवा कार्सिनोजक कीटनाशकों तथा रोगाणुनाशकों की अनुमति प्रदान नहीं की गई है। प्रमाणीकरण कार्यक्रम यह निश्चित करने हेतु नियमों को निर्धारित करेगा कि कौन–कौन से संरक्षण एजेंटों तथा रोगाणुनाशकों का प्रयोग किया जा सकता है।

8.3.2 अवयव, योज्य तथा प्रसंस्करण सहायक (Ingradients, Additives and Processing Aids)

प्रसंस्करण में उपयोग किए जाने वाले सभी अवयव (ingradient) व पूर्णरूपेण कृषि मूल्य एवं प्रमाणित जैविक कृषि उत्पाद होने चाहिए। एंजाइम व अन्य सूक्ष्मजीव उत्पादों के वृद्धि माध्यम प्रमुख रुप से जैविक अवयवों से बने होने चाहिए। कुछ मामलों में जहाँ जैविक स्त्रोत के अवयव उपलब्ध न हो वहाँ प्रमाणीकरण कार्यक्रम कुछ गैर जैविक पदार्थों के उपयोग की अनुमति दे सकता है जिसका समय समय पर पूर्ण मूल्यांकन किया जाना जरूरी है। किसी भी उत्पाद में एक अवयव जैविक व अजैविक दोनों स्त्रोतों से एक साथ प्रयोग नहीं करना चाहिए। खनिज तत्त्व विटामिन और इसी प्रकार के अन्य अवयवों का प्रयोग नहीं करना चाहिए। योगज (additives) तथा प्रसंस्करण सहायकों का प्रयोग सीमित होना चाहिए। ऐसे सूक्ष्मजीव उत्पाद एवम् एंजाइम जो कि आमतौर पर खाद्य प्रसंस्करण में उपयोग किए जाते हैं का प्रयोग किया जा सकता है। परन्तु परिवर्तित अनुवांशिकी के सूक्ष्म जीव व उनके उत्पादों का प्रयोग वर्जित है।

मानक (Standards)

i. यदि जैविक कृषि मूल का कोई अवयव पर्याप्त गुणवत्ता अथवा मात्रा में उपलब्ध नहीं हो तो प्रमाणीकरण कार्यक्रम ऐसे मामलों में सर्वाधिक पूर्ण मूल्यांकन के अध्यक्षीन गैर–जैविक कच्ची सामग्रियों के प्रयोग को प्राधिकृत कर सकता है। ऐसे गैर जैविक कच्चे माल को आनुवांशिक रूप से परिवर्तित नहीं होना चाहिए।

ii. किसी उत्पाद के भीतर एक ही अवयव को जैविक तथा गैर–जैविक दोनों मूलों से प्राप्त नहीं किया जाएगा।

iii. जैविक उत्पादों में जल तथा नमक का प्रयोग किया जा सकता है ।

iv. खनिजों (सूक्ष्म मात्रिक तत्त्वों सहित), विटामिनों तथा समान एकांतिक अवयवों का प्रयोग नहीं किया जाएगा। प्रमाणीकरण कार्यक्रम ऐसे मामलों में छूट प्रदान कर सकता है जहाँ पर कानूनी रूप से प्रयोग करने की आवश्यकता हो अथवा जहाँ आहार सबंधी अथवा पोषण सबंधी भारी कमी को प्रदर्शित किया गया हो।

v. खाद्य प्रसंस्करण में आमतौर से प्रयुक्त होने वाले सूक्ष्मजीवों तथा एंजाइमों की वीरचनों, परन्तु आनुवांशिक रूप से निर्मित सूक्ष्मजीवों तथा उनके उत्पादों के अपवाद को छोड़कर, प्रयोग किया जा सकता है।

vi. योज्यों तथा प्रसंस्करण सहायकों के प्रयोग को सीमित रखा जाएगा।

8.3.3 प्रसंस्करण विधियाँ (Processing Methods)

प्रसंस्करण विधियाँ प्रमुख रूप से यान्त्रिक, भौतिक एवम् जैविक विधियों पर इस प्रकार आधारित होनी चाहिए ताकि जैविक कृषि अवयवों की गुणवत्ता पूरी प्रसंस्करण विधि के दौरान बनी रह सके। कुछ स्वीकार्य विधियाँ हैं – यान्त्रिक एवम् भौतिक, जैविक, धुआँ (smoke), उद्धृत अंश (extraction), अवक्षेपण (precipitation) तथा छानना (filteration)।

मानक (Standards)

i. निम्नलिखित प्रकार की प्रक्रियाओं का अनुमोदन किया गया है।
   - यांत्रिक तथा भौतिक।
   - जैविक।
   - धूमन।
   - निष्कर्षण।
   - संघनन।
   - छनाई।

ii. निष्कर्षण कार्य केवल जल, इथेनॉल, वानस्पतिक एवम् पशु तेल, सिरका, कार्बन डाइऑक्साइड, नत्रजन, कार्बोक्साइलिक अम्ल जैसे पदार्थ जो कि आमतौर पर खाद्य ग्रेड के होने चाहिए के साथ किया जा सकता है।

iii. प्रदीपन गामा प्रकाश की अनुमति नहीं है।

iv. छनाई पदार्थों को एस्बेस्टॉस से निर्मित नहीं होना चाहिए और न ही उनमें ऐसे पदार्थ व्याप्त होने चाहिए जिनका उत्पाद पर नकारात्मक प्रभाव पड़ने की संभावना हो।

- प्रमाणीकरण केवल एक प्रसंस्करण सहायक के रूप में प्रयुक्त किए जाएँ।
- परिरक्षक केवल एक प्रसंस्करण सहायक के रूप में प्रयुक्त किए जाएँ।

8.3.4 संवेष्टीकरण/पैकेजिंग (Packaging)

सभी संवेष्टीकरण (पैकेजिंग) पदार्थ अच्छी गुणवत्ता के और पर्यावरणीय दृष्टि से सुरक्षित होने चाहिए। अनावश्यक पैकेजिंग पदार्थ के उपयोग से बचना चाहिए। पूर्ण प्रयोग किए जा सकने वाले पदार्थों का प्रयोग किया जाना अच्छा है। सभी पैकेजिंग पदार्थ जैव अपघटित होने चाहिए तथा जो भी पदार्थ उपयोग किया जाए वह खाद्य की गुणवत्ता को प्रभावित करने वाला नहीं होना चाहिए।

पैकेजिंग हेतु प्रयोग में लाई जाने वाली सामग्री को पर्यावरण अनुकूल होनी चाहिए।

- वस्तुओं की जैविक प्रकृति पर प्रतिकूल प्रभाव डालने वाली सामग्रियों के प्रयोग से बचना चाहिए।
- पीवीसी सामग्रियों का प्रयोग निषिद्ध है।
- लैमिनेट्स और एल्यूमीनियम के प्रयोग से बचना चाहिए।
- जहाँ कहीं संभव हो वहाँ पुनःचक्रण तथा पुनः प्रयोग योग्य प्रणालियों का प्रयोग किया जाना चाहिए।
- जैविक रूप से नष्ट होने वाली पैकेजिंग सामग्री का प्रयोग किया जाना चाहिए।

मानक (Standards)

i. उत्पाद की ऑर्गेनोलेप्टिक विशेषता (organoleptic character) को प्रभावित करने वाली सामग्रियों का प्रयोग नहीं करना चाहिए और न ही किसी वस्तु में उनकी मात्रा का संचार हो जहाँ यह मानव स्वास्थ्य के लिए नुकसानदेह हो सकता है।

8.4 लेबलिंग/नामांकन या लेबल लगाना (Labelling)

जब पूरी वांछित प्रक्रिया अपनाकर सभी मानक पूर्ण रूप से प्राप्त कर लिए जाएँ तो उत्पाद को जैविक उत्पाद के रूप में बेचा जा सकता है प्रमाणीकरण संस्थाओं द्वारा उत्पाद को प्रमाणित जैविक कृषि उत्पाद घोषित करने पर उत्पादों पर **"इंडियन ऑर्गेनिक"** का लोगो लगाया जा सकता है।

मानक (Standards)

i. उत्पाद के उत्पादन अथवा प्रसंस्करण हेतु कानूनी रूप से उत्तरदायी व्यक्ति अथवा कंपनी की आसानीपूर्वक पहचान होनी चाहिए।

ii. यदि सभी मानक आवश्यकताओं को पूरा कर लिया गया हो तो एकल अवयव उत्पादों को **"जैविक कृषि"** की उपज अथवा इससे मिलते–जुलते विवरण के रूप में लेबल किया जा सकता है।

iii. ऐसे मिश्रित उत्पादों को निम्नलिखित रुप (कच्चा माल भार) में लेबल किया जा सकता है जिनके सभी अवयवों सहित जैविक मूल के नहीं हों।

- यदि अवयवों योज्यों का न्यूनतम 95 प्रतिशत प्रमाणित जैविक मूल का है तो उत्पादों को प्रमाणित जैविक अथवा समान रूप से लेबल किया जा सकता है और उस पर प्रमाणीकरण कार्यक्रम का लोगो छपा होना चाहिए।
- जहाँ 95 प्रतिशत से कम परन्तु 70 प्रतिशत से ज्यादा अभियोग प्रमाणित जैविक मूल का हों तो उत्पादों को जैविक नहीं कहा जा सकता है। **"जैविक"** शब्द का प्रयोग "जैविक अवयवों से निर्मित" जैसे कथनों से प्रधान डिस्प्ले पर किया जा सकता है। बशर्ते कि जैविक अवयवों के अनुपात के बारे में स्पष्ट कथन किया गया हो। एक ऐसे संकेत का प्रयोग किया जा सकता है कि इस उत्पाद को प्रमाणीकरण कार्यक्रम के अंतर्गत शामिल किया गया है, जिसको जैविक अवयवों के अनुपात के वर्णन के पास ही लिखा जाना चाहिए।
- जहाँ 70 प्रतिशत से कम अवयव प्रमाणित जैविक मूल के हों, उसके लिए अवयव सूची में इस संकेत का प्रयोग किया जाना चाहिए कि अवयव जैविक है। ऐसे उत्पादों को जैविक नहीं कहा जा सकता है।

iv. जैविक अवयवों की प्रतिशतता गणनाओं में मिलाये गए पानी तथा नमक को शामिल नहीं किया जाएगा।

v. परंपरागत उत्पादों के लेबल, जैविक उत्पादों के लेबल से स्पष्ट रूप से भिन्न होना चाहिए।

vi. किसी बहु–अवयव उत्पाद की सभी कच्ची सामग्रियों को उनकी भार प्रतिशतता के क्रम में उत्पाद लेवल पर सूचीबद्ध किया जाना चाहिए। यह स्पष्ट होना चाहिए कि कौनसी कच्ची सामग्री जैविक प्रमाणित मूल की है और कौनसी नहीं। समस्त योज्यों को उनके पूरे नामों के साथ सूचीबद्ध किया जाना चाहिए। यदि जड़ी बूटियाँ और/या मसाले उत्पाद के कुल भार के 2 प्रतिशत से कम हो तो उनकी प्रतिशतता का

उल्लेख किए बिना ही उनको **"मसाले"** अथवा **"जड़ी–बूटियों"** के रूप में सूचीबद्ध किया जा सकता है।

vii. जैविक उत्पादों को परिवर्तित आनुवंशिकी (GE) से निर्मित अथवा आनुवंशिक संशोधन (GM) मुक्त के रूप में लेबल नहीं किया जाएगा जिससे कि तैयार उत्पाद के बारे में संभावित भ्रामक दावों की रोकथाम की जा सके। उत्पाद लेबलों पर आनुवंशिक निर्मित के किसी उल्लेख को उत्पादन विधि तक ही सीमित रखा जाएगा।

8.5 भंडारण तथा परिवहन (Storage and Transport)

भंडारण एवं परिवहन करते समय भी ध्यान रखना चाहिए कि जैविक कृषि उत्पाद अन्य प्रकार के कृषि उत्पादों के साथ मिल ना जाए और हमेशा अपनी एक अलग पहचान बनाए रखें। सभी जैविक कृषि पदार्थ किसी भी प्रतिबंधित रसायन के सीधे या परोक्ष रूप से कभी भी सम्पर्क में न आने पाएँ।

मानक (Standards)

i. यदि यूनिट के केवल एक भाग को ही प्रमाणित किया गया है और अन्य उत्पाद गैर जैविक हों, तो जैविक उत्पादों की पहचान को बनाए रखने हेतु उनको पृथक रूप से भंडारित तथा रखरखाव किया जाना चाहिए।

ii. जैविक उत्पाद के थोक भंडार गृह को पारम्परिक उत्पादों के भंडार गृह से अलग होना चाहिए तथा इस आशय हेतु उनको स्पष्ट रूप से लेबल किया जाना चाहिए।

iii. जैविक उत्पाद हेतु भंडारण क्षेत्रों तथा परिवहन आदानों को ऐसी विधियों तथा सामग्रियों का प्रयोग करके साफ करना चाहिए जिनकी जैविक उत्पादन में अनुमति प्रदान की गई हो। किसी भी ऐसे कीटनाशक अथवा अन्य किसी उपचार से संभाव्य संदूषण रोकथाम हेतु उपायों को लागू किया जाना चाहिए।

■■■■

9 जैविक उत्पाद प्रसंस्करण एवम् लेबलिंग (Processing and Labelling of Organic Produce)

जैविक उत्पादों की गुणवत्ता व विश्वसनीयता बनाए रखने के लिए अनुकूलन प्रसंस्करण व रखरखाव (handling) होना चाहिए। जैविक खेती में कार्यरत किसान/कार्यकता (operator) को जैविक उत्पादन व उत्पाद के रखरखाव की पूरी योजना विकसित करनी चाहिए। जैविक उत्पाद के रखरखाव में निम्न महत्त्वपूर्ण बिन्दुओं पर ध्यान रखना आवश्यक है।

9.1 विशिष्ट आवश्यकताएँ (Specific Requirements)

i. जैविक खेती में किये जाने वाले अभ्यासों (practices) एवम् प्रक्रियाओं का विवरण।

ii. राष्ट्रीय जैविक उत्पादन कार्यक्रम (NPOP) की आवश्यकताओं के अनुपालन के लिए कार्यान्वित रिकॉर्ड रखने की प्रणाली का विवरण।

iii. उत्पादन, भंडारण व हैंडलिंग के दौरान उपयोग किये जाने वाले प्रत्येक पदार्थ/आदान की सूची जो इनकी संरचना, स्त्रोत, स्थान व उपयोग तथा व्यावसायिक उपलब्धता का पूरा संकेत देती हो।

iv. योजना को प्रभावी ढंग से कार्यान्वित करने के लिए अनुगमन की गई निगरानी व प्रक्रियाओं का विवरण जिससे कार्यक्रम के कार्यान्वयन को सत्यापित किया जा सके।

v. जैविक व गैर जैविक उत्पादों के समानांतर प्रसंस्करण और हैन्डलिंग के दौरान संमिश्रण से संरक्षित किया जाएगा।

vi. प्रदूषण स्त्रोतों की पहचान की जाएगी व संदूषण (contamination) से बचा जायेगा।

vii. गैर जैविक उत्पादों की हैंडलिंग और प्रसंस्करण से जैविक उत्पादों का प्रसंस्करण और हैंडलिंग अलग अलग स्थान व समय पर किया जाना चाहिए।

viii. सभी उत्पादों को पूरी प्रक्रिया के माध्यम से पर्याप्त रूप से पहचाना जाएगा।

ix. प्रमाणन कार्यक्रम उन सभी संसाधनों, जहाँ जैविक उत्पादन को रखा जाता है, संभाला जाता है, संसाधित किया जाता है व संग्रहित किया जाता है के अपघटन, सफाई या कीटाणुशोधन के लिए अनुमत/अनुशांसित होने वाले साधनों व उपायों को विनियमित करेगा।

9.2 कीटों व बीमारियों का नियन्त्रण (Insect Pests and Disesaes Control)

i. निवारक उपाय व कुशल शस्य क्रियाएँ, सामान्य सफाई व स्वच्छता को अपनाकर कीटों व बीमारियों से बचा जाना चाहिए।

ii. कीट नियन्त्रण के लिए कीट विनियमन माध्यम से उपचार अन्तिम उपाय माना जाना चाहिए।

iii. भौतिक बाधाएँ (physical barriers), ध्वनि (sound), अल्ट्रा साउन्ड, प्रकाश, यूवीलाइट, ट्रेप्स, (फिरोमोन ट्रेप्स, स्टेटीक बेट ट्रेप्स) तापमान नियन्त्रण, नियन्त्रित वातावरण आदि कीटों व बीमारियों के नियन्त्रण में अनुमोदित उपचार हैं।

iv. कीट रोकथाम व नियन्त्रण की योजना विकसित की जानी चाहिए।

v. कीट प्रबन्धन के लिए निम्न लिखित उपायों का प्राथमिकता के क्रम में उपयोग किया जाना चाहिए।

- निवारक उपाय जैसे कीटों का विघटन (disruption), उनके निवास को समाप्त करना।
- भौतिक, यान्त्रिक व जैविक तरीके अपनाकर।
- राष्ट्रीय मानकों के तहत कीटनाशक पदार्थों की अनुमति।
- ट्रेप में प्रयुक्त अन्य पदार्थ।

vi. विकिरण (irradiation) निषिद्ध है।

vii. जैविक आदानों व प्रतिबंधित पदार्थों के बीच कभी भी प्रत्यक्ष या अप्रत्यक्ष सम्पर्क नहीं होना चाहिए (जैसे कीटनाशक)। संदेह के मामलें में यह सुनिश्चित किया जाएगा की कोई भी कीटनाशी अवशेष जैविक उत्पादन में मौजूद नहीं है।

viii. दीर्घ स्थाई (persistant) या कार्सिनोजैनिक कीटनाशकों (carcinogenic pesticides) एवम् रोगाणुनाशकों (disinfactants) के प्रयोग की अनुमति नहीं।

9.3 अवयव, योज्य एवम् प्रसंस्करण सहायक (Ingradients, Additives and Processing Aids)

i. प्रसंस्करण में उपयोग किये जाने वाले अवयव 100 प्रतिशत जैविक होना चाहिए, सिवाय इसके कि जहाँ जैविक अवयव पर्याप्त गुणवत्ता व मात्रा में उपलब्ध नहीं हैं। गैर जैविक अवयम न्यूनतम मात्रा में तकनीकी आवश्यकताओं व विशेष पोषण के लिए प्रयोग किये जा सकते हैं।

ii. एक ही उत्पाद में वही अवयव दोनों जैविक व गैर जैविक मूल से प्राप्त नहीं किया जा सकता है।

iii. खाद्य प्रसंस्करण में आमतौर पर प्रयोग सूक्ष्म जीवों व एन्जाईम्स उत्पादों का उपयोग किये जा सकते हैं (आनुवंशिक अभियांत्रिकी (genetic engineering) द्वारा तैयार सूक्ष्म जीवों व उनके उत्पादों को छोड़कर)।

iv. जैविक उत्पादों में पानी एवम् नमक का प्रयोग किया जा सकता है।

v. खनिज (सूक्ष्म तत्त्वों सहित), विटामिन्स व समान पृथक्कृत अवयव का उपयोग नहीं किया जाएगा। प्रमाणन कार्यक्रम अपवाद स्वरूप उपयोग की मंजूरी दे सकता है जहाँ इनका उपयोग कानूनी रूप से आवश्यक है या जहाँ गंभीर भोज्य या पोषण सम्बन्धी कमी प्रदर्शित की गई हो।

vi. ईथाईलीन गैस का फल पकाने में प्रयोग किया जा सकता है।

9.4 प्रसंस्करण के तरीके (Methods of Processing)

i. प्रसंस्करण विधियाँ यांत्रिक, भौतिक और जैविक प्रक्रियाओं पर आधारित होनी चाहिए।

ii. जैविक घटक की महत्त्वपूर्ण गुणवत्ता (vital quality) को उसके प्रसंस्करण विधियों के प्रत्येक चरण में बनाए रखा जाएगा और योज्यों (additives) एवम् प्रसंस्करण सहायकों (processing aids) की संख्या और मात्रा सीमित की जायेगी।

निम्न प्रकार की प्रक्रियाएँ अनुमोदित हैं।

- यांत्रिक और भौतिक (mechanical & physical)
- जैविक (organic)
- धूंआ करना (smoking)
- निष्कर्षण (extraction)
- छानकर (filteration)

iii. निष्कर्षण प्रक्रिया पानी, इथेनॉल, वनस्पति या पशु तेल, सिरका, कार्बनडाइऑक्साईड, नत्रजन या कार्बोक्सीलिक अम्ल से किया जाएगा

तथा ये सभी पदार्थ जो इस कार्य के लिए प्रयोग किये गये हैं वे खाद्य श्रेणी की गुणवत्ता के होंगे।

iv. निस्पंदन (छानने वाले) पदार्थ एस्बेस्टस से बने नहीं होंगे व न ही उन पदार्थों की अनुमति प्रदान की जा सकती है जो उत्पाद पर प्रतिकूल प्रभाव डाल सकते हैं।

v. विकिरण (irradiation) की अनुमति नहीं है।

9.5 पैकेजिंग (Packaging)

i. जहाँ तक संभव हो पर्यावरण अनुकूल (eco–friendly) जैव निम्नीकरणीय (bio–degradable), पुनःचक्रण (recyclable), पुनः प्रयोज्य (reusable) पेकेजिंग सामग्री का ही उपयोग किया जाएगा।

ii. उत्पाद की जैविक प्रकृति को प्रभावित करने वाली पैकेजिंग सामग्री का प्रयोग न करें।

iii. पीवीसी सामग्री का उपयोग निषिद्ध है। लेमिनेटस व एल्यूमिनियम का भी प्रयोग नहीं करना चाहिए।

iv. उत्पाद पेकेट को इस तरह बन्द किया जाए कि उत्पाद की प्रतिस्थापना (substitution) बिना जोड़–तोड़ या सील को क्षति पहुचाए नहीं किया जा सके।

v. मान्यता प्राप्त प्रमाणन निकाय पैकेजिंग सामग्री को उपयोग के लिए अनुमोदित करेगा।

9.6 लेबलिंग आवश्यकताएँ (Labelling Requirements)

i. लेबलिंग जैविक उत्पाद की स्थिति के बारे में स्पष्ट और सटीक जानकारी देगा।

ii. जब आवश्यक सभी मानकों की पूर्ति हो जाती है तो उत्पाद को जैविक कृषि उत्पाद या इसी तरह के विवरण के साथ बेचा जाएगा।

iii. रूपान्तरण उत्पादों का लेबल रूपान्तरण के वर्ष का उल्लेख करके किया जाएगा जो जैविक उत्पादों के लेबल से स्पष्ट रूप से भिन्न होगा।

iv. जैविक उत्पाद के उत्पादन या प्रसंस्करण के लिए कानूनी रूप से जिम्मेदार व्यक्ति या कम्पनी का नाम और पता लेबल पर उल्लेख किया जाएगा।

v. उत्पाद लेबल पर प्रसंस्करण प्रक्रियाओं को सूचीबद्ध करना चाहिए जो उत्पाद की गुणवता को प्रभावित करते हैं। योज्य (additives),

प्रसंस्करण सहायक (processing aid) के सभी घटक घोषित किए जाएंगे।

vi. अतिरिक्त उत्पाद जानकारी अनुरोध पर उपलब्ध कराई जाएगी।

vii. जंगल से प्राप्त उत्पाद या संघटक को उसी रूप से घोषित किया जाएगा।

9.6.1 प्रसंस्कृत उत्पाद का लेबलिंग (Labelling of Processed Products)

i. प्रसंस्कृत में प्रयोग एक अवयव (ingradient) को कार्बनिक के रूप में लेबल किया जा सकता है यदि अन्य सभी मानक आवश्यकताओं को पूरा किया गया है।

ii. बहु अवयव (multi–ingradients) उत्पाद जहाँ सभी अवयव जिनमें योज्य (additives) भी शामिल हैं जैविक मूल के नहीं होते हैं उन्हें निम्नलिखित तरीके से लेबल किये जा सकते हैं।

- जहाँ न्यूनतम 95 प्रतिशत अवयव प्रमाणित कार्बनिक मूल के हैं उन उत्पादों को प्रमाणित (certified organic) कार्बनिक या समान लेबल किया जा सकता है तथा उस पर प्रमाणीकरण कार्यक्रम का लोगो हो।
- जहाँ 95 प्रतिशत से कम किन्तु 70 प्रतिशत से अधिक अवयव प्रमाणित कार्बनिक मूल के हैं उत्पाद को कार्बनिक नहीं कहा जा सकता है इस तरह की परिस्थिति में कार्बनिक शब्द को लेबल पर प्रदर्शित करने के लिए उस पर सैद्धान्तिक रूप से लिख सकते हैं **"कार्बनिक अवयव से निर्मित"** बशर्ते कि अवयवों के अनुपात का स्पष्ट विवरण हो। एक संकेत जो उत्पाद को प्रमाणन कार्यक्रम में सम्मिलित किया गया है का उपयोग होना चाहिए, जो जैविक अवयव के अनुपात के नजदीक हो।
- जहाँ 70 प्रतिशत से कम अवयव प्रमाणित जैविक मूल के हैं उनमें जो एक अवयव कार्बनिक है का अवयवों की सूची में संकेत हो ऐसे उत्पाद को कार्बनिक नहीं कहा जा सकता है।

iii. पानी और नमक को कार्बनिक अवयवों की प्रतिशत गणना में शामिल नहीं किया जाएगा। मछली पालन उत्पादों के लिए आयोडीन युक्त नमक का उपयोग लेबल पर संदर्भित किया जाएगा।

iv. बहु–अवयव (multi-ingradient) उत्पाद के सभी कच्चे माल को उनके वजन प्रतिशत के क्रम में उत्पाद लेबल पर सूचीबद्ध किया जाएगा। यह स्पष्ट होगा कि कौनसे कच्चे माल कार्बनिक मूल के हैं व

कौनसे नहीं। सभी योज्यों (additives) को उनको पूरे नाम के साथ सूचीबद्ध किया जाएगा।

v. यदि जड़ी बूटियाँ (herbs) और या मसालें उत्पाद के कुल वजन के 2.0 प्रतिशत से कम है तो उन्हें प्रतिशत बताये बिना "मसालें" या "जड़ी बूटी" के रूप में सूचीबद्ध किया जा सकता है।

vi. जैविक उत्पादों को आनुवंशिक अभियान्त्रिकी (genetic engineering) या आनुवंशिक परिवर्तित (genetically modified) से मुक्त रूप से लेबल नहीं किया जाएगा ताकि अन्तिम उत्पाद के बारे में सम्भावित भ्रामक दावों से बचा जा सकें। उत्पाद लेबल पर आनुवंशिक अभियान्त्रिकी का कोई भी संदर्भ उत्पादन विधि तक ही सीमित होगा।

vii. प्रमाणित जैविक उत्पाद के लेबल पर मान्यता प्राप्त प्रमाणन निकाय का नाम व लोगो मान्यता संख्या और भारत कार्बनिक लोगो दिखाना होगा।

viii. मान्यता प्राप्त प्रमाणन निकाय लेबलिंग आवश्यकताओं को सत्यापित करेगा व लेबल के उपयोग से पहले प्रमाणित कार्यकर्त्ता (operator) से उसे स्वीकृत करायेगा।

9.7 भंडारण एवम् परिवहन (Storage and Transportation)

i. जैविक उत्पाद को परिवेश के तापमान (ambient temperature) पर संग्रहित किया जाएगा। भण्डारण की निम्नलिखित विशेष परिस्थितियों की अनुमति है।

- नियंत्रित वातावरण (controlled atmosphere)
- शीतलमान (cooling)
- हिमीकरण (freezing)
- सुखाना (drying)
- आर्द्रता विनियमन (humidity regulation)

ii. भण्डारण एवम् परिवहन के दौरान उत्पाद की विश्वसनीयता बनी रहनी चाहिए। जैविक उत्पाद को हर समय जैविक उत्पादन व रखरखाव के दौरान गैर जैविक उत्पाद तथा दूसरे पदार्थों जिसकी जैविक खेती में अनुमति नहीं है के मिश्रण से बचाना है।

iii. जहाँ उत्पादन इकाई का केवल कुछ भाग ही जैविक प्रमाणित है व अन्य उत्पाद गैरजैविक है उनकी पहचान बनाये रखने के लिए जैविक उत्पादों को अलग से भण्डारण तथा रख रखाव करना चाहिए ताकि उनकी पहचान बनाई रखी जा सके।

iv. जैविक उत्पाद के थोक स्टोर (bulk store) को पारम्परिक उत्पाद भंडार से अलग रखना चाहिए तथा जैविक भण्डार को जबसे वह प्रभावी है लेबल किया जाना चाहिए।

v. जैविक उत्पाद के भंडारण क्षेत्रों व परिवहन कटेनरों को जैविक उत्पादन में अनुमत विधियों और पदार्थों का उपयोग कर साफ करना चाहिए। किसी भी कीटनाशी या अन्य उपचार से संभावित संदूषण को रोकने के उपाय करने चाहिए।

जैविक उत्पादन को नियन्त्रित करने वाले विभिन्न नियमों का विस्तृत विवरण कृषि प्रसंस्कृत खाद्य उत्पाद निर्यात विकास प्राधिकरण (APEDA) से प्राप्त किया जा सकता है या उनकी वेबसाईट से डाउनलोड भी किया जा सकता हैं। निर्यात के लिए उपयुक्त खाद्य पदार्थों के उत्पादन में मदद के लिए इन कठोर उत्पादन आवश्यकताओं का निर्धारण किया गया है क्योंकि दुनियाभर में जैविक खाद्य बाजार तेजी से बढ़ रहा है।

जैविक खाद्य पदार्थों की माँग को ध्यान में रखकर क्षेत्रीय परिस्थितियों और किसानों की आवश्यकता अनुसार उत्पादन क्रियाओं का विकास समय की आवश्यकता है। भारत निर्यात व घरेलू बाजार के लिए लागत प्रतिस्पर्धी और उच्च गुणवत्ता वाले उत्पादों का उत्पादन करने के लिए किफायती श्रमशक्ति का उपयोग कर सकता है। जैविक उत्पादन कृषि का एक महत्त्वपूर्ण क्षेत्र है जो भारत की हरित क्रान्ति को सदाबहार क्रान्ति (evergreen revolution) में बदल सकती है। हालांकि हमारे देश में जैविक खेती को बढ़ावा देने के लिए प्रत्यक्ष व अप्रत्यक्ष रूप से लगे प्रत्येक व्यक्ति व संस्थान से उच्च स्तर की प्रतिबद्धता की आवश्यकता होगी। कौन जानता है कि सूचना एवं प्रौद्योगिकी के समान जैविक खेती को भी हम दूसरी महत्त्वपूर्ण निर्यात उन्मुख अरब डॉलर (million dollar) उद्योग के रूप में देख सकते हैं।

10 जैविक खेती की आर्थिक व्यवहार्यता (Economic Viability of Organic Farming)

जैविक खेती पर्यावरण की दृष्टि से तो टिकाऊ है ही पर आर्थिक दृष्टि से भी इसे टिकाऊ माना गया है। विगत कुछ वर्षों में किसानों की जैविक खेती के प्रति लगातार रूचि बढ़ी है। अधिकतर किसानों जिन्होंने प्रारम्भ में जैविक खेती को अपनाया उन का मुख्य उद्देश्य था अपने परिवार, उपभोक्ताओं और पशुओं के स्वास्थ्य सम्बन्धि जागरूकता तथा भूमि की उपजाऊ शक्ति के बारे में अपना आदर्शवादी दृष्टिकोण। हाल ही में जैसे ही कृषि आदानों जैसे कीटनाशियों, उर्वरकों की कीमतों में अप्रत्याशित वृद्धि हुई व कृषि उपज जिन्सों की कीमतें स्थिर रही तो कई पारम्परिक किसानों ने आदानों की लागत कम करने की ओर कार्य शुरू कर दिया है जिसमें कम आदान खेती या (low input agriculture), शून्य बजट खेती (zero budget farming) जैविक खेती के लिए नया सामाजिक रूप से स्वीकार्य शब्द है व आर्थिक अस्तित्व के लिए नये किसानों के लिए प्रेरणा है।

पारम्परिक व जैविक दोनों प्रणालियों में वैसे फसल उगाने, कटाई करने, परिवहन व भंडारण की लागत में काफी समानता होती है किन्तु जैविक खेती से उत्पादित खाद्य पदार्थों को कई कठोर नियमों की पालना करनी होती है। जिससे श्रम व प्रबन्धन पर काफी लागत आती है, विशेषतौर पर छोटे स्तर पर करने पर। इस बात के भी प्रमाण हैं कि पारम्परिक खाद्य उत्पादन (प्रदूषित पानी की सफाई, भू–क्षरण की पूर्ति, किसानों व उनके श्रमिकों के स्वास्थ्य देखभाल की लागत) की सभी अप्रत्यक्ष लागतों को खाद्य पदार्थों की कीमत में जोड़ा जाए तो जैविक खेती से उत्पादित खाद्य पदार्थ पारम्परिक प्रणाली से उत्पादित खाद्य पदार्थों से सस्ते होने की संभावना है।

10.1 आर्थिक व्यवहार्यता (Economic Viability)

सामान्यतः जैविक कृषि प्रणाली से फसल पैदावार पारम्परिक प्रणाली की अपेक्षा कुछ कम होती है। कुछ मृदाओं में 10–20 प्रतिशत उपज में कमी आती है किन्तु

अन्य में समान या अधिक भी हो सकती है। विभिन्न अध्ययनों से पता लगा है कि जैविक खेती आर्थिक दृष्टि से व्यवहार्य है क्योंकि इसमे किसानों को अपने उत्पाद का प्रीमियम मूल्य मिलता है तथा साथ–साथ कम आदानों की आवश्यकता होती है जिससे शुद्ध लाभ अधिक होता है। जैविक प्रणाली स्थानीय संसाधनों एवं प्रौद्योगिकियों के इष्टतम उपयोग पर आधारित होती है अतः फसल उत्पादन में उपलब्ध साधनों का स्वतन्त्रतापूर्वक नियन्त्रित प्रयोग किया जा सकता है।

कई किसान जैविक खेती इसलिए शुरू करते हैं कि वे अपने खेत का अधिक समग्र तरीके से प्रबन्धन कर सकते हैं। जैविक खेती को प्रोत्साहित करने में मुख्य बिन्दु सम्मिलित हैं जैसे पर्यावरण एवम् सामाजिक सरोकार, आर्थिक आवश्यकता, रासायनिक आदानों की कमी व बाजार की माँग आदि। लघु किसान जैविक खेती के प्रति इसलिए प्रोत्साहित होते हैं क्योंकि वे इससे अपने जीवन निर्वाह के साथ साथ स्थानीय बाजार में जैविक उत्पाद को उच्च कीमत पर बेच सकते हैं या वे ऐसे उत्पाद भी पैदा कर सकते हैं जो निर्यात के लिए महत्त्वपूर्ण हैं। जैविक खेती की तरफ किसान अत्यधिक आकर्षित तब होते हैं जब वे रासायनिक खेती की तरफ अग्रसर नहीं हुए हों, अपनी खेती मामूली बाजारी आदानों के सहारे करते हों व उत्पादन अपेक्षाकृत श्रम साध्य हों। अगर किसानों के पास जैविक अवधारणा विकसित करने का मौका होता है तो वे भी अपनी खेती को जैविक में परिवर्तित करने में अधिक इच्छुक होते हैं। हालांकि जहाँ श्रमिकों की कमी हो व श्रम लागत भी अधिक हो व पूरी तरह रासायनिक खेती अपना ली हो वहाँ किसान जैविक खेती के लिए कम उत्सुक होते हैं। इसी तरह उच्च रासायनिक आदानों, यंत्रीकृत खेती तथा उच्च उत्पादन की रणनीतियों के प्रतिबद्धता वाले किसानों के लिए भी जैविक रूप में रूपान्तरण की संभावना कम ही है।

जैविक खेती की आर्थिक रूप से व्यवहार्य है क्योंकि (Organic Farming is Economically Vaible because)

i. बाहरी आदानों के उपयोग में कमी तथा फार्म पर उपलब्ध आदानों के अधिक प्रयोग से किसानों व उपभोक्ताओं के स्वास्थ्य को फायदा पहुँचाने की बड़ी क्षमता।

ii. कृषि फसल उत्पादन प्रक्रिया में पोषक तत्त्वों के पुनःर्चक्रण, निगमन, नत्रजन स्थिरीकरण व कीट परभक्षी सबन्ध से अधिक उत्पादन।

iii. पौधे व फसल प्रजातियों के जैविक व आनुवंशिक क्षमता का अधिक उत्पादक प्रयोग।

iv. फसल पद्धति एवम् कृषि भूमि की उत्पादन क्षमता में बेहतर सामन्जस्य से वर्तमान उपजाऊ क्षमता को दीर्घकाल तक टिकाऊ रख सकते हैं।

v. मिट्टी, पानी, ऊर्जा व जैविक संसाधनों के बेहतर प्रबन्धन और संरक्षण से कुशल एवम् लाभदायक उत्पादन।

10.2 जैविक खेती की अर्थव्यवस्था (Economics of Organic Farming)

बाहरी आदानों का फार्म पर तैयार आदानों से प्रतिस्थापन करने से जैविक खेती प्रबन्धन के तहत परिर्वतीय आदान लागत में कमी आती है। हालाँकि कभी कभी जैविक खेती में प्रयुक्त आदानों जैसे कम्पोस्ट, वर्मीकम्पोस्ट, जैविक कीटनाशी के बाजार से खरीदने से लागत बढ़ जाती है। अध्ययनों से पता लगा है कि जैविक खेती में साधारणतया कम लागत आदानों व उत्पाद का प्रीमियम मूल्य के संयोजन से कम उपज की भरपाई की जा सकती है जिससे पारम्परिक खेती से जैविक खेती अधिक लाभप्रद हो सकती है।

विकासशील देशों में जैविक कृषि में किसान की रूचि बढ़ रही है क्योंकि यह उपलब्ध प्राकृतिक व मानव संसाधनों पर अधिक निर्भर रहती है व कम वित्तीय आदानों की आवश्यकता होती है। इसके अलावा यह पर्यावरण का संरक्षण कर सुरक्षित भोजन प्रदान करती है जो स्वास्थ्य के लिए नितान्त आवश्यक है। आज तक हुए अध्ययनों से पता लगा कि जैविक खेती कम वर्षा वाले व निम्न उर्वरा शक्ति वाली मृदाओं में तुलनात्मक अधिक फायदा देती है। श्रम का अच्छा फायदा मिलता है जहाँ भुगतान किया हुआ श्रम/मजदूर न के बराबर हैं। जैविक कृषि में सिंचाई ऊर्जा व बाहरी आदानों के महंगे निवेश की आवश्यकता नहीं होती है बल्कि जैविक कृषि नीतियों में स्थानीय खाद्य सुरक्षा में सुधार करने की क्षमता है विशेष रूप से सीमांत क्षेत्रों में। इस प्रकार स्थानीय संसाधनों और आत्मनिर्भरता के उपयोग पर अधिक जोर देने से जैविक कृषि में रूपान्तरण निश्चित रूप से किसानों और स्थानीय समुदायों के सशक्तिकरण में योगदान देता है।

10.3 विभिन्न फसल प्रणालियों का अर्थशास्त्र (Economics of Different Cropping Systems)

जैविक खेती पर नेटवर्क परियोजना के तहत पूरे देश में किये गये अनुसंधानों से पता चला है कि गैर जैविक या अकार्बनिक उत्पादन प्रणाली की तुलना में सभी स्थानों पर जैविक उत्पादन प्रणाली के तहत औसतन शुद्ध लाभ 17 प्रतिशत अधिक (20–25% प्रीमियम मूल्य पर) था। जैविक खेती में भारी जैविक खादों के हेन्डलिंग से फसल उत्पादन लागत 13 प्रतिशत अधिक रही। मुख्य फसल प्रणालियों का राष्ट्रीय जैविक खेती परियोजना (NPOF) के तहत हुए प्रयोगों के आधार पर विभिन्न फसल प्रणालियों में पाये गये लाभ : लागत अनुपात (benefit : cost ratio) तालिका 10.1 में दर्शाया गया है।

तालिका 10.1. जैविक खेती में विभिन्न फसल प्रणालियों की अर्थशास्त्र।

क्र.सं.	फसल प्रणाली	लाभ % लागत अनुपात
1.	बेबीकार्न–आलू–मूंग	0.38
2.	बैंगन–सूरजमुखी	0.41
3.	पत्तागोभी–मूली–मिर्च	0.81
4.	फूलगोभी–मूली–टमाटर	0.42
5.	अदरक	0.97
6.	फ्रेन्चबीन–फूलगोभी–फ्रेन्चबीन	0.86
7.	मूंगफली–ज्वार	0.52
8.	मक्का–लहसुन	0.83
9.	मक्का–सरसों–मूली–मूंग	0.87
10.	मक्का–आलू–भिण्डी	0.73
11.	आलू–चना	0.06
12.	चावल–गाजर	0.34
13.	चावल–सरसों	0.04
14.	चावल–आलू	0.06
15.	चावल–आलू–भिण्डी	0.34
16.	चावल–मसूर–ढैंचा (हरी खाद)	0.97
17.	चावल–सरसों–ढैंचा (हरीखाद)	1.19
18.	चावल–मटर–सब्जी–ढैंचा (हरी खाद)	2.16
19.	चावल–डोलिकस फली	0.94
20.	चावल–मूंगफली	1.35
21.	चावल–मक्का	1.12
22.	चावल–सरसों	0.75
23.	चावल–मटर–ज्वार (चारा)	2.99
24.	चावल–आलू–मूली	1.91
25.	चावल–गेहूँ–ढैंचा (हरी खाद)	1.35
26.	ज्वार (चारा)–मटर–भिण्डी	2.69
27.	सोयाबीन–गेहूँ	3.00

क्र.सं.	फसल प्रणाली	लाभ % लागत अनुपात
28.	सोयाबीन–बरसीम	1.58
29.	सोयाबीन–चना	2.11
30.	सोयाबीन–ईसबगोल	2.44
31.	सोयाबीन–सरसों	1.94
32.	हल्दी	1.91
33.	हल्दी + प्याज	1.26

■■■■

11 जैव उत्पाद विपणन एवम् निर्यात संभावनाएँ (Marketing and Export Potential of Organic Products)

विगत कुछ वर्षों में विश्वभर में जैविक खेती में बहुत तेजी से विकास हुआ है विशेष रूप से ऑस्ट्रेलिया, अर्जेन्टीना, अमेरिका, स्पेन, चीन, इटली, फ्रांस, उरूग्वे, भारत, जर्मनी इत्यादि देशों में। कृषि में उपयोग किये जाने वाले रसायनों के दुष्प्रभाव ने विभिन्न देशों में कई उपभोक्ताओं की मानसिकता को बदल दिया है जो अब स्वास्थ्य के लिए उच्च प्रीमियम के साथ भी जैविक भोज्य पदार्थ खरीदना पसन्द करते हैं। मृदा स्वास्थ्य पुनर्नवीकरण और बेहतर पर्यावरण सृजन करने के लिए ही जैविक खेती को बढ़ावा दिया जाता है। वर्तमान में दुनिया के 181 देशों में जैविक खेती की जा रही है। वैश्विक जैविक क्षेत्र 69.8 मिलियन हेक्टेयर है। भारत में जैविक प्रमाणीकरण प्रक्रिया के तहत कुल क्षेत्रफल 3.43 मिलियन हेक्टेयर है जिसमें 1.94 मिलीयन हेक्टेयर (65.5%) खेती योग्य क्षेत्र और दूसरा 1.49 मिलियन हेक्टेयर (43.5%) जंगली फसल संग्रह (एपेडा, 2019) शामिल है। विश्व जैविक बाजार अब 97.0 बिलियन डॉलर है (एफ आई बी एल व आईफॉम, 2018)। भारत में जैविक बाजार का मूल्य 51.5 बिलियन रूपया है जिसकी वार्षिक विकास दर 12–15 प्रतिशत है।

निर्यात की संभावनाएँ भारत में जैविक खाद्य उत्पादन को बढ़ावा दे रही है। विकसित देशों में जैविक खाद्य उत्पादों की बढ़ती माँग और भारत सरकार द्वारा कृषि निर्यात पर व्यापक समर्थन जैविक खाद्य उद्योग के लिए संजीवनी है। अधिकांश भारतीय आबादी की प्रति व्यक्ति आय काफी कम है और वह जैविक खाद्य पदार्थों को 20–30 प्रतिशत अधिमूल्य (premium price) पर खरीदने में संकोच करते हैं अतः घरेलू बाजार देश में उत्पादित पूरे जैविक खाद्य पदार्थों का उपयोग करने के लिए पर्याप्त नहीं है। परिणाम स्वरूप जैविक खाद्य पदार्थों का निर्यात सरकार के साथ–साथ जैविक किसानों का भी मुख्य उद्देश्य है। कृषि प्रसंस्कृत खाद्य निर्यात विकास प्राधिकरण (APEDA) भारत में जैविक खाद्य और अन्य खाद्य उत्पादों के निर्यात का समन्वय करता है क्योंकि राष्ट्रीय जैविक उत्पादन कार्यक्रम (NPOP) द्वारा विकसित जैविक मानक कोडेक्स व आईफॉम

(Codex & IFOAM) जैसे अन्तर्राष्ट्रीय जैविक उत्पादन मानकों को ध्यान में रखकर तय किये गये हैं इसलिए भारतीय जैविक खाद्य उत्पादों को अमेरिका और यूरोपीय बाजारों में आसानी से स्वीकार भी किया जाता है।

11.1 जैविक खाद्य बाजार की वैश्विक स्थिति (Global Status of Organic Food Market)

वैश्विक स्तर पर जैविक खाद्य बाजार जोरदार तरीके से बढ़ रहा है। इकोविया इंटेलिजेन्स (Ecovia Intelligence) और एफआईबीएल (FIBL) के सर्वेक्षण के अनुसार खाद्य और पेय पदार्थों की जैविक खुदरा बिक्री सन् 2000 में 17.9 बिलियन डॉलर थी जो 10.4 प्रतिशत की संयुक्त वार्षिक विकास दर (CAGR) से बढ़कर सन् 2016 में 90 बिलियन डॉलर हो गई। वैश्विक जैविक खाद्य और पेय पदार्थों के बाजार का मूल्य सन् 2017 में लगभग 124.76 बिलियन डॉलर (USD) आंका गया जो 14.56 प्रतिशत की संयुक्त वार्षिक विकास दर (CAGR) से बढ़कर सन् 2024 में लगभग 323.09 बिलियन डॉलर होने की संभावनाएँ हैं (Zion Market Research, 2018)। इस जैविक बाजार में खाद्य उत्पाद जैसे जैविक फल व सब्जियाँ, जैविक माँस, मछली व मुर्गी पालन, जैविक डेयरी उत्पाद, जैविक जमें हुए प्रसंस्कृत खाद्य पदार्थ और जैविक पेय जैसे जैविक गैर डेयरी उत्पाद, जैविक कॉफी और चाय, कार्बनिक बीयर/वाइन व अन्य सम्मिलित हैं। इस पूर्वानुमान अवधि के दौरान उत्तरी अमेरिका उच्चतम संयुक्त वार्षिक विकास दर (CAGR) के साथ बाजार पर हावी होने की उम्मीद है। उत्तरी अमेरिका की वैश्विक बाजार के राजस्व में लगभग 40 प्रतिशत हिस्सेदारी है। वैश्विक स्तर पर कुल राजस्व में 33 प्रतिशत से अधिक हिस्सा यूरोप का है। जर्मनी के यूरोपीय बाजार का नेतृत्व करने की संभावना है किन्तु यूके (UK), फ्रांस, स्पेन, रूस और इटली जैसे विभिन्न अन्य देशों से इस क्षेत्र में जैविक खाद्य और पेय पदार्थों के बाजार में तेजी से वृद्धि होने की संभावनाएँ हैं।

एशिया प्रशांत देशों में भी पूर्वानुमान अवधि के दौरान संयुक्त वार्षिक विकास दर (CAGR) में तेजी से वृद्धि का अनुमान है जिसका मुख्य कारण वहाँ की बदलती जीवन शैली व उपभोक्ताओं की खर्च करने योग्य आय में वृद्धि है। एशियाई बाजार, यूरोप और उत्तरी अमेरिका जैसे विकसित देशों से प्रसंस्कृत जैविक खाद्य और पेय पदार्थों का काफी मात्रा में आयात करता है। विकसित औद्योगिक देश जैसे न्यूजीलैन्ड, जापान, सिंगापुर, हाँगकांग, कोरिया आदि एशिया प्रशान्त क्षेत्र में जैविक खाद्य पदार्थों और पेय पदार्थों के प्रमुख बाजार हैं। जैविक खाद्य पदार्थों के लाभों के बारे में जागरूकता के कारण भारत ओर चीन जैसे विकासशील देशों में भी जैविक उत्पादों की माँग में वृद्धि हुई है। वैश्विक जैविक खाद्य और पेय पदार्थों के बाजार में द हैन सेलेस्टिअल ग्रुप इंक (The Hain Celestial Group Inc.), हिमा किचन इंक ऑर्गेनिक वेली, (Hema Kitchen Inc Organic Valley), होल फुड्स मार्केट इंक (Whole Foods Market Inc.), एवरेस्ट (Everest), कारगिल इंक (Cargil inc), व्हाईट वेव फुड्स (White

Wave Foods) और यूनाईटेड नेचुरल फुड्स (United Natural Foods) आदि मुख्य कम्पनियाँ शामिल हैं। ये प्रमुख कम्पनियाँ उत्पादों की नई श्रृंखला, पोषक तत्त्वों तथा उनके भण्डारण क्षमता को बढाने के लिए निरन्तर अनुसंधान व विकास में लगे हुए हैं।

11.2. वैश्विक जैविक खाद्य बाजार में भारतीय स्थिति (Indian Status in Global Organic Food Market)

भारत में सन् 2018–19 में 2.56 मिलियन टन जैविक उत्पादन किया गया जिसमें अनाज, तिलहन, दालें, कपास, गन्ना, औषधीय पौधे, मसाले, चाय, कॉफी, सूखे मेवे, फल, सब्जियाँ आदि खाद्य उत्पाद शामिल हैं। सन् 2018–19 में कुल जैविक उत्पादों का निर्यात 0.614 मिलियन टन था। भारत को जैविक खाद्यों से करीबन 51.51 बिलयन रूपये (757.49 डॉलर) की प्राप्ति हुई। निर्यात मूल्य जो प्राप्त हुआ उसमें तिलहन खली व मीट (23.35%), तिलहन (16.40%), प्रसंस्कृत खाद्य (16.20%), अनाज व मिलेट्स (8.35%), प्लान्टेशन फसलें (7.93%), मसाले (5.70%) व सूखे मेवे (5.33%) सम्मिलित हैं।

जैविक उत्पाद का निर्यात विगत तीन वर्षों में (2015–16 से 2018–19) 160 प्रतिशत की वृद्धि के साथ 19.76 बिलियन से 51.51 बिलियन रूपये हो गया है। वैसे भारत से जैविक उत्पादों का निर्यात कुल निर्यात का मात्र 3 प्रतिशत से भी कम है किन्तु विगत कुछ वर्षों में जैविक उत्पादों के निर्यात में अप्रत्याशित वृद्धि हुई है। भारत जैविक उत्पादों का निर्यात मुख्य रूप से यूरोपीय संघ, नीदरलेन्ड, यूनाइटेड किंगडम, जर्मनी, बेल्जियम, संयुक्त राज्य अमेरिका, कनाडा, मिडल ईस्ट, सउदी अरबिया, यूएई, एशिया, जापान, सिंगापुर, ऑस्ट्रेलिया, अफ्रीका आदि देशों को करता है।

भारतीय जैविक खाद्य सन् 2023 तक 23 प्रतिशत की संयुक्त वार्षिक विकास दर (CAGR) से बढ़ने की संभावना है क्योंकि सरकार की नीति जैविक कृषि को बढ़ावा दे रही है तथा जैविक क्षेत्र में भी लगातार बढ़ौतरी हो रही है। भारत में जैविक बाजार में विपणन करने वाली प्रमुख कम्पनियों में सम इंटर इंडिया ऑरगेनिक्स प्राइवेट लिमिटेड, नेचर बायो फुड्स लिमिटेड, ऑरगेनिक इंडिया प्राइवेट लिमिटेड, मोरारका ऑरगेनिक फुड्स प्राइवेट लिमिटेड आदि शामिल हैं।

भारत से निर्यात किये जाने वाले जैविक खाद्य उत्पाद।

- जैविक अनाज – गेहूँ, चावल, मक्का।
- जैविक दाल – अरहर।
- जैविक तिलहन और तेल–सोयाबीन, सरसों, कपासिया, मूँगफली, अरण्डी।
- जैविक फल – आम, संतरा, अनानास, पेसन फ्रूट, काजु, अखरोट।
- जैविक सब्जियाँ – लहसुन, प्याज, बैंगन, आलू, टमाटर।

- जैविक जड़ी बूटियाँ एवम् मसाले–मिर्च, पुदीना, हल्दी, सफेद मिर्च, आँवला, इमली, अदरक, इलायची, काली मिर्च, लौंग, वेनिला, दालचीनी, जायफल।
- अन्य – गुड़, शक्कर, चाय, कॉफी, कपास, वस्त्र इत्यादि।

11.3 भारतीय घरेलू जैविक बाजार और निर्यात (Indian Domestic Market and Export)

यद्यपि भारत ने जैविक खाद्य पदार्थों का निर्यात तो सफलतापूर्वक प्रारम्भ किया है किन्तु घरेलू जैविक बाजार के सम्बन्ध में स्थिति बहुत अच्छी नहीं है। इसमें भी कोई सन्देह नहीं है कि भारत में जैविक खाद्य पदार्थों की खपत बढ़ रही है, किन्तु बहुत धीमी गति से। कुछ लोगों का मानना है कि विकसित देशों में जैविक खाद्य पदार्थों के सम्बन्ध में एक प्रचलित अवधारणा है कि भारत केवल जैविक खाद्य पदार्थों का निर्यात करता है व बहुत कम इसका उपयोग करता है जो कि सत्य नहीं है। यद्यपि भारत केवल जैविक खाद्य पदार्थ उत्पादन का 50 प्रतिशत निर्यात की ओर लक्षित है फिर भी कई ऐसे घरेलू उपभोक्ता है जो जैविक खाद्य पदार्थों का उपभोग करना चाहते हैं क्योंकि उनको अपने बच्चों के स्वास्थ्य की चिन्ता है। अनुमानतः करीबन 66 प्रतिशत से अधिक माता पिता गैर जैविक खाद्य पदार्थों के बजाय जैविक खाद्य पदार्थ पसन्द करते हैं। भारत में पारम्परिक खाद्य पदार्थों की तुलना में जैविक खाद्य पदार्थ करीबन 25 प्रतिशत महंगे हैं लेकिन फिर भी कई लोग जैविक खाद्य पदार्थों का कथित स्वास्थ्य लाभों के कारण इस उच्च प्रीमियम का भी भुगतान करने को तैयार हैं। भारत में जैविक खाद्य पदार्थों की खपत में निरन्तर वृद्धि इस बात से स्पष्ट है कि भारत में जैविक खाद्य पदार्थों के भण्डारों का तेजी से विस्तार हो रहा है। आज हरेक सुपर मार्केट में जैविक खाद्य भंडार है व भारत में हर बड़े शहर में कई जैविक खाद्य भंडार/रेस्तरां हैं जो बहुत बड़े बदलाव की तरफ इंगित कर रहा है। पूर्व के समय में देखें तो मुम्बई में पहला जैविक खाद्य भंडार सन् 1997 में शुरू हुआ था। भारत जैसे–जैसे जैविक खेती की तरफ अग्रसर हो रहा है जैविक खाद्य निर्यात भी तेजी से बढ़ रहा है। वैश्विक स्तर पर भारत जैविक जड़ी बुटियों, जैविक मसालों, जैविक बासमती चावल आदि का एक प्रमुख आपूर्तिकर्ता बन गया है। विकसित देशों में जैविक खाद्य पदार्थों की बढ़ती हुई माँग और भारत सरकार द्वारा कृषि निर्यात को व्यापक समर्थन देने से निर्यात में आशान्वित वृद्धि हुई है जो भारतीय जैविक उद्योग के लिए काफी महत्त्वपूर्ण है। भारतीय जैविक खाद्य पदार्थों का मुख्य बाजार संयुक्त राज्य अमेरिका व यूरोप है। भारत में जैविक उत्पादों की कीमत गैर जैविक उत्पादों की तुलना में करीबन 25 प्रतिशत अधिक है जो अधिकतर भारतीय आबादी के लिए काफी महंगा प्रतीत होता है क्योंकि वर्तमान में भारत में प्रति व्यक्ति औसत वार्षिक आय मात्र 1,45,000 रूपये हैं। अतः इन परिस्थितियों में देश में उत्पादित सम्पूर्ण जैविक खाद्य पदार्थों का उपभोग करने के लिए केवल घरेलू बाजार पर्याप्त नहीं है।

परिणामस्वरूप जैविक खाद्य पदार्थों का निर्यात सरकार व जैविक किसानों का मुख्य उद्देश्य है, ताकि जैविक किसानों को उनके उत्पाद का उचित मूल्य मिले।

जैविक उत्पादों के लिए घरेलू बाजार अभी निर्यात बाजार की तरह विकसित नहीं हुआ है। घरेलू बाजार में अभी चावल, गेहूँ, कपास, दालें, चाय, कॉफी, फूल और सब्जियाँ आदि उत्पाद जैविक रूप में उपलब्ध हैं। थोक व्यापारी व सुपर बाजार जैविक उत्पादों के वितरण में 60 प्रतिशत हिस्सेदारी निभाते हैं। बड़े संगठित निर्माता अपने जैविक उत्पादों को सुपर बाजर के साथ साथ स्व–स्वामित्व वाले स्टालों के माध्यम से वितरित करते हैं। जैविक उत्पादों के मौजूदा उपभोक्ताओं की क्षमता व जरूरतों को ध्यान में रखते हुए सुपर बाजार व रेस्तरां जैविक उत्पादों के लिए दिल्ली, कोलकता, चैन्नई, बैंगलोर, हैदराबाद व अन्य प्रमुख शहरों में प्रमुख घरेलू बाजार उपलब्ध हैं।

11.3.1 जैविक घरेलू बाजार वृद्धि की सीमाएँ (Limitations in Growth of Domestic Organic Market)

i. बाजार सीमित है तथा आपूर्ति असंगत है। किसान को जैविक उत्पाद बेचने के लिए तथा उपभोक्ता को खरीदने के लिए संगठित बाजार की कमी।

ii. किसान का जैविक खेती के प्रति उदासीन व्यवहार, क्योंकि जैविक उत्पादों की माँग सीमित है तथा अपेक्षित सुनिश्चित प्रीमियम किसान को नहीं मिलता है।

iii. किसान अनभिज्ञ रहता है कि किस फसल की जैविक खेती करे व उत्पाद को किस दाम पर विक्रय करे।

iv. जैविक खेती से होने वाले लाभों की उपभोक्ता को जागरूकता की कमी।

v. गुणवत्ता युक्त जैविक उत्पादों की आपूर्ति सुनिश्चित न होना। जैविक प्रमाणीकरण की लागत काफी अधिक है तथा किसानों को प्रमाणीकरण एजेन्सियों की पूर्ण जानकारी का न होना।

vi. लदान प्रक्रिया (shipment) का धीमी गति से संचालन व भारतीय जैविक उत्पादों के आयात में प्रतिबन्ध।

vii. निर्यात प्राधिकारियों द्वारा जरूरत से ज्यादा समय लेना व जटिल कागजी कार्यवाही।

viii. घरेलू बाजार विकास के लिए उचित प्रयासों की कमी।

11.3.2 घरेलू बाजार सृजन करने के लिए कदम (Steps to Create Domestic Market)

i. विभिन्न फसलों एवम् फसल प्रणालियों के लिए विशिष्ट क्षेत्र आधारित जैविक खेती की उन्नत कृषि क्रियाएँ विकसित करना।

ii. ग्रामीण बाजार का विकास जहाँ किसानों के जैविक उत्पादों की बिक्री सीधे उभोक्ताओं को प्रीमियम मूल्य पर की जा सके।

iii. जैविक खाद्य पदार्थों की वितरण प्रणाली विकसित करना व उपभोक्ताओं का पंजीकरण।

iv. जैविक प्रमाणीकरण प्रक्रिया को आसान व लागत प्रभावी बनाना।

v. जैविक खेती को बढ़ावा देने के लिए सरकार को अधिक प्रयास करने की आवश्यकता है।

vi. जैविक खेती एवम् उत्पादों के लाभों के बारे में जागरूकता पैदा करने के लिए किसानों व गैर सरकारी संस्थानों को उचित प्रशिक्षण की आवश्यकता है।

vii. जैविक उत्पादों के लाभों सें उपभोक्ताओं को जागरूक करना।

11.4 बाधाएँ और अवसर (Constraints and Opportunities)

i. जैविक उत्पादों की बढ़ती माँग ने विकासशील देशों को नये अवसर प्रदान किये हैं। हालाँकि कुछ उपभोक्ता स्थानीय रूप से उगाये जाने वाले जैव खाद्य पदार्थों को प्राथमिकता देते हैं किन्तु किसी भी देश के लिए विभिन्न प्रकार के खाद्य पदार्थों की उनकी माँगों के लिए अनुरूप आपूर्ति अपने ही देशों की सीमा के भीतर करना असंभव सा होता है, परिणामस्वरूप कई विकासशील देशों ने जैविक उत्पादों का सफलतापूर्वक निर्यात करना प्रारम्भ कर दिया है। आमतौर पर जैविक उत्पाद गैर जैविक उत्पादों से करीबन 20–25 प्रतिशत प्रीमियम पर निर्यात किये जाते हैं फिर भी जैविक कृषि फार्मों की अन्तिम लाभप्रदता भिन्न होती है। हालाँकि कुछ अध्ययनों ने इस तरह के बाजार प्रीमियम की दीर्घकालिक क्षमता का आंकलन किया है व पाया कि जैविक कृषि से परिवार की आय में वृद्धि होगी तथा स्थानीय खाद्य सुरक्षा भी सुनिश्चित की जा सकेगी।

ii. जैविक उत्पाद के प्रमाणीकरण के लिए 2–3 वर्ष की रूपान्तरण अवधि की आवश्यकता होती है ताकि भूमि में उपलब्ध रासायनिक अवशेष समूल रूप से नष्ट हो सके। इस अवधि के बाद ही विकसित देशों को जैविक उत्पाद का निर्यात संभव होता है। हालांकि कुछ देशों के बाजारों में एक वर्ष से अधिक जैविक प्रबन्ध से उपजाए जैविक उत्पाद परिवर्तित जैविक (transitional organic) के रूप में बेचा जा सकता है।

iii. जैविक किसान या कटाई उपरान्त जैविक उत्पाद विकसित देशों में विक्रय करने वाले व्यापारियों को चाहिए कि वे पहले से किसी प्रमाणीकरण एजेन्सी से अपना पंजीकरण करवा लें ताकि वे समय–समय पर जैविक खेती का निरीक्षण कर सकें व प्रमाणित कर सकें कि

यह उत्पाद आवश्यक मानकों के अनुरूप पैदा किया गया है। वैसे इस प्रमाणीकरण कराने की लागत अधिक हो सकती है जो फार्म के आकार, उत्पादन व प्रमाणीकरण एजेन्सी पर निर्भर करता है। आईफॉम (IFOAM) के अनुसार प्रमाणीकरण लागत ब्रिकी मूल्य की 5 प्रतिशत होती है। कई विकासशील देशों में आजकल कई प्रमाणीकरण एजेन्सियाँ कार्यरत हैं।

iv. अधिकांश विकासशील देशों ने विकसित देशों के लिए निर्यात बाजार पर ध्यान केन्द्रित किया है किन्तु जैविक खाद्य पदार्थों की बिक्री के लिए घरेलू अवसरों का भी फायदा उठाया जा सकता है।

v. जैविक उत्पादों को घरेलू या विदेशी बाजार में विपणन का इरादा तो है किन्तु विश्वसनीयता की जानकारी प्राप्त करना बेहद मुश्किल है। वस्तुतः कोई व्यवस्थित जैविक उत्पादन या बाजार के आँकड़े एकत्रित नहीं किये जा रहे हैं कि जिससे जैविक बाजार की विकास दर व स्वरूप का आंकलन किया जा सके। विशेषरूप से विकासशील देशों में कोई अनुमान नहीं लगाया गया है और न ही विकासशील देशों के निर्यात के लिए व्यवस्थित रूप से बाजार की पहचान की गई है। क्षेत्रीय लोगों की चाह व उनकी प्रीमियम भुगतान की इच्छाशक्ति का भी सही सही आंकलन नहीं किया गया है।

vi. विकसित देशों में स्वस्थ भोज्य पदार्थों की माँग दिन प्रतिदिन बढ़ती जा रही है क्योंकि उन्हें अहसास है कि रसायन कीटनाशी अवशेष युक्त भोज्य पदार्थ स्वास्थ्य के लिए हानिकारक हैं तथा जैविक भोज्य पदार्थ इनसे मुक्त होते हैं। विकसित देशों में साधारण उपभोक्ता भी गैर जैविक के बजाय जैविक भोजन पसन्द करता है क्योंकि वह अधिक गुणवत्ता वाला व स्वादिष्ट होता है।

vii. विकासशील देशों की जनता के बीच भोज्य पदार्थों में रासायनिक अवशेषों के बारे में जागरूकता की कमी है। दूसरी ओर जो भोजन में जहर के खतरों से अवगत है। उनके पास जैविक उत्पादों तक आसान पहुँच नहीं है। जहाँ कहीं भी ऐसे उत्पाद उपलब्ध हैं वे पारंपरिक रूप से उत्पादित वस्तुओं की तुलना में महंगे हैं क्योंकि जैविक उत्पादों में कोई कृषि रियायत भी नहीं है। हालांकि अभी भी भारत एवम् अन्य विकासशील देशों में ऐसे क्षेत्र भी हैं जहाँ केवल जैविक खाद्य पदार्थ ही पैदा होते हैं क्योंकि वहाँ कृषि रसायनों का प्रयोग नहीं के बराबर है।

viii. दूसरी तरफ विकसित देशों में जैविक उत्पादित व प्रसंस्कृत खाद्य पदार्थों के प्रति काफी जागरूकता है। अमेरिका एवं यूरोपीय देशों में जैविक खाद्य पदार्थों के लिए अलग से विकसित जैविक बाजार है। जैविक खाद्य पदार्थों के प्रचार प्रसार में सुपर मार्केट एक अहम भूमिका निभा सकते हैं। ज्यादातर सुपर मार्केट में जैविक खाद्य पदार्थ बहुत

महंगे भावों पर बेचे जाते हैं जिसका आम उपभोक्ता काफी विरोध करते हैं किन्तु फिर भी जो उपभोक्ता उच्च मूल्य अदा कर सकते हैं तथा वे स्वास्थ्य व पर्यावरण के प्रति जागरूक हैं वे महंगे दामों पर भी जैविक उत्पाद खरीदते हैं।

ix. जैविक कृषि उन्नत कृषि/पारम्परिक खेती का व्यवहार्य विकल्प तो नहीं है किन्तु यह वैश्विक पर्यावरण समस्या के निराकरण में सहायक हो सकती है। भविष्य में जैविक खाद्य पदार्थों के उपयोग की काफी संभावनाएँ हैं किन्तु जैविक खाद्य पदार्थों के बाजार में टिकाऊपन लाने के लिए कुछ संवेदनशील मुद्दों पर ध्यान देना आवश्यक है।

11.5 बाजार की चुनौतियाँ (Market Challenges)

i. कीट व बीमारियों के प्रभावी व व्यवहार्य उपायों की विकट समस्या।

ii. कीट, बीमारियों व खरपतवारों के नियन्त्रण के लिए अनियन्त्रित कीटनाशकों व रसायनों के प्रयोग से कई कीट व खरपतवारों में प्रतिरक्षात्मक शक्ति विकसित हो गई है।

iii. जैसा कि जैविक खेती में कृत्रिक कीटनाशकों का प्रयोग वर्जित है असहाय किसान को अपनी फसल को कीटों की दया पर छोड़ना होगा।

iv. जैविक खेती व उसके उत्पाद के लिए उपयुक्त आधारिक संरचना की कमी।

v. पहाड़ी क्षेत्रों में जैविक उत्पाद को बाजार तक पहुँचाने के लिए सड़क सम्पर्क की कमी।

vi. जैविक उत्पादन के भंडारण के लिए शीतगृह (cold storage) सुविधाओं की कमी।

11.6 घरेलू व निर्यात बाजार को बढ़ावा देने के लिए सिफारिशें (Recommendations to Promote Domestic and Export Market)

i. सरकार को ऐसा तंत्र विकसित करना चाहिए जिससे जैविक उत्पादन की लागत कम हो सके तथा जैविक उत्पाद का प्रीमियम मूल्य पर विक्रय हो सके।

ii. घरेलू बाजारों में जैविक उत्पादों की माँग को बढ़ावा देने के लिए स्वास्थ्य लाभों की वकालत करने वाले विज्ञापन को अभियान के रूप में प्रतिपादित करना।

iii. सरकार को बिक्री के लिए बाजार में उपलब्ध सभी उत्पादों पर लेबलिंग अनिवार्य करना चाहिए। प्रमाणन के सम्बन्ध में किसी भी भ्रम की संभावना को दूर करने के लिए लेबल पर आवश्यक विनिर्देशों (specifications) को मानकीकृत किया जाना चाहिए।

iv. राज्य कृषि विश्वविद्यालयों को समन्वित कीट नियन्त्रण में जैव कीटनाशकों, फसल चक्रों इत्यादि का समन्वय कर जैविक खेती के लिए क्षेत्र विशिष्ट पेकेज विकसित करना चाहिए व उसे विस्तार गतिविधियों द्वारा किसानों को स्थानान्तरण करना चाहिए। जैविक कृषि अनुसंधान एवम् प्रसार के लिए सरकार को अलग से धन निर्धारित करना चाहिए।

v. नकली जैविक कीटनाशकों व जैविक उर्वरकों की बिक्री को रोकने के लिए कड़े कदम उठाने चाहिए।

vi. जैविक किसानों में जैविक खेती में कौशल विकास के लिए जैविक खेती प्रशिक्षण कार्यक्रम बनाने चाहिए व उनका कृषि विज्ञान केन्द्रों के माध्यम से कार्यान्वित करने चाहिए।

vii. जैविक प्रमाणीकरण के लिए किसानों को जैविक प्रमाणीकरण प्रक्रिया के बारे में जागरूक किया जाना चाहिए।

viii. जैविक आदानों की उपलब्धता सुनिश्चित करने के लिए जैविक उर्वरक व जैविक कीटनाशक ईकाईयों के लिए बुनियादी ढ़ाँचा विकसित करने की आवश्यकता है। ऐसी इकाईयाँ ग्रामीण स्तर पर स्थापित की जानी चाहिए जहाँ किसान जैविक खेती कर रहे हों।

ix. देश में जैविक कृषि के विस्तार के लिए पर्याप्त सड़क सम्पर्क, रेल गाड़ियों में प्रशीतन कंटेनर (referigeration container), जैविक उत्पादन विपणन के लिए किसान मंडी आदि बुनियादी ढ़ाँचे का विकास करना।

x. जैविक उत्पाद की उपभोक्ता द्वारा अदा की गई कीमत का पूरा फायदा किसान तक पहुँचे व बिचौलियों द्वारा अवशोषित न हो इसके लिए कड़े तन्त्र को तैयार करने की नितान्त आवश्यकता है।

मान्यता प्राप्त प्रमाणन निकायों के माध्यम से जैविक उत्पादों की बिक्री के लिए नियमों को खाद्य सुरक्षा और मानक अधिनियम के तहत अधिसूचित किया जाना चाहिए।

■■■■

शब्दावली
GLOSSARY

Agricultural ecosystem/agro ecosystem: It is composed of the total complex of the crops/animals in an area together with overall environment and as modified by management practices.

Agro ecology: The study of the relation of agricultural crops and environment.

Agroforestry: A collective term for systems of land use in which woody plants (trees and shrubs) are deliberately combined on the same land management unit with herbaceous crops and or animals; either in some form of spatial arrangement or in sequence. For a land use system to fall within the concept of agroforestry, there should be both ecological and economic interactions between woody plants and other components of the system. It may involve the integration of trees into farming systems of crops and livestock into forests.

Agronomy: The word has been derived from Greek Word "agros" meaning fields and "nomos" meaning management. It is a branch of agriculture dealing with crop production and soil management.

Amritpani: Mix 10 kg cow dung with 500 g honey and mix thoroughly to form a creamy paste. Add 250 g of cow desi ghee and mix at high speed. Dilute with 200 litre water. Sprinkle this suspension in one acre over soil or with irrigation water. After 30 days apply second dose in between the row of plants or through irrigation water.

Beejamrutha: Beejamrutha, a mix off of cowdung, cow urine, water, lime and a handful of soil, a totally organic product helpful for the plant growth and protects crop from harmful and soil borne and seed borne pathogens.

Biodiversity: A measure of the variety of species comprising a community.

Biodynamic: A type of organic farming system developed by the scientist and philosopher Rudolf Steiner in the early 1600's. Biodynamic farming takes into consideration both biological cycles and also "dynamic" - metaphysical or spiritual - aspects of the farm, with the intention of achieving balance between physical and non-physical realms.

Bio-fertilizers: Bio-fertilizers or microbial fertilizers or more appropriately microbial inoculants' are preparations containing live or latent cells of efficient strain of nitrogen fixing micro-organisms used for seed or soil application with the objective of increasing the number of such micro-organisms in soil or rhizosphere and consequently improve the extent of micro-biologically fixed nitrogen for plant growth. They are used either to fix nitrogen or to solubilise plant nutrients like phosphates or to otherwise stimulate plant growth through synthesis of growth promoting substances or to collect available phosphorus from remote places out of reach of plant root hairs by sending elongated filaments (VAM).

Bio-intensive: A combination of biodynamic and the French - intensive method of farming, which involves the use of raised beds, with crops planted very close together and in combination with other crops.

Biological control: The practice of using beneficial organisms – such as insect predators or parasites of pest insects, pest diseases agents, insect-eating birds and bats to keep pest populations at a tolerable level.

Biological methods: The successful control of pests and diseases by means of another organisms that is encouraged and disseminated by man is known as bio-control. This means use of any biotic agents for minimizing the pest population either directly or indirectly.

Bulky organic manures: They contain small percentage of nutrients and applied in large quantities. Farm yard manure, compost, vermi-compost, crop residues and green manure are most important bulky organic manures. They have several advantages as (i) supply all essential plant nutrients (ii) improve physical conditions of soil (soil structure, water holding capacity, aeration, buffers soil surface temperature, reduces soil aeration), (iii) increases availability of nutrients, (iv) stimulates soil flora and fauna, and (v) control parasitic nematodes and fungi to some extent by altering balance of micro-organisms in the soil.

Catch crop: (i) A crop grows temporarily on land that will eventually carry a crop of different species, in order to maintain the productivity or prevent the erosion of the land prior to the establishment of the main crop (ii) A crop employed to stimulate germination and growth of some specific, parasitic weed and then destroyed before planting the main crop.

Certified farmers' market: A marketplace in which farmers sell their produce directly to consumers. In a certified farmer's market farmers are exempt from packing, sizing, and labeling requirements, however, they can only sell products that they have produced.

Certified organic: Referring to a product that has been produced in accordance with specific regulations and that has been inspected and approved by an accredited certifying agency. The USDA Federal Rule governing organic certification requires that an organic production system is managed "to respond to site-specific conditions by integrating cultural, biological and mechanical practices that foster cycling of resources, promote ecological balance, and conserve biodiversity."

Compost: Compost is a mass of rotted organic matter made from decomposition of plant and animal wastes with various additives. The compost made from the farm wastes like weeds, paddy straw, sugarcane trash and other plants and wastes is called **farm compost.**

Composting: (i) A biological process in which micro-organisms of both types, namely, aerobic and anaerobic, decompose the organic matter and lower the carbon nitrogen ratio of the refuse. The final product of composting is a well rotted manure known as compost, **(ii)** Composting is the natural process of 'rotting' or decomposition of organic matter by micro-organisms under controlled conditions. Raw organic materials such as crop residues, animal wastes, food garbage.

Concentrated organic manures: Concentrated organic manures are those materials that are organic in nature and contain higher percentage of essential plant nutrients such as nitrogen, phosphorus and potash, as compared to bulky organic manures. These concentrated manures are made from raw materials of animals or plant origin. The concentrated organic manures commonly used are aquatic weeds, oilcakes, blood meal, fish meal, meat meal and horn and hoof meal.

Conversion requirements: The time between the start of organic management and cultivation of crops or animal husbandry is known as the conversion period. All standard requirements should be met during conversion period. Full conversion period is not required where organic farming practices are already in use.

Conversion: Turning a non-organic agricultural holding into an organic one. The lengthy and complicated process is required by regulations in order to be able to use organic logos and labelling.

Cover crop: (i) A crop grown to prevent soil erosion by covering the soil with living vegetation and roots that hold on to the soil. Cover crops are also grown to help maintain soil organic matter and increase nitrogen availability (green manure crop), and to "hold on" to excess nutrients (a catch crop) still in the soil following an economic crop. Other benefits of cover crops include weed suppression and attraction of beneficial insects. **(ii)** A close growing crop grown primarily for the purpose of protecting and improving soil between periods of regular crop production or between trees and vines in orchards and vineyards. Cover crops are known to reduce the danger of soil erosion and to protect the land from leaching losses.

Critical period: The shortest time span in ht ontogeny of plant growth when a treatment will result in maximum effect.

Crop ecosystems: Cropping systems ranging between monoculture and multi species culture of fields and garden crops, singly or in combination and their relation to environmental conditions and management practices.

Crop residue generation: After crop harvesting, the left over plant material including leaves, stalk and roots is known as crop residue.

Crop rotation: The practice of planting a sequence of different crops and cover crops on a specific field. Crop rotations can be used to help build soil fertility, reduce insect pest pressure, and suppress weeds.

Duration of conversion period: The establishment of an organic management system and building of soil fertility requires an interim period, the conversion period. The **conversion period** may not always be of sufficient duration to improve soil fertility and reestablish the balance of the eco-system but it is the period in which all the actions required to reach these goals are started.

Eco-conscious: Someone who is referred to as eco-conscious is conscious of the environment and the ecosystems that support it. People who are eco-conscious are aware of how our buying habits, living habits and eating habits impact the earth.

Eco-farming: Potential for introducing mutually reinforcing ecological approaches to food production..

Ecology: Study of the interrelationship between living organisms with each other and with their environment.

Eco-system: An eco-system has been defined as an open system gases, water and minerals that are involved together in the flow of energy and circulation of matter. An eco-system results from the integration of all living and non-living factors of the environment for a defined segment of space and time.

Farmyard manure (FYM): Farmyard manure is the traditional organic manure. The term 'FYM' refers to decomposed mixture of dung and urine of farm animals along with litter and left over material from roughages or fodder fed to the cattle. FYM contains 0.5% N, 0.25% P_2O_5 and 0.5% K_2O, on an average basis.

Feromones: These are volatile compounds that evoke behavioral response adaptively favourable to the receiver. Feromones are released either by host plant or by the host insects while former issued by the pest and natural enemies to locate their habitats, the later is used for prey finding and parasitisation preying.

Genetically modified organism (GMO): An organism that has been genetically altered through the transfer of DNA from another organism, resulting in the expression of new characteristics in the recipient.

Good agriculture practice (GAP): It is a collection of principles, processes, resulting in safe and healthy food and non food agricultural products, while taking into account economical, social and environment sustainability.

Green manure: A cover crop grown to help maintain soil organic matter and increase nitrogen availability. Legumes are often used because they have rhizobial bacteria living in their root nodules that are able to fix nitrogen from the air and add it to the soil. Grasses grow quickly, providing biomass good for increasing organic matter.

Green manuring: Green manuring can be defined as a practice of ploughing or turning into the soil under composed green plant tissues for improving physical condition of soil as well as soil fertility. From the time immemorial, the turning in a green crop for improvement of the soil conditions has been a popular farming practice. Green-manuring, wherever feasible, is the principal supplementary means of adding organic matter to the soil. It consists of planting of a fast growing crop and ploughing it under to incorporate it into the soil. The green manure crop supplies organic matter as well additional nitrogen, particularly if it is a legume crop, which has the ability to fix nitrogen from the air with the help of its root nodule bacteria. The green-manure crops also exercise a protective action against erosion and leaching.

Harvest index: The ratio of grain yield to biological yield. It is a factor less than unity, say 0 to 05.55, but some workers prefer to use harvest index (%) in which they express the index as 0 to 55 per cent. It is expressed as; harvest index = grain yield/biological yield or total yield. The determination of harvest is usually based on a harvest at maturity.

Homa organic farming: Homa organic farming is holistic healing for agriculture and can be used in conjunction with any good organic farming system. It is obviously extremely inexpensive and simple to undertake but requires discipline and regularity.

Intercropping: The practice of planting two or more mutually beneficial crops in close proximity, typically as alternating rows or number of rows (on a small scale, this often called companion planting). Benefits can include weed suppression, structural support, or shade.

Intercrops: The crop raised in an orchard or other widely spaced crops for increasing the income from the same piece of land e.g. short duration vegetables, pulses, oilseeds, etc.

Interculture: Operations to be carried out after sowing or planting in between crop rows includes operations like gap filling, thinning, weeding, mulching and top dressing. May be done by manual labour or by bullock or machine drawn implements.

Integraded pest management (IPM): A strategy of pest management that focuses on long term prevention of pests of their damage through a combination of techniques such as biological control, habitat manipulation, modification of cultural practices, and use of resistant varieties. Pesticides are used only after monitoring, indicates they are needed according to established guidelines, and treatments are made with the goal of removing only the target organism. Pest control materials are selected and applied in manner that minimizes risks to human health, beneficial and non-target organisms, and the environment.

Integrated fertility management: Technologies for management of fertilizing the crops with the objective to produce optimum crop yields with minimum fertilizer inputs taking into consideration ecological and socio-economic resources available for supply to the crop under a given agro-ecosystem, without deteriorating the soil-fertility, such as application of organic manures, green manures, blue green algae and bio-fertilizers along with use of inorganic fertilizers for achieving higher yields and also improving the soil productivity.

Jiwamrita: It is an organic fertilizer which enriches the soil and plant and provides all the nutrients required for the growth of the plant. It is a rich source of nitrogen and valuable micro-organisms which naturally enhances soil fertility.

Ley farming: System of growing grass in rotation with agriculture crops; extensively used in U.K. and U.S.A.; helps improve soil fertility and providers good fodder to animals; also helps build up soil structure and prevent erosion. Can be conveniently adopted in places like Nilgiris abounding in good pasture land and having suitable climate.

Minimum tillage: The soil manipulation necessary to meet the minimum tillage requirements for crop production.

Minor watershed: Part of watershed which may be selected as a suitable area for detailed planning and application of soil and water conservation measures in cooperation with relatively small local groups of land owners and operator, or local agencies as drainage districts of municipalities.

Mixed farming: Farming system which involves the raising of crop and rearing of animals and / or poultry. Mixed farming is based upon the principle that land should support animal and animal should support land.

Mulching: The practice of spreading organic materials such as straw, compost, or wood chips – over otherwise bare soil between and among crop plants. Mulching helps to conserve moisture, suppress weeds, and build soil organic matter.

Myco-herbicide: A biological agent for weed control involving import of a pathogen from an area of co-evolution with its host and release it into a new area where the host has becomes a weedy host in the absence of its pathogen. It involves the use of micro-organisms as herbicide by applying them, to target weeds in a manner similar to herbicides.

Mycorrhiza: The morphological association, usually symbiotic fungi with the roots of seed plants. The association is referred to as ectotrophic, the fungal hyphae occur on the root surface and penetrate only the intercellular spaces and as endotrophic when the hyphae occur mainly within the cells of the host plant.

Natural farming: It is not alternative system of farming but part of the philosophy of life involving continuous search to know the true spirit and form of nature.

Non symbiotic nitrogen fixation: Fixation of molecular nitrogen by free living, micro organisms like clostridium and Azotobacter:

Organic certification: Organic certification is a certification process for producers of organic food and other organic agricultural products. In general, any business directly involved in food production can be certified, including seed suppliers, farmers, food processors, retailers and restaurants. Requirements vary from country to country, and generally involve a set of production standards for growing, storage, processing, packaging and shipping that include.

Organic farming: United States Department of Agriculture (USDA) study team on organic farming defined organic agriculture as "organic farming is a system which avoids or largely excludes the use of synthetic inputs (such as fertilizers, pesticides, growth regulators, livestock feed additives, etc.) to the maximum extent feasible, rely upon crop rotations, crop residues, animal manures, legumes, green manure, off-farm organic wastes, mechanical cultivation, mineral bearing rocks, and aspects of biological pest control to maintain soil productivity and tilth, to supply plant nutrients, and to control insects, weeds, and other pests". It considers that soil is a living system which must be "fed" in a way that does not restrict the activities of beneficial organisms necessary for recycling of nutrients and producing humus at centre to this concept.

Organic matter: Any material that was recently living or produced by a living organism and is capable of being decomposed.

Organic nitrogen (soil): Nitrogen in the form of organic compounds e.g. amino acids, amino sugar, purine and pyramidine bases.

Organic phosphorus: Phosphorus present as a constituent of an organic compound or a group compounds, e.g. glycerophosphoric acid, inosital phosphoric acid, cytidylic acid.

Organic production: A production system that is managed accordance with the act and regulations and respond to site-specific conditions by integrating cultural, biological, and mechanical practices that foster cycling of resources, promote ecological balance, and conserve biodiversity.

Organic: A labeling term that refers to an agricultural product produced in accordance with the ACT and the regulations in this part.

Panchgavya krishi: *Panchgavya* is a special bio-enhancer prepared from five products obtained from cow dung, urine, milk, curd and *ghee.* Dr Natrajan, a Medical practitioner and scientist from Tamil Nadu Agricultural University, Coimbatore has further refined the formulation suiting to the requirement of various horticultural and agricultural crops.

Panchgavya: Mix fresh cow dung 5 kg, cow urine 3 litre, cow milk 2 litre, curd 2 litre, cow butter oil 1 kg and ferment for 7 days with twice stirring per day. Dilute 3 litre of panchgavya in 100 litre water and spray over soil. Twenty litre of panchgavya is needed per acre for soil application along with irrigation water.

Permaculture: A term coined in 1978 by Bill Mollsion, Australian ecologist, and one of his students, David Holmgren. "Permaculture" stands for "permanent agriculture' and it is a land use concept that refers to the design of ecological human habitats and food production systems, with goal of harmonious integration of human dwellings, annual and perennial plants, animals, soil, and water, into stable, productive communities.

Permanent crop land area: Land cultivated with crops that need not be replanted after each harvest, such as rubber, coffee, cocoa, including land under shrubs, fruit trees, nut trees and vines but excluding land under trees grown for food or timber.

Pheromone traps: Pheromone is ectohormons secreted by an organism, which elicit behavioral responses from other members/ sex of its own species. These are extremely selective, non-toxic, highly bio-degradable and effective at low application rates. Synthetic sex pheromones are commercially available and are used for surveillance, monitoring and control of many *Lepidopterous* pests such as spotted bollworm, tobacco caterpillar, potato tuber moth, diamond back moth and leaf folder, etc.

Pollution: Contamination of natural environment by the addition to air or water of substance potentially toxic or otherwise harmful to man and animals for example, SO_2, Co, insecticides, etc.

Rishi krishi: Drawn from Vedas, the Rishi Krishi method of natural farming has been mastered by farmers of Maharashtra and Madhya Pradesh. In this method, all on-farm sources of nutrients including composts, cattle dung manure, green leaf manure and crop biomass for mulching are exploited to their best potential with continuous soil enrichment through the use of Rishi Krishi formulation known as "*amritpani*" and virgin soil.

Sanjivak: Mix 100 kg cow dung, 100 litre cow urine and 500 g jaggary in 300 litre of water in a 500 litre closed drum. Ferment for 10 days. Dilute with 20 times water and sprinkle in one acre either as soil spray or along with irrigation water.

Soil organic matter (SOM): Soil organic matter has three parts: living organisms, fresh residues, and well decomposed residues (the living, the dead, and the very dead). Fresh residues are a primary source of food for living organisms. Decomposition of fresh residues releases nutrients needed by plants. Well decomposed matter, also called " humus" holds on to some to nutrients, storing them for slow release to plants.

Soil solarization: Soil **solarization** is the act of using the solar energy of the sun as an environmentally friendly way to kill weeds and control soil-borne pathogens such as fungi, nematodes, insects, or bacteria.

Stale seedbed: A seed bed left unsown to let a heavy flush of weeds appear and be destroyed with herbicide before seeding the crop, without and further tillage.

Sustainable agriculture: Referring to an agriculture systems that is ecologically sound, economically viable, and socially just– a system capable of maintaining productivity indefinitely.

Symbiotic nitrogen fixation: Bacteria belonging to genus *Rhizobium* are capable of fixing atmospheric nitrogen in association with legume crops.

Rhizobium spp. enter the roots of host plants and form nodule on the root surface. The bacteria depend on the host plant for carbohydrates and water. *Rhizobium* supplies nitrogen to the host. Nitrogen fixed by the *Rhizobium* is translocated through xylem vessels of the host plant mainly in the form of aspergine and to some extent as glutamine. The colour of nodule varies from whitish to brown, green and pink. The pink coloured nodules due to the presence of pigment legheamoglobin are called effective nodules.

Transitional: Referring to a production systems which follows organic management practices, but has not yet fulfilled time requirements to be certified organic (land must be free from prohibited materials for a minimum of three years to be certified).

Trap crop: A crop that is planted to lure pest insects away from an economic crop.

Vermicast: A single worm casting or a quantity of worm castings. Worms 'work' material by ingesting, excreting, and re-ingesting it. Vermicast is extensively worm worked and re-worked. It may be overworked and has probably lost plant nutrients as compared vermicompost. Vermicast has a fine, smooth texture, which may dry with a crust on the surface.

Vermicompost: Mixture of partially decomposed organic waste, beddings, and worm castings (excretions). Contains recognizable fragments of plant, food, or worm bedding material, as well as cocoons, worms, and associated organisms. As a verb, " to carry out composting with worms".

Vermiculture: The technique of breeding and raising earthworms in controlled conditions scientifically is called **vermiculture,** and making compost with the use of earthworms is called vermicomposting. About 1000 adult earthworms can convert 5 kg waste into compost per day.

Vermiwash (a liquid manure): Vermiwash a liquid collected after the passage of water through a column of worm action is very useful as a foliar spray to enhance the plant growth and yield and to check development of diseases. It is a collection of excretory products and mucus secretions of earthworm along with nutrients from the soil organic molecules.

Weed control methods: Weed control in crop fields is the process of limiting any given weed infestation to the extent that it permits economic crop production.

Weed Prevention: Weed prevention comprises all measures which deny the entry and establishment of weeds in an area. In other words, all practices that help to discourage the weeds from becoming a problem over time, for the subject of weed prevention.

परिशिष्ट – I
ACRONYMS

APEDA	Agricultural and Processed Food Product Export and Development Authority, New Delhi
IFOAM	International ederation of Organic Agriculture Movement Bonn, Germany
USDA	United States Department of Agriculture
FIBL	Research Institute of Organic Agriculture Switzerland
NCOF	National Centre of Organic Farming Ghaziabad
NPOP	National Programme for Organic Production
BD	Bio-dynamic
PKVY	Paramparagat Krishi Vikas Yojna
NMSA	National Mission for Sustainable Agriculture
SHM	Soil Health Management
RKVY	Rashtriya Krishi Vikas Yojna
NPOF	Blog National Project of Organic Farming
NHM	National Horticulture Missions
NFSM	National Food Security Mission
LEIA	Low External Input Agriculture
ITK	Indigenous Technical Knowledge
FYM	Farm Yard Manure
PSM	Phosphate Solubilizing Microorganisms
VAM	Vesicular Arbuscular Mycorrhiza
GV	Granulosis Virus
NPV	Nuclear Polyhedrosis Virus
NOP	National Organic Program
NSOP	National Standards for Organic Production

NAB	National Accreditation Body
IQS	Internal Quality System
FAO	Food & Agriculture Organization
CAGR	Compound Annual Growth Rate
NPOP	National Programme on Organic Production
PGS	Participatory Guarantee System
MIDH	Mission for Integrated Development of Horticulture
FCO	Fertilizer Control Orders
INSIMP	Initiative for Nutritional Security through Intensive Millets Promotion
GE	Genetic Engineering
GM	Genetically Modified

परिशिष्ट – II

PRODUCTS FOR USE IN FERTILIZING AND SOIL CONDITIONING IN ORGANIC FARMING

Matter Produced on an Organic Farm Unit

a.	Farmyard & poultry manure, slurry, urine	Permitted
b.	Crop residues and green manure	Permitted
c.	Straw and other mulches	Permitted

1. Matter Produced Outside the Organic Farm Unit

a.	Blood meal, meat meal, bone meal and feather meal without preservatives	Restricted
b.	Compost made from any carbon based residues (animal excrement including poultry)	Restricted
c.	Farmyard manure, slurry, urine	Restricted
d.	Fish and fish products without preservatives	Restricted
e.	Guano	Restricted
f.	Human excrement	Not allowed
g.	By-products from the food and textile industries ofrestricted bio-degradable material of microbial, plant or animal origin without any synthetic additives	Restricted
h.	Peat without synthetic additives (prohibited for soil conditioning)	Permitted
i.	Sawdust, wood shavings, wood, provided it comes from untreated wood	Permitted
j.	Seaweed and seaweed products obtained by physical processes, extraction with water or aqueous acid and/or alkaline solution	Restricted

k.	Sewage sludge and urban composts from separated sources which are monitored for contamination	Restricted
l.	**Straw**	Restricted
m.	Vermicasts	Restricted
n.	Animal charcoal	Restricted
o.	Compost and spent mushroom and vermiculate substances	Restricted
p.	Compost from organic household reference	Restricted
q.	Compost from plant residues	Permitted
r.	By products from oil palm, coconut and cocoa (including empty fruit bunch, palm oil mill effluent (pome), cocoa peat and empty cocoa pods)	Restricted
s.	By products of industries processing ingredients from organic agriculture	Restricted

2. Minerals

a.	Basic slag	Restricted
b.	Calcareous and magnesium rock	Restricted
c.	Calcified seaweed	Permitted
d.	Calcium chloride	Permitted
e.	Calcium carbonate of network origin (chalk, limestone, gypsum and phosphate chalk)	Permitted
f.	Mineral potassium with low chlorine content (e.g. sulphate of potash, kainite, sylvinite, patenkali)	Restricted
g.	Natural phosphates (e.g. Rock phosphates)	Restricted
h.	Pulverised rock	Restricted
i.	Sodium chloride	Permitted
j.	Trace elements (baron, In, Fe, Mn, molybolerum, Zn)	Restricted
k.	Woodash from untreated wood	Restricted
l.	Potassium sulphate	Restricted
m.	Magnesium sulphate (Epson salt)	Permitted
n.	Gypsum (calcium sulphate)	Permitted
o.	Stillage and stillage extract	Permitted
p.	Aluminum calcium phosphate	Restricted
q.	Sulphur	Restricted

r.	Stone mill	Restricted
s.	Clay (bentonite, perlite, zeolite)	Permitted

3. Microbiological Preparations

a.	Bacterial preparations (bio-fertilizers)	Permitted
b.	Biodynamic preparations	Permitted
c.	Plant preparations and botanical extracts	Permitted
d.	Vermiculate	Permitted
e.	Peat	Permitted

■■■■

परिशिष्ट – III
PRODUCTS FOR PLANT PEST AND DISEASE CONTROL IN ORGANIC FARMING

I. Substances from plant and animal origin

a.	*Azadirachta indica* [neem preparations (neem oil)]	Restricted
b.	Preparation of rotenone from *Derris elliptica, Lonchocarpus, Thephrosia* spp.	Restricted
c.	Gelatine	Permitted
d.	Propolis	Restricted
e.	Plant based extracts (e.g. neem, garlic, pongamia, etc.)	Permitted
f.	Preparation on basis of pyrethrins extracted from Chrysanthemum, Cinerariaefolium, containing possibly a synergist pyrethrum cinerafolium	Restricted
g.	Preparation from *Quassia amara*	Restricted
h.	Release of parasite predators of insect pests	Restricted
i.	Preparation from Ryania species	Restricted
j.	Tobacco tea	Not allowed
k.	Lecithin	Restricted
l.	Casein	Permitted
m.	Sea weeds, sea weed meal, sea weed extracts, sea salt and salty water	Restricted
n.	Extract from mushroom (Shiitake fungus)	Permitted
o.	Extract from Chlorella	Permitted
p.	Fermented product from Aspergillus	Restricted
q.	Natural acids (vinegar)	Restricted

II. Minerals

a.	Chloride of lime soda	Restricted
b.	Clay (e.g. bentonite, perlite, vermiculite, zeolite)	Permitted
c.	Copper salts / inorganic salts (Bordeaux mix, copper hydroxide, Inspection and Certification Agency used as fungicide, maximum 8 kg per ha per year depending upon the crop and under the supervision of Inspection and Certification Agency	Restricted
d.	Mineral powders (stone meal, silicates)	Not allowed
e.	Diatomaceous earth	Restricted
f.	Light mineral oils	Restricted
g.	Permanganate of potash	Restricted
h.	Lime sulphur (calcium polysulphide)	Restricted
i.	Silicates (sodium silicate, quartz)	Restricted
j.	Sodium bicarbonate	Permitted
k.	Sulphur (as a fungicide, acaricide, repellent)	Restricted

III. Microorganisms / Biocontrol agents

a.	Viral preparations (e.g., Granulosis viruses, Nuclear polyhydrosis, viruses etc.)	Permitted
b.	Fungal preparations (e.g., Trichoderma species etc.)	Permitted
c.	Bacterial preparations (e.g., Bacillus species etc.)	Permitted
d.	Parasites, predators and sterilized insects.	Permitted

IV. *Others*

a.	Carbon dioxide and nitrogen gas	Restricted
b.	Soft soap (potassium soap)	Permitted
c.	Ethyl alcohol	Not allowed
d.	Homeopathic and Ayurvedic preparations	Permitted
e.	Herbal and biodynamic preparations	Permitted

V. Traps

a.	Physical methods (e.g., chromatic traps, mechanical traps, light traps, sticky traps and pheromones)	Permitted
b.	Mulches, nets	Permitted

परिशिष्ट – IV

LIST OF ACCREDITED CERTIFICATION BODIES UNDER NPOP

Bureau Veritas Certification India (BVCI) Pvt. Ltd.

Marwah Centre, 6th Floor Opp. Ansa Industrial Estate, Krishanlal Marwah Marg Off Saki-Vihar Road, Andheri (East), Mumbai-400 072 (Maharashtra)

ECOCERT India Pvt. Ltd.

Bungalow No. 21A, Shrirang City, Itkheda, Behind Ryan International School, Paithan Road, Auranagabad

IMO Control Pvt. Ltd.

No. 3627, 1st Floor, 7th Cross, 13th 'G' Main, H.A.L. 2nd Stage, Bangalore-560 008.

Indian Organic Certification Agency (INDOCERT)

Kuttamassery, Thottumugham P.O. Aluva-683 105, Cochin (Kerala)

Lacon Quality Certification Pvt. Ltd.

Thiruvalla (Kerala) Chenathra, Theepany, Thiruvalla - 689 101 (Kerala)

OneCert Asia Agri Certification (P) Ltd.

H-08, Mansarovar Industrial Area, Mansarovar Jaipur-302020, Rajasthan

SGS India Pvt. Ltd. SGS India Pvt Ltd.

226,Udyog Vihar, Phase-I Gurgaon-122016 Haryana

Control Union Certifications

Mumbai Plot No. C-113, Pawane MIDC, Navi Mumbai - 400709

Uttarakhand State Organic Certification Agency (USOCA)

Third Floor, Krishak Bhavan Mussoorie By Pass Ring Road Nehru Gram, Dehradun, Uttarakhand

APOF Organic CertificationAgency (AOCA)

126, 1st Floor, Govindappa Road, Off D.V.G. Road, Gandhi Bazar, Bangalore-560 004 (Karnataka)

Rajasthan Organic Certification Agency (ROCA) 3rd Floor, Pant Krishi Bhawan, Janpath, Jaipur 302 005 (Rajasthan)

ISCOP (Indian Society for Certification of Organic Products)

Rasi building, 162/163, Ponnaiyarajapuram Coimbatore – 641 001 Tamil Nadu

TQ Certi Services Limited (formerly FoodCert India Private Limited A wholly Owned Subsidiary of Tara Projects Limited 4th floor, Mithona Towers – I 1-7-80 to 87 Prenderhast Road, Secunderbad Telangana - 500003

Chhattisgarh Certification Society, India

(CGCERT), Raipur A-25, VIP Estate, Khamhardih, Shankar Nagar, Raipur-492007, Chhattisgarh

Intertek India Pvt. Ltd.

E-20, Block B-1, Mohan Cooperative Industrial Estate, Mathura Road, New Delhi - 110 044

Export Inspection Agency (EIA)

Thakkar Bapa Smarak Sadan, 2nd Floor, Dr. Ambedkar Marg (Link Road). Near Jhandewalan Metro Station, New Delhi - 110055

Natural Organic Certification Agro Pvt. Ltd.

Flat No.302, Aryapratham Apartment, Above Federal Bank, Warje Malwadi Pune – 411058 Maharashtra

Vedic Organic Certification Agency

Plot No. 55, Ushodaya Enclave, Mythrinagar, Miyanagar, Hyderabad – 500 050

Food Cert India Pvt. Ltd

First Floor, Plot No. 69 House No. 8-2-248/1/7/69/1, Beside Cuppa Restaurant Sree Nagarjuna Co-operative Society, Punjagutta Hyderabad 500 082 Andra Pradesh

Aditi Organic Certifications Pvt. Ltd

No. 531/A, Priya Chambers Dr. Rajkumar Road, Rajajinagar, 1st Block, Bangalore - 560010

Tamil Nadu Organic Certification Department (TNOCD)

Coimbatore 1424 A, Thadagam Road, G.C.T Post, Coimbatore - 641013, Tamil Nadu

Madhya Pradesh State Organic Certification

Agency Vasundhara, B-II Office Complex Gautam Nagar Bhopal 462 023 Madhya Pradesh

Odisha State Organic Certification Agency (OSOCA)

Plot No.-326, Baramunda, Bhubaneswar, Odisha, PIN- 751003 Phone-(0674) 2563639/2561783 Fax.-(0674)2562078 Mobile No.-9437211001

Fair Cert Certification Services Pvt. Ltd.

C-122, Gauirdham Colony khargone, Madhya Pradesh 451001

Gujarat Organic Products Certification Agency (GOPCA)

Beej Pramanan Bhavan Opp. Gokul Row House, Nr. Shayaml Cross Satellite, Ahmadabad 380015 Gujarat

Karnataka state Organic Certification Agency

Opp. Baptist Hospital Bellary Road, Hebbal Bangalore, Karnataka - 560024

Global Certification Society

Kesar Bagh Colony, Mohal Nihang (Tika Nihang), near Dr. Chaudhary Hospital, Palampur, Himachal 176061

Telangana State Organic Certification Authority

HACA Bhawan, 1st Floor 5-10-193, Opp. Public Garden Hyderabad 500004

Uttar Pradesh State Organic Certification Agency

Government Garden Campus Kariayppa Road, Alambagh Lucknow 226005 Uttar Pradesh

Sikkim State Organic Certification Agency (SSOCA)

Ground Floor, Soil testing Lab Building, ICAR Complex, Tadong, Gangtok, Sikkim 737102

GreenCert Biosoluations Pvt. Ltd.

Office 2, Building No. 12, Runwal Meadow, Warje Pune 411052

■■■■

परिशिष्ट – V
REFERENCES

Dhama, A.K. 1999. Organic Farming. Agro-botanical Publishers (India), Bikaner– 334003.

Gehlot, Dushyant 2015. Organic Farming: Components and Management. Agrobios (India), Jodhpur -342002..

Joshi, Mukund 2016. New Vistas of Organic Farming. Scientific Publishers (India), Jodhpur -342001.

Kumar Subodh. Jaivik Kheti ke Sidhanth. Rama Publishing House, Meerut. Uttar Pardesh.

Lampin, N. 1990. Organic Farming – Theory and Practice. Scientific Publishers (India), Jodhpur –342001.

Maliwal, P.L. 2020. Principles of Organic Farming: Textbook. Scientifc Publishers (India), Jodhpur.

Palaniappan, SP and Annadurai, K. 2018. Organic Farming Theory and Practice. Scientific Publishers (India) Jodhpur - 342001.

Panda, S.C. 2013. Principles and Practices of Organic Farming. Agrobios (India), Jodhpur - 342002.

Purohit, S.S. and Gehlot, Dushyant 2006. Trends in Organic Farming. Agrobios (India), Jodhpur-342002.

Sharma, Arun K. 2002. A Hand Book of Organic Farming, Agrobios (India) Jodhpur- 342002.

Subba Rao, M.S. 2002. Soil Microbiology. Oxford & IBH, New Delhi.

Thapa, U and Tripathy, P. 2018. Organic Farming in India. Agrotech Publishing Academy, Udaipur – 313002.

Yadav, A.K. 2010. Organic Agriculture (Concept, Scenario, Principles and Practices). National Centre of Organic Farming, Deptt. of Agriculture and Cooperation, Govt. of India, Ghaziabad, 201001.

Yawalkar, K.S., Agarwal, J.P. and Bokde, S. 1996. Manures and Fertilizers. Agri-horticultural Publishing House, Nagpur 440010.

■■■■